Porsche 911 Carrera

1 Allgemeines

Die Modellreihe wurde 1963 unter der Bezeichnung 901 in den Verkauf gebracht.
Im Herbst 1980 folgte die Ausführung mit 3,0 Liter-Motor, höherer Leistung (204 PS).
Ab 1982 wurde das Vollcabriolet eingeführt.
1983 wurde der Hubraum auf 3,2 Liter aufgestockt.
Ab 1987 ist der Speedster mit Faltverdeck oder Hardtop lieferbar.

Kenndaten:

Motortyp	930/20	930/21	930/26	930/25
Hubraum alle	3164 cm^3			
Bohrung alle	95,0 mm			
Hub alle	74,4 mm			
Zylinderzahl	6			
Leistung	231 PS	207 PS	214 PS	207 PS
	170 kW	152 kW	160 kW	152 kW
bei U/min alle	5900			
Drehmoment Nm/kpm	284/29	262/26,7	260/26,5	262/26,7
bei U/min alle	4800			
Verdichtung	10,3:1	9,5:1	9,5:1	9,5:1
Treibstoff ROZ/MOZ	98/89	91/82 bleifrei		95 Super
		empfohlen 96/86		bleifrei
Ölwechselmenge	10 Liter			
Ölsorte alle	SAE 15W40 SF / CD			
Tankinhalt	80 Liter ab Modell 85 – 85 ca. 8 Liter Reserve			
Achsantrieb	3,875	USA 3,44		

1.1 Fahrzeugerkennung

Bild 1 zeigt die Identifikationsplakette des Fahrzeugs.
Die Typenschilder befinden sich im Kofferraum vorn und im Motorraum hinten. Die Farbreferenznummer findet sich an der rechten A-Säule und wird nach dem Öffnen der Türe sichtbar.

Beim Bestellen von Ersatzteilen ist die Angabe der Fahrgestellnummer sowie des Jahrgangs des Fahrzeugs unerlässlich.

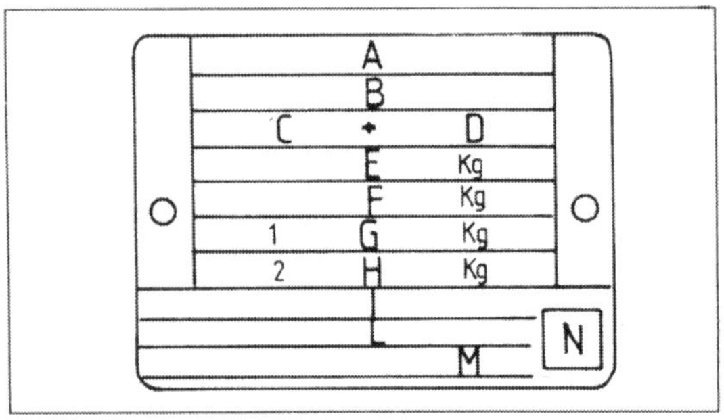

Bild 1
Identifikationsplakette
A Name des Herstellers
B Typenzulassungsnummer
C Kenn-Nummer des Fahrzeugtyps
D Laufende Fabrikationsnummer
E Zulässiges Höchstgewicht
F —
G Zulässige Vorderachslast
H Zulässige Hinterachslast
I Motortyp
L Kennzeichen der Karosserie-Ausführung
M Nummer für Ersatzteile
N —

1.2 Arbeitsrichtlinien

Die Beschreibungen in dieser Reparaturanleitung sind in einfacher Weise und allgemeinverständlich gehalten. Die Mass- und Einstelltabellen sowie die Anzugsmomenttabelle sind wichtige Hilfen, die bei allen Arbeiten am Fahrzeug hinzugezogen werden müssen. Einfache Handgriffe wie z.B. «Motorhaube öffnen» werden nicht erwähnt, da diese als selbstverständlich vorausgesetzt werden.

Dagegen befasst sich der Text ausführlich mit schwierigen Arbeiten. Hier folgend einige wichtige Hinweise, die bei jeder Reparatur beachtet werden sollten:

● Schrauben und Muttern sollen immer in sauberem Zustand verwendet werden. Muttern und Schrauben immer auf Beschädigung untersuchen. Im Zweifelsfall Neuteile verwenden. Einmal gelöste, selbstsichernde Schrauben und Muttern, sollten immer ersetzt werden. Festsitzende, korrodierte Schrauben und Muttern können mit einem rückfettenden Kriechspray gelöst werden. Ausgerissene Gewinde sind mit Heli-Coil-Einsätzen reparierbar.

● Stets die vorgeschriebenen Anzugsmomente einhalten. Die Werte sind in Baugruppen zusammengefasst und können so leicht aufgefunden werden.

● Alle Dichtscheiben, Dichtungen, Sicherungsbleche, Sicherungsscheiben, Splinte und O-Dichtringe sind beim Zusammenbau zu erneuern. Wo vorgeschrieben Dichtmasse verwenden. Bei beschichteten Dichtungen darf keine Dichtmasse verwendet werden. Die Dichtringe sind für die Montage einzufetten. Die Dichtlippe muss stets zum austretenden Medium weisen.

● Hinweise auf die rechte oder linke Seite des Fahrzeugs beziehen sich auf die Fahrtrichtung bei Vorwärtsfahrt.

● Ganz besonders ist darauf zu achten, dass bei Arbeiten am hochgebockten Wagen für eine sichere Abstützung des Fahrzeugs gesorgt ist und die nicht hochgebockten Räder gegen Wegrollen gesichert werden. Der Bordwagenheber ist nur zum Radwechsel unterwegs vorgesehen. Er sollte nur zum Hochheben des Fahrzeugs verwendet werden. Danach sollte der Wagen auf Böcke abgelassen werden.

● Fette, Öle, Unterbodenschutz und andere mineralische Substanzen wirken auf Gummiteile der Bremsanlage aggressiv. Besonders Benzin ist fernzuhalten. Für Reinigungsarbeiten an der Bremsanlage darf nur Bremsflüssigkeit oder Spiritus verwendet werden. Hierbei sei darauf verwiesen, dass Bremsflüssigkeit giftig und ätzend wirkt. Sie greift Autolacke an.

● Zur Erzielung bester Reparaturergebnisse ist die Verwendung von Original-Ersatzteilen Voraussetzung. Um Schwierigkeiten aus dem Weg zu gehen, sollte der Einbau irgendwelcher Fremdteile unterbleiben.

● Bei Bestellung von Ersatzteilen müssen die genaue Modellbezeichnung mit der Fahrgestellnummer und der Getriebenummer angegeben werden.

● Wenn eine komplizierte Baugruppe zerlegt wird, ist für den späteren Zusammenbau die Einbaulage an geeigneter Stelle zu zeichnen. Dadurch darf die Funktion der Teile nicht eingeschränkt werden.

1.3 Arbeitsplatz/Werkzeug

Um eine Generalüberholung durchzuführen, benötigt man einen sauberen, gut beleuchteten Arbeitsplatz mit Werkbank und Schraubstock. Vor

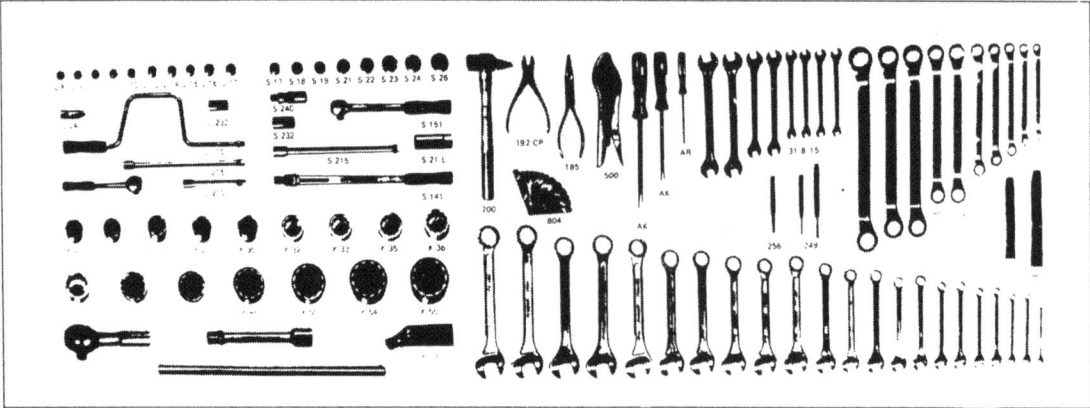

Bild 2
Werkzeugsatz

Druck:
CPI Druckdienstleistungen GmbH
im Auftrag der
Zeitfracht Medien GmbH
Ein Unternehmen der Zeitfracht - Gruppe
Ferdinand-Jühlke-Str. 7
99095 Erfurt

Zeitfracht Medien GmbH
Ferdinand-Jühlke-Straße 7
99095 Erfurt, Deutschland
produktsicherheit@kolibri360.de

der Demontage sollten Motor- und Getriebegehäuse sauber sein, um ein Eindringen von Schmutz zu verhindern.

Es soll auch genügend Platz vorhanden sein, um die verschiedenen Komponenten auslegen zu können. In einer guten Werkstatt kann die Maschine in einer sauberen Umgebung zerlegt und wieder montiert werden.

Wer selbst an seinem Auto Reparaturen vornimmt, braucht einen Wagenheber, vier Böcke und ein gutes, stabiles Werkzeug.

Neben einer Grundausrüstung sind immer einige Spezialwerkzeuge notwendig.

Billiges Werkzeug kann auf lange Sicht teuer werden, falls man damit abrutscht oder es zerbricht.

Die Grundlage eines jeden Werkzeug-Sets ist ein Satz Ringgabel-Schlüssel. Stecknüsse stellen ebenfalls eine gute Investition dar.

Weitere notwendige Werkzeuge sind ein Satz Kreuzschlitz-Schraubenzieher und normale Schraubenzieher.

Nützlich sind ebenfalls eine Grip-Zange, ein rückschlagfreier Hammer und ein paar spezielle Werkzeuge, wie ein Schlagschraubenzieher, und ein Drehmomentschlüssel.

Viele Arbeiten lassen sich nicht ohne die richtige Ausrüstung ausführen. Dazu gehören auch Fühlerlehre, Zündblitzpistole, ein Batterieladegerät, eine Messuhr mit Ständer oder gar ein CO-Messgerät.

Man muss im Einzelfall selbst entscheiden, ob sich eine Anschaffung lohnt.

Obschon in dieser Reparaturanleitung gezeigt wird, wie sich verschiedene Komponenten auch ohne Spezialwerkzeug aus- und einbauen lassen, empfiehlt es sich, die Anschaffung der gebräuchlichsten Werkzeuge in Betracht zu ziehen. Dies wird sich umso mehr lohnen, wenn man das Auto über längere Zeit behalten will.

Auch mit den vorgeschlagenen, improvisierten Methoden und Werkzeugen lassen sich verschiedene Teile problemlos aus- und einbauen.

In jedem Fall lässt sich aber mit dem Spezialwerkzeug, das vom Hersteller verkauft wird, Zeitverlust und Ärger ersparen.

2 Motor 930/25

Bild 3 zeigt den Motor 930/25.
Der Motor ist als 6-Zylinder Boxer konzipiert, wobei auf einer Kurbelwellenkröpfung nur ein Pleuel sitzt.
Die Kurbelwelle treibt über Stirnräder die untenliegende Nebenwelle an.

Die Nebenwelle treibt einerseits die Ölpumpen an und verbindet die Nockenwellen über je eine Doppelrollenkette mit der Kurbelwelle.
Jede Rollenkette wird durch je einen Kettenspanner unter Spannung gehalten.
Die Nockenwellen (je eine pro Zylinderkopf) betätigen die Ventile über Kipphebel.
Die Gemischaufbereitung erfolgt durch eine L-Jetronic von Bosch, welche durch eine Motronic-Steuerung geregelt wird.
Diese Motronic-Steuerung steuert gleichzeitig die Zündung.
Der Zündverteiler sitzt hinten links am Motor und wird durch einen Schraubenradtrieb direkt von der Kurbelwelle angetrieben.
Die Ölversorgung des Motors ist als Trockensumpfsystem ausgelegt.

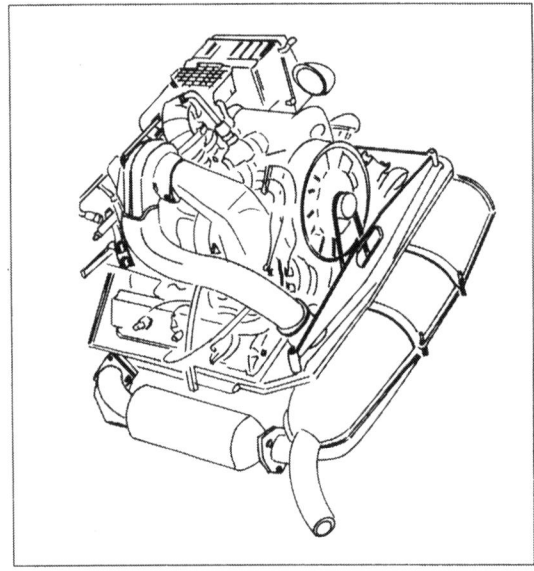

Bild 3
Motor 930/25

2.1 Aus- und Einbau des Motors

2.1.1 Ausbau

Die Motor-Getriebe-Einheit wird komplett nach unten ausgebaut.
● Das Fahrzeug auf eine Zwei- oder Einsäulen-Hebebühne fahren und an den Aufnahmepunkten aufnehmen.
● Das Massekabel der Batterie abklemmen.
● Bei Fahrzeugen mit Klimaanlage den Kompressor (Bild 4) von der Konsole abmontieren. Die Schlauchleitungen bleiben angeschlossen, ansonsten die Anlage neu evakuiert werden muss.
● Den unteren Schlauch der Kurbelgehäuse-Entlüftung, den oberen Schlauch vom Ansaugschlauch-Drosselklappenstutzen am Ölbehälter lösen. Die Schläuche vom Umluftventil lösen. Bei Fahrzeugen mit Aktivkohlebehälter den Schlauch vom Luftfiltergehäuse zum Behälter lösen (Bild 5).
● Den Schlauch zwischen Zusatzluftgebläse und Wärmetauscher entfernen (Bild 6).
● Die Abdeckung der Motorelektrik abnehmen.
● Den Vielfachstecker an der Reglerplatte und das Hochspannungskabel abziehen (Bild 7).
● Die Masse-Leitung beim Saugrohr Zylinder 1 abmontieren.
● Die Steckverbindungen 1, 2 und 3 in Bild 8 abziehen.

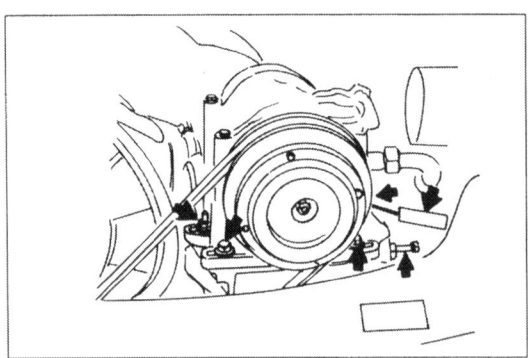

Bild 4
Klima-Kompressor

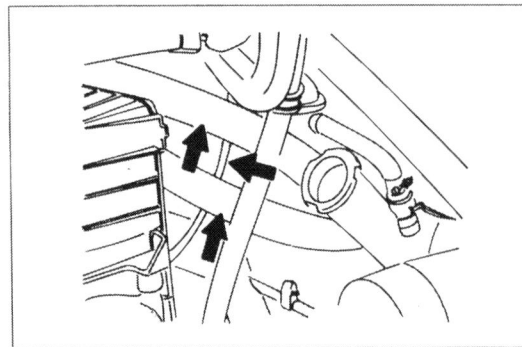

Bild 5
Schläuche

- Die Kraftstoffschläuche vom Filter und der Rücklaufleitung abschrauben. Die entsprechenden Nippel unbedingt gegenhalten (Bilder 9/10).
- Den Unterdruckschlauch zum Bremsservo am Ansaugkrümmer lösen (Bild 11).
- Den Deckel des Mitteltunnels vom Fahrzeuginnern her demontieren.
- Den Gummistulpen von der Halterung an der Karosserie abziehen und nach vorne über die Schaltstange schieben.
- Den Gewindestift der Schaltkupplung losdrehen und die Kupplung abziehen (Bild 12).
- Die Stecker des Gebers elektronischer Tacho trennen. Die Kabelstecker mit der Gummistulpe nach aussen abnehmen.
- Das Fahrzeug anheben.
- Das Motoröl ablassen.
- Die Ölleitung vom Motor zum Öltank abschliessen, dabei die Ölleitung unbedingt gegenhalten (Bild 13).
- Die Heizschläuche an den Wärmetauschern lösen und abziehen.
- Den hinteren Stabilisator ausbauen (Bild 14).
- Das Masseband an der Karosserie lösen.
- Das Batteriekabel vom Starter lösen.
- Die Gaszugstange am Umlenkhebel aushängen und die Halteschelle des Kupplungsseilzugs demontieren (Bild 15).
- Den Kupplungsausrückhebel samt der Hilfsfeder ausbauen (Bild 16). Die Halterung des Kupplungsseils am Getriebe lösen und das Seil vom Hebel aushängen. Die Zugfeder des Stellhebels aushängen, den Seegerring abnehmen und den Stellhebel abziehen.
- Den Ausrückhebel mittels geeignetem Werk-

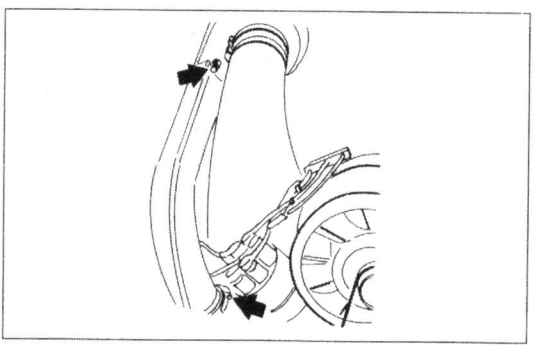

Bild 6
Schlauch Gebläse-Wärmetauscher

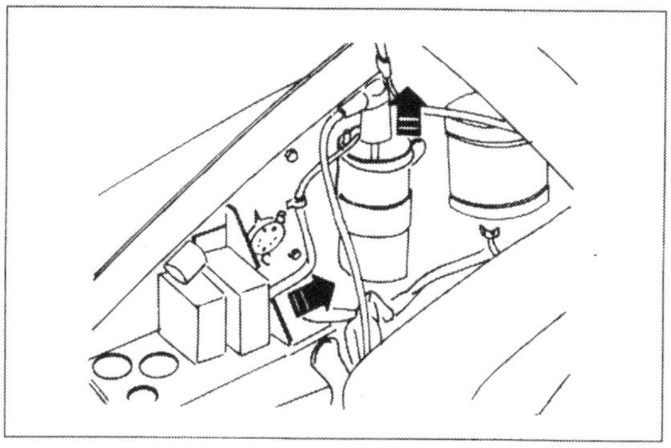

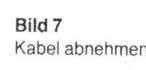

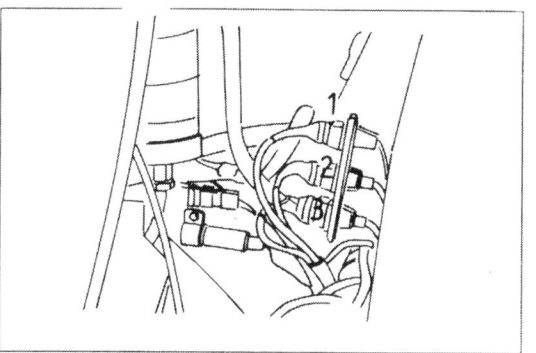

Bild 7
Kabel abnehmen

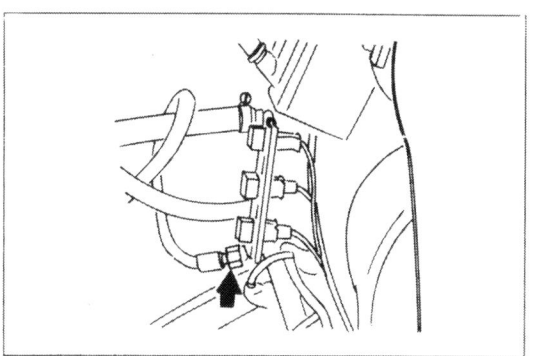

Bild 8
Steckverbindungen 1, 2, 3

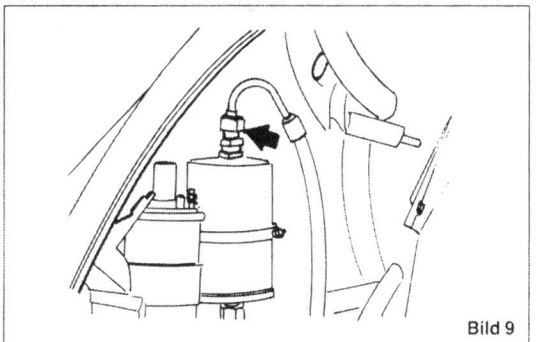

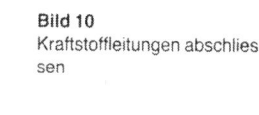

◀ **Bild 9**
Kraftstoffleitungen abschliessen

Bild 10
Kraftstoffleitungen abschliessen

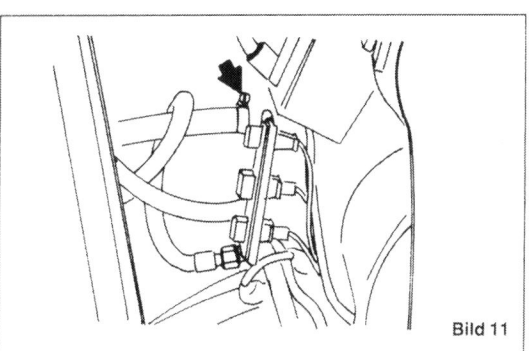

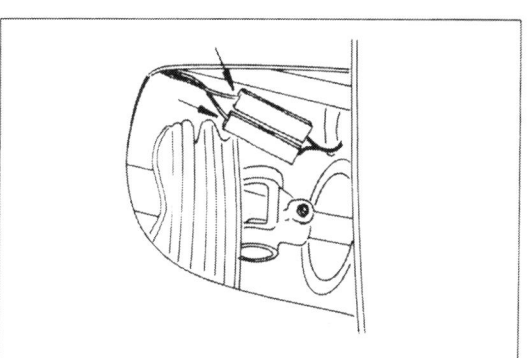

◀ **Bild 11**
Unterdruckschlauch

Bild 12
Schaltkupplung lösen, Steckverbindungen trennen

Bild 13
Ölablassschraube, Ölschläuche

Bild 14 ▶
Stabilisator Befestigung

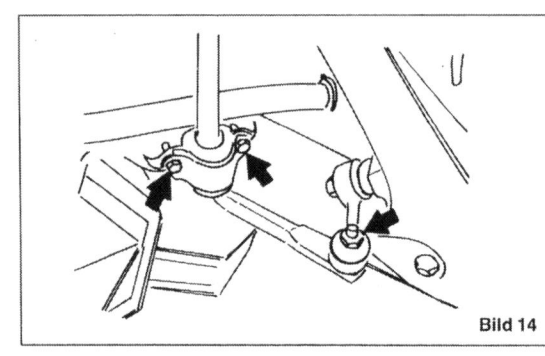

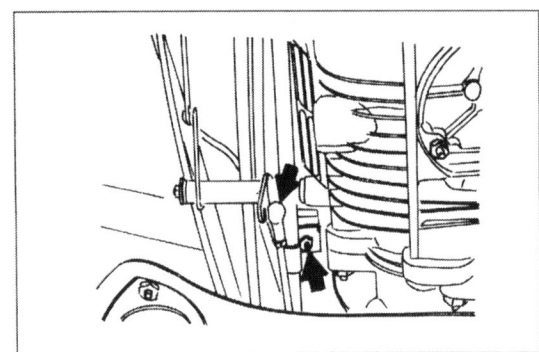
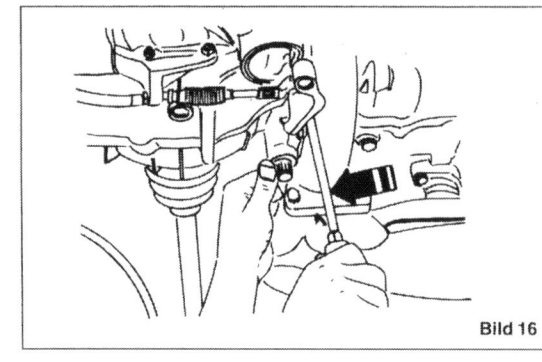

Bild 15
Gasgestänge aushängen

Bild 16 ▶
Kupplungsausrückhebel

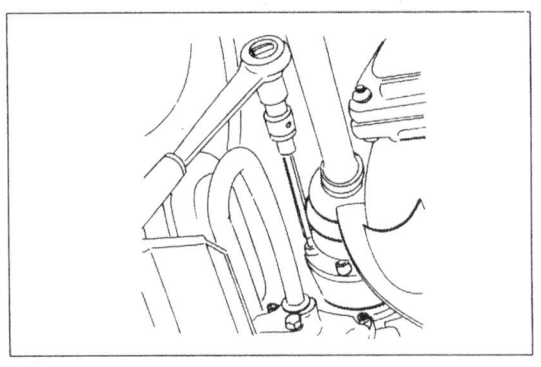
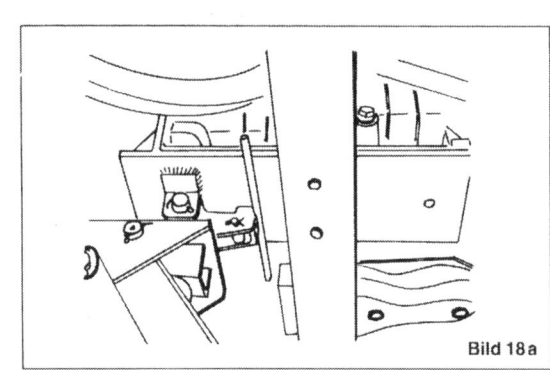

Bild 17
Gelenkwelle losschrauben

Bild 18 a ▶
Motorplatte unterstellen

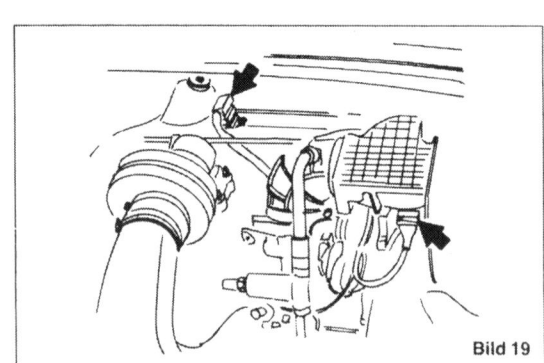

Bild 18 b
Motorplatte unterstellen

Bild 19 ▶
Stecker abziehen

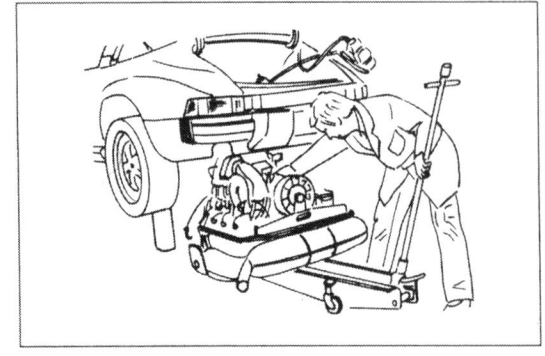
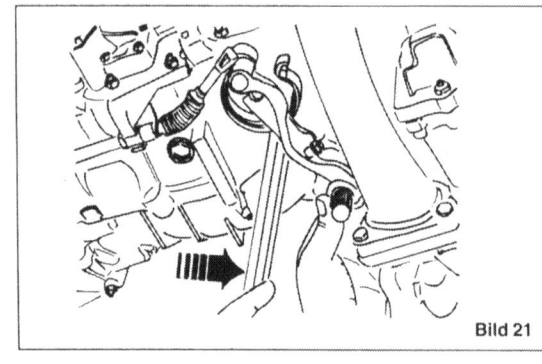

Bild 20
Motor ausfahren

Bild 21 ▶
Kupplungshebel montieren

zeug nach vorne drücken über den Totpunkt hinaus. Beim Überschreiten des Totpunkts schnappt der Hebel selbsttätig nach vorn.
- Den Ausrückhebel von der Welle abnehmen.
- Die Zylinderschrauben der Gelenkwelle am Flansch für das Ausgleichsgetriebe lösen (Bild 17).
- Die Zylinderschrauben der hinteren Schürze lösen und die Schürze samt Feder abnehmen.
- Den Wagenheber mit der Motor-Aufnahmeplatte im Schwerpunkt der Motor-Getriebe-Einheit mit leichter Vorspannung unterstellen (Bild 18).
- Die Sechskantschrauben am Getriebeträger lösen.
- Die Sechskantschrauben am Motorträger lösen.
- Den Wagenheber mit der Motor-Getriebe-Einheit etwas absenken und den Mehrfachstecker an der Stossdämpfer-Quertraverse und den Stecker am Luftmengenmesser abziehen (Bild 19).
- Den Wagenheber sorgfältig weiter absenken und die Antriebseinheit nach hinten ausfahren (Bild 20).

2.1.2 Einbau

Folgende Punkte sind zu beachten:
- Achtung, Heizschläuche nicht einklemmen, kurz vor endgültiger Einbaulage auf die Wärmetauscher schieben.
- Anzugsmomente beachten. Sechskantschrauben für Motor- und Getriebeträger 80 Nm; Zylinderschrauben der Gelenkwellen 42 Nm.
- Bei der Montage des Kupplungsausrückhebels die Gleit- und Lagerstellen mit wasserfestem Schmiermittel (Staburags NBU 12300 KB der Firma Klüber) oder mit Mehrzweckfett schmieren. Schmierstellen:
- Ausrückhebelbohrung
- Ausrückhebelwelle (auch Verzahnung für den Stellhebel)
- Hilfsfederanlagefläche am Lagerbolzen
- Kupplungsseilbefestigung am Ausrückhebel
- Den Dichtring und den Ausrückhebel auf die Ausrückhebelwelle stecken. Die Hilfsfeder am Lagerbolzen einhängen. Den Ausrückhebel nach hinten drücken bis die Hilfsfeder den Totpunkt überschreitet und an den Lagerbockanschlag schnappt (Bild 21).
- Den Stellhebel (mit Abdichtung) lagerichtig montieren. (Abstand zwischen Stellschraube und Stellhebel bei eingehängter Zugfeder so gering wie möglich).
- Die Kupplungs-Grundeinstellung durchführen. gemäss Kapitel Kupplung.

Getriebe vom Motor abflanschen:
- Die Kabel vom Anlasser und vom Rückfahrlampen-Schalter abnehmen – Die Sicherung des Gasgestänges oben abnehmen und das Gasgestänge aushängen.
- Die 4 Befestigungsmuttern lösen und das Getriebe vom Motor trennen (Bild 22).

Getriebe an den Motor anschrauben:
Achtung: Sämtliche Gleitflächen der Kupplungsausrückung mit Mehrzweckfett (mit MoS2) und die Verzahnung der Antriebswelle mit Optimoly HT schmieren.
- Die Ausrückgabel beim Aufstecken des Getriebes in das Ausrücklager einhängen.
Die richtige Lage durch die Öffnung im Gehäuse prüfen (Bild 23).
- Die Befestigungsmuttern mit 45 Nm festziehen.

Fahrzeuge mit hydraulischer Kupplungsbetätigung:
Der Aus- und Einbau erfolgt grundsätzlich gleich wie bei der mechanischen Kupplungsbetätigung mit folgenden Ausnahmen:
- Den Kupplungsnehmerzylinder gemäss Bild 24 abschrauben und hochbinden.
Achtung: Das Kupplungspedal darf nicht mehr betätigt werden.

*Achtung:
Um Beschädigungen der Getriebe-Kühlrohr-Schlange beim Aus- und Einbau des Motorgetriebe-Aggregats zu vermeiden, ist die linke Gelenkwelle hochzubinden.*

*Achtung:
Wird das Fahrzeug ohne Motor-Getriebe-Einheit bewegt, müssen die Gelenkwellen in waagerechter Lage aufgehängt werden, ansonsten die Staubmanschetten beschädigt werden.*

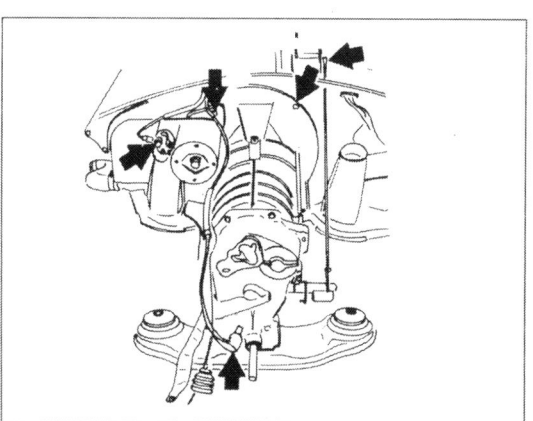
Bild 22
Getriebe abflanschen

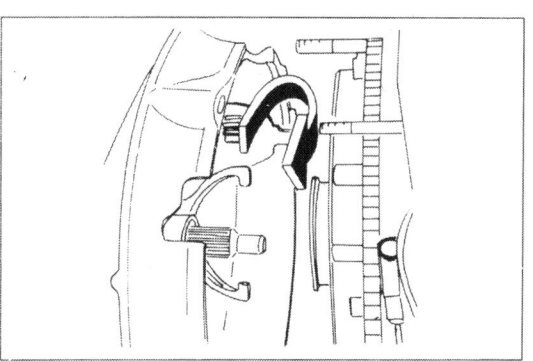
Bild 23
Ausrückgabel einhängen

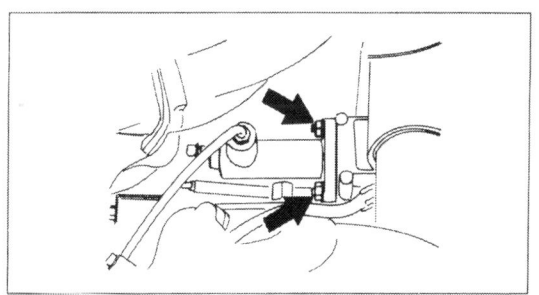
Bild 24
Kupplungs-Nehmerzylinder

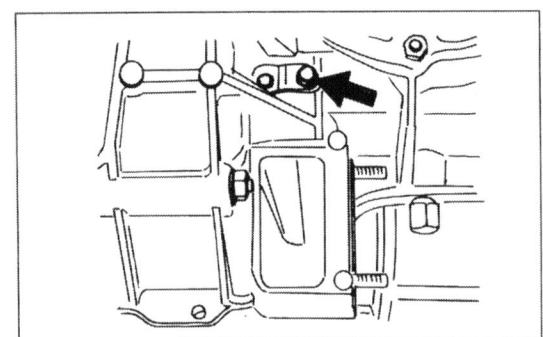

Bild 25
Ausrückwelle demontieren

Bild 26 ▶
Kennzeichnung der Gehäusehälften

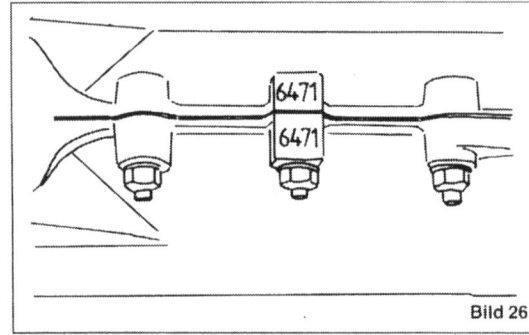
Bild 26

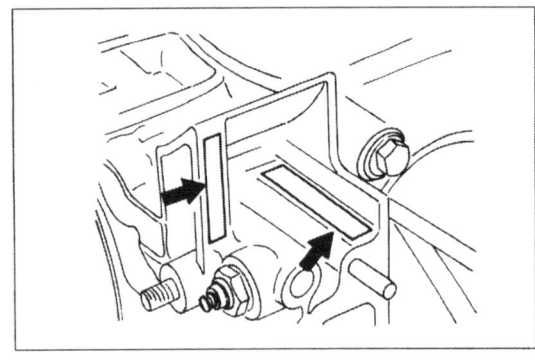

Bild 27
Motornummer/Motortyp

Bild 28 ▶
Zeichen der Zwischenwelle-Kurbelgehäuse

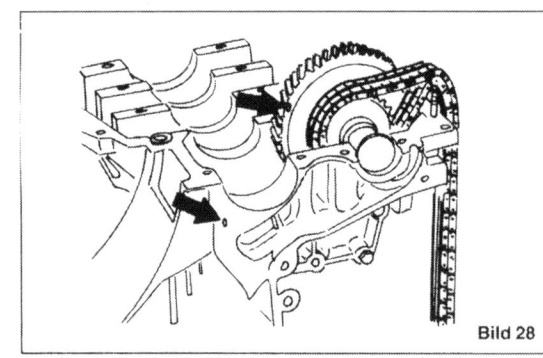
Bild 28

Getriebe abflanschen.
– Die Ausrückwelle nach dem Lösen der Sechskantschraube herausziehen (Bild 25).
Getriebe anflanschen.
– Die Ausrückgabel wie in Bild 26 dargestellt mit Klebeband befestigen.
– Das Getriebe anflanschen.
– Die Ausrückwelle montieren.
– Das Klebband durch die Montageöffnung entfernen.
– Die Befestigungsschraube der Ausrückwelle festziehen.

2.2 Motor zerlegen

Achtung: Die Kurbelgehäusehälften sind zusammen bearbeitet und müssen grundsätzlich immer zusammen verwendet werden.
Die Kennzeichnung ist aus Bild 26 ersichtlich.
Die Motornummer und die Motor-Typ-Bezeichnung ist an der in Bild 27 gezeigten Stelle zu finden.

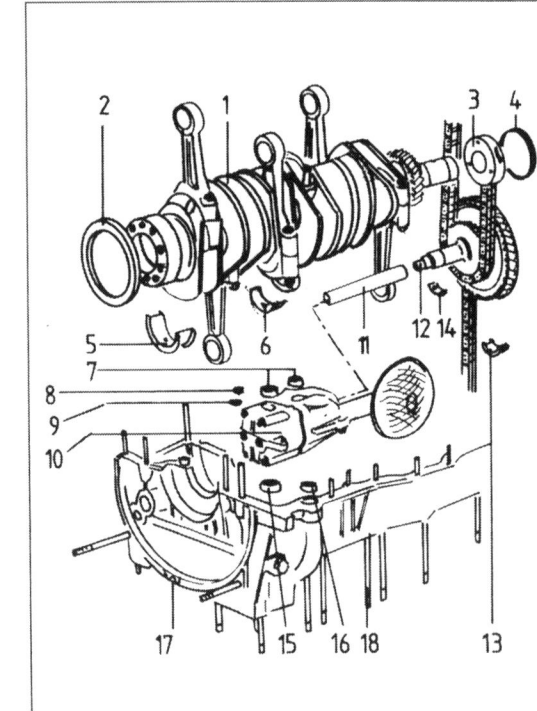

Bild 29
Teile des Kurbeltriebs
1 Kurbelwelle
2 Dichtring
3 Lagerbüchse
4 Runddichtring
5 Lagerschale Hauptlager 1
6 Lagerschale Hauptlager 2–7
7 Dichtring
8 Mutter M 8
9 Sicherungsblech
10 Ölpumpe
11 Verbindungswelle
12 Zwischenwelle
13 Passlager der Zwischenwelle
14 Zwischenwellenlager
15 Dichtring
16 Dichtring
17 Gehäusehälfte links
18 Dilavarschraube

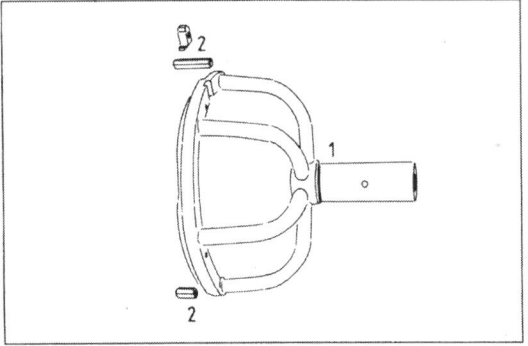

Bild 30
Motorhalter P201
1 Halter
2 Zahnsegment und Befestigungsteile

Bild 31 ▶
OT-Geber

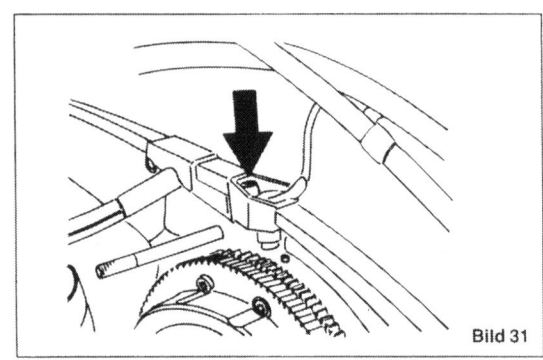
Bild 31

Die Motorzwischenwelle und das Kurbelgehäuse sind ebenfalls zusammen gekennzeichnet (Bild 28). Sie dürfen nur zusammen verwendet werden. Bild 29 zeigt die Teile des Kurbeltriebs.

- Den Motor am Motorhalter P 201 festschrauben (Bild 30). Dazu den OT-Geber in Bild 31 zuerst demontieren.
- Alle äusseren Organe vom Motorblock abschrauben.
- Die Auspuff-Anlage demontieren.
- Die Ansaugkrümmer abbauen.
- Die 4 Ventildeckel abschrauben.
- Die beiden Deckel der Kettentriebe demontieren.
- Die Befestigungsschrauben der Kettenräder auf den Nockenwellen losschrauben. Dazu die Kettenräder mit dem Werkzeug P 9191 gemäss Bild 32 gegenhalten.
- Beide Kettenspanner ausbauen (Bild 33).
- Die 4 Gleitschienen in den Kettenkästen ausbauen.
- Die Kettenräder mit den Flanschen, den Positionierstiften und den Ausgleichsscheiben abnehmen.
- Die Abschlussdeckel demontieren.
- Die Kettenkästen vom Motorblock abschrauben (Bild 34).
- Die Keilriemenscheibe von der Kurbelwelle abschrauben. Dazu unbedingt das Werkzeug 9236 gemäss Bild 35 verwenden, ansonsten die Keilriemenscheibe beschädigt wird.
- Das Schwungrad mit dem Werkzeug P 238 a festhalten und die Befestigungsschrauben lösen (Bild 36).
- Das Schwungrad abnehmen.
- Die Nockenwellengehäuse demontieren.
- Die Zylinderköpfe abbauen.
- Die 6 Zylinderbüchsen vom Block abziehen und so ablegen, dass sie wieder am selben Ort montiert werden können.
- Einen Sprengring pro Kolben mittels kleinem Schraubenzieher heraushebeln und abnehmen. Zum Ansetzen des Werkzeugs besitzt jeder Kolben an der Bohrung des Kolbenbolzens eine kleine Ausnahme.
- Die Kolbenbolzen herausdrücken und die Kol-

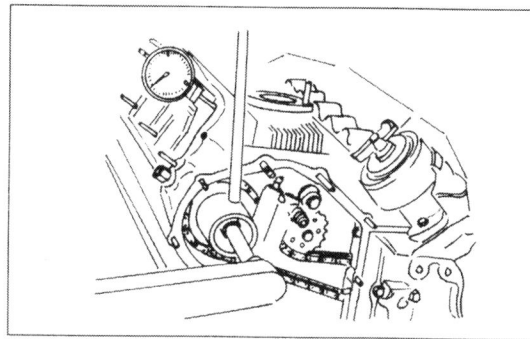

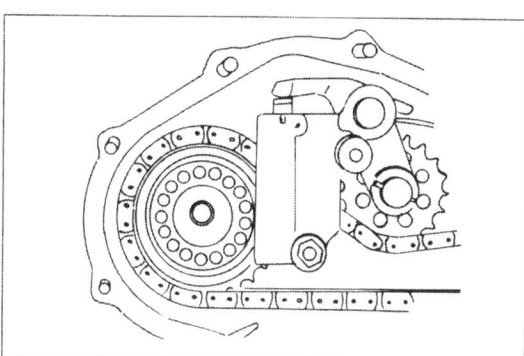

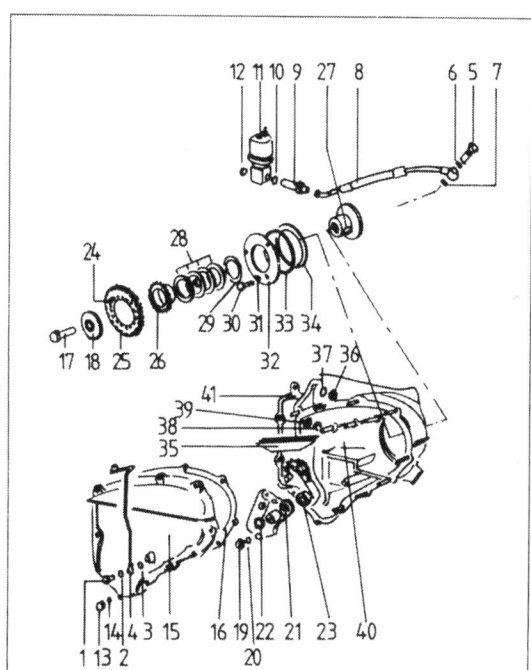

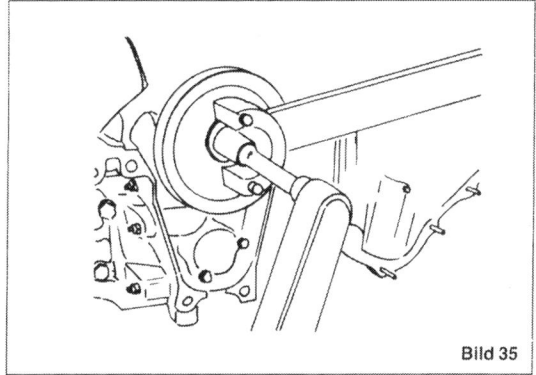

Bild 35

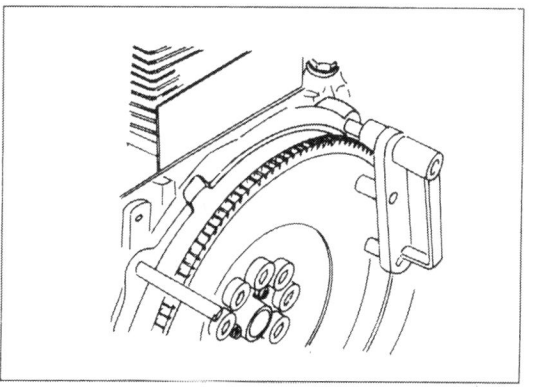

Bild 32
Kettenräder losschrauben

Bild 33
Kettenspanner

Bild 34
Kettenkasten mit Einzelteilen
1 Hohlschraube
2 Dichtring
3 Dichtring
4 Ölversorgungsleitung zum Kettenspanner
5 Hohlschraube
6 Dichtring
7 Dichtring
8 Ölversorgungsleitung zur Nockenwelle
9 Einschraubstutzen
10 Dichtring
11 Öldruckgeber zu Zwischenstück
12 Dichtring
13 Sechskantmutter, selbstsichernd
14 Scheibe 6.4 × 11 Al
15 Verschlussdeckel für Kettengehäuse
16 Dichtung
17 Sechskantschraube M12 × 1.5 × 50
18 Scheibe
19 Sechskantmutter
20 Feder
21 Kettenspanner
22 O-Ring
23 Kettenradträger-komplett
24 Zylinderstift
25 Kettenrad
26 Kettenradflansch
27 Scheibenfeder
28 Ausgleichsscheiben
29 Anlaufscheibe
30 Sechskantschraube M6 × 25
31 Federscheibe
32 Abschlussdeckel
33 O-Dichtring 67.5 × 75.4 × 4
34 Dichtung
35 Gleitschiene
36 Sechskantmutter, selbstsichernd
37 Scheibe
38 Sechskantmutter
39 Federscheibe
40 Kettenkasten (rechte Seite)
41 Dichtung

◀ **Bild 35**
Keilriemenscheibe abbauen

Bild 36
Schwungrad demontieren

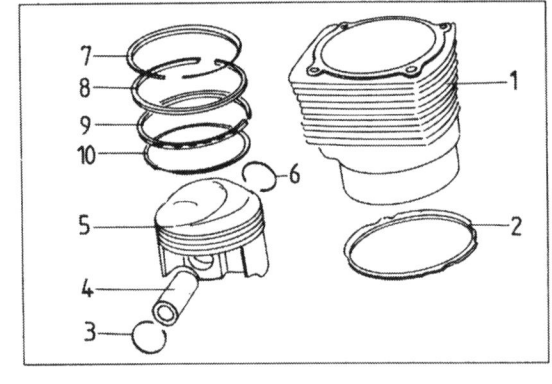

Bild 37
Kolben mit Zylinderbüchse
1 Zylinderbüchse
2 Zylinderfuss-Dichtung
3 Sprengring
4 Bolzen
5 Kolben
6 Sprengring
7 Minutenring
8 Nasen-Minutenring
9 Gleichfasenring
10 Schlauchfeder

ben abnehmen. Die Kolben mit Bolzen den vorher demontierten Zylinderbüchsen zuordnen (Bild 37).

● Das Kurbelgehäuse so drehen, dass die Muttern der Gehäuseschrauben oben liegen.
● Alle Muttern demontieren.
● Die obere Hälfte des Kurbelgehäuses sorgfältig abnehmen.
● Die Kurbelwelle samt Pleueln sorgfältig herausheben. Eventuell klebende Lagerschalen abnehmen und in die entsprechende Grundbohrung der Gehäusehälften legen.

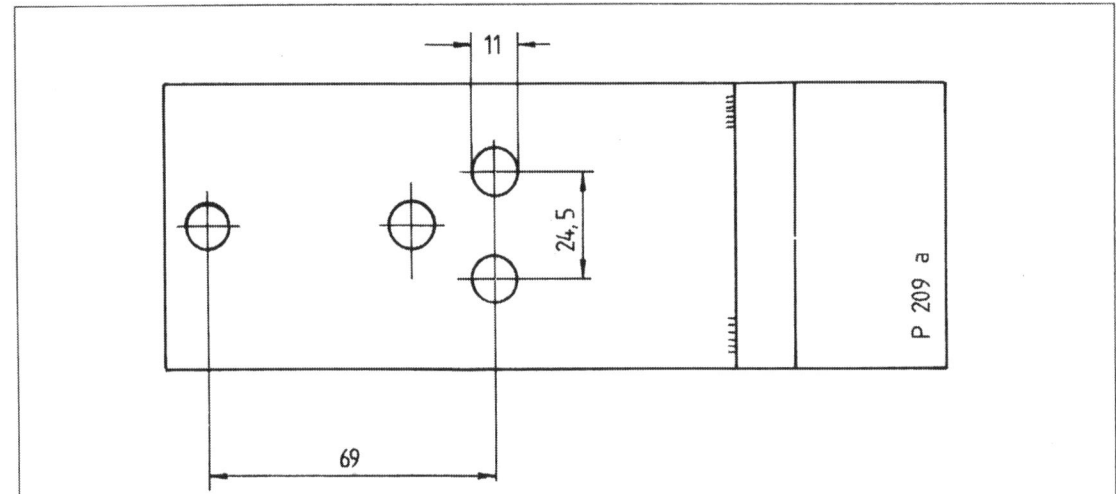

Bild 38
Halteplatte

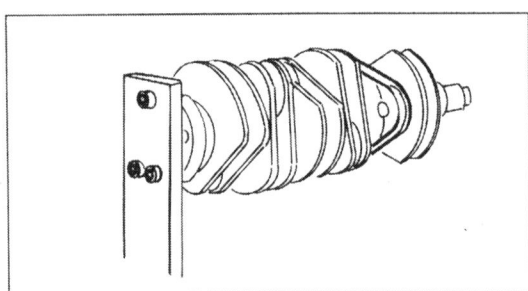

Bild 39
Kurbelwelle aufnehmen

● Die Ölpumpe losschrauben und zusammen mit der Zwischenwelle herausheben. Die Zwischenwelle und die Ölpumpe trennen und das Verbindungsrohr entnehmen.
● Die Lagerbuchse 8 von der Kurbelwelle abziehen.
● Eine Halteplatte gemäss Bild 38 anfertigen.
● Die Platte an der Kurbelwelle festschrauben und die Welle gemäss Bild 39 in einem Schraubstock aufnehmen.
● Die Pleuelschrauben lösen und die Pleuel abnehmen.
● Klebende Lagerschalen von der Welle abnehmen und dem entsprechenden Pleuel wieder zuordnen.
● Alle Teile fettfrei reinigen, ausser den Lagerschalen, deren Laufbild bei der Revision des Motors beurteilt werden muss.

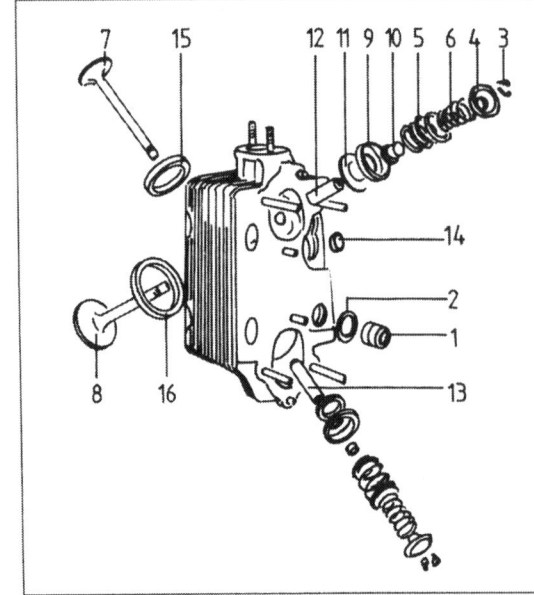

Bild 40
Teile des Zylinderkopf
1 Zylinderkopf-Mutter
2 U-Scheibe
3 Ventilkegelstück
4 Ventilfederteller
5 Ventilfeder Aussen
6 Ventilfeder Innen
7 Einlassventil
8 Auslassventil
9 Ventilfederauflage
10 Abdichter
11 U-Scheibe
12 Ventilführung Einlass
13 Ventilführung Auslass
14 Gewindeeinsatz
15 Ventilsitzring Einlass
16 Ventilsitzring Auslass

2.3 Zylinderkopf

Bild 40 zeigt die Teile des Zylinderkopfs.
Jeder Zylinder besitzt einen eigenen, einzelnen Zylinderkopf.
Die beiden Ventile sind V-förmig angeordnet.
Die Nockenwelle, welche die Ventile über Kipphebel bewegt, sitzt in einem separaten Gehäuse,

welches jeweils je drei Zylinderköpfe einer Zylinderreihe verbindet.
Die Lagerung der Kipphebel befindet sich ebenfalls in diesem Gehäuse.

2.3.1 Aus- und Einbau der Zylinderköpfe

● Den Motor gemäss Kapitel 2.1 ausbauen.
● Den Motor zerlegen ohne die Zylinderbüchsen zu demontieren. Die Zylinderbüchsen mit den Haltemuttern P 140 gemäss Bild 41 auf das Kurbelgehäuse spannen.

Zylinderkopf-Einbau:
● Die Gewinde der Stiftschrauben dünn mit Optimoly HT bestreichen.
● Eine neue CE-Dichtung auf die Zylinderbüchsen auflegen.
● Die Zylinderköpfe aufsetzen.
● Die Unterlegescheiben auflegen.
● Die Auflageflächen der Zylinderkopf-Muttern dünn mit Optimoly HT bestreichen.
● Die Muttern wie folgt festziehen:
1. Stufe 15 Nm (Die Reihenfolge in Bild 42 einhalten)
2. Stufe 1 × 90° Drehwinkel in gleicher Reihenfolge.
● Auf die sauber gereinigten Auflageflächen der Nockenwellen-Gehäuse Loctite 574 (orange) dünn auftragen und die Nockenwellengehäuse aufsetzen und festschrauben. Die Montage muss spätestens 10 Minuten nach dem Auftragen der Dichtmasse erfolgen, ansonsten sich das Dichtmittel zu verfestigen beginnt.
● Die beiden Kettenkasten mit neuen Dichtungen aufsetzen und festschrauben.
● Die beiden Dichtringe mit neuen O-Ringen in die Kettenkasten einsetzen und am Nockenwellengehäuse festschrauben. Durch die Anlaufscheibe und den Dichtring (Bild 43) wird das Axialspiel der Nockenwelle fest eingestellt. Wird zu grosses Spiel festgestellt, ist die Anlaufscheibe zu ersetzen.
● Die Passfedern in die Nockenwellen einsetzen.
● Den Kettenradflansch (beidseitig egal) aufschieben.
● Die Kettenräder montieren:
Beide Räder sind gleich, werden aber verschieden eingebaut. Die richtige Einbaulage ist aus Bild 44 ersichtlich.
● Die Befestigungsmuttern der Kettenräder aufdrehen und mit 10 mkp festziehen.
● Die Kettenräder axial einstellen:
Die Zwischenwelle nach vorne ziehen bis zur Anlage des Lagers und das Mass A (Bild 45) feststellen. Das Mass A am Nockenwellenrand messen. Die Differenz darf maximal 0,25 mm betragen. Durch Distanzscheiben (5) in Bild 43 angleichen,

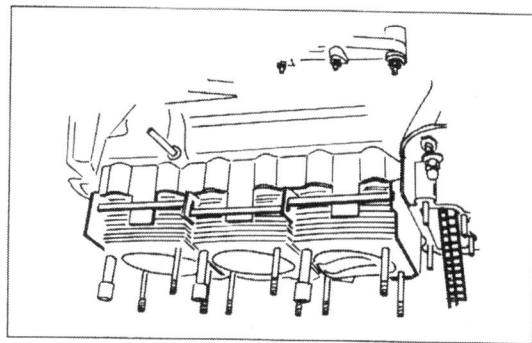

Bild 41 a
Zylinderbüchsen spannen

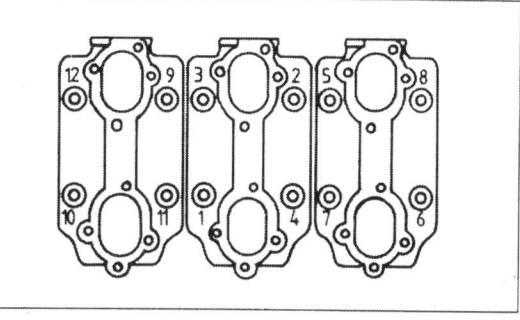

Bild 41 b
Zylinderbüchsen spannen

Bild 42
Anzugsreihenfolge

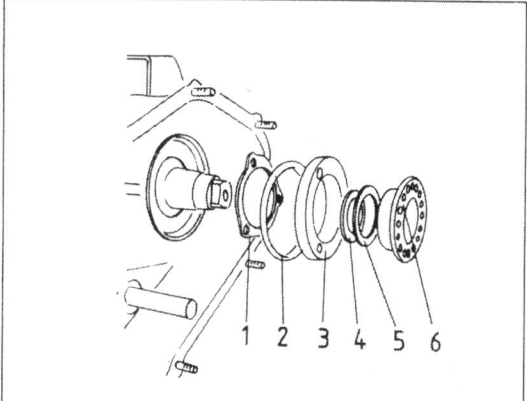

Bild 43
Abdichter Nockenwellengehäuse
1 Distanzring
2 O-Ring
3 Flansch
4 Ausgleichscheibe
5 Anlaufscheibe
6 Flansch

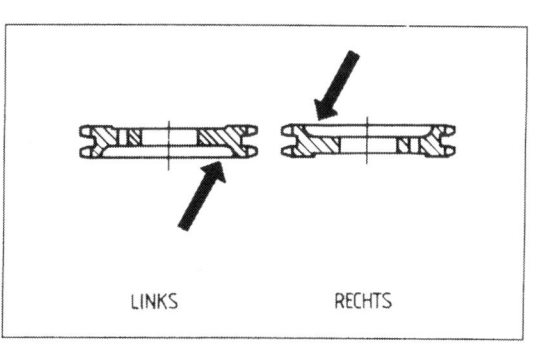

Bild 44
Einbaulage Kettenräder

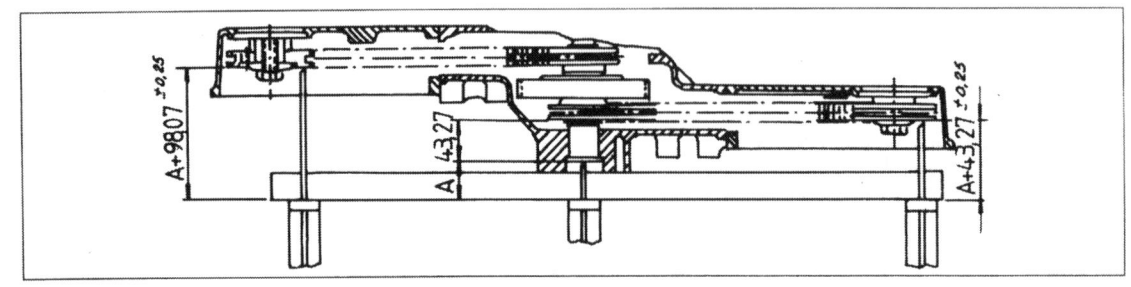

Bild 45
Ausmessen der Kettenräder

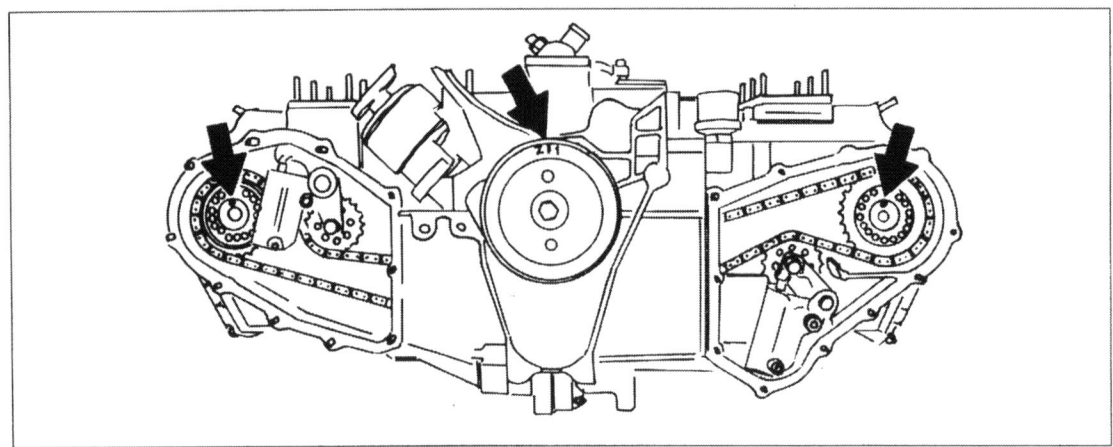

Bild 46
Steuermarken

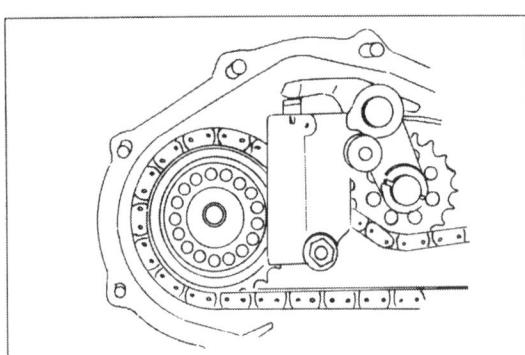

Bild 47
Kettenspanner

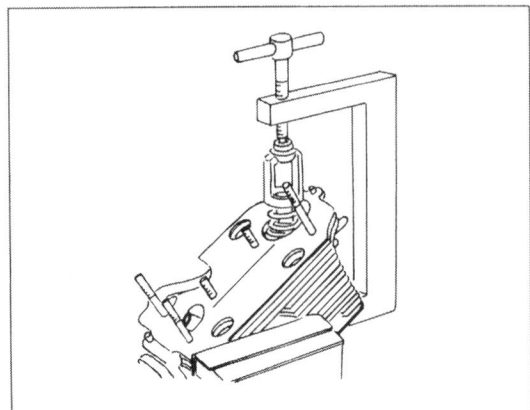

Bild 48
Ventilfedern ausbauen

wenn erforderlich. Denselben Arbeitsgang an der linken Nockenwelle ausführen. Das Zusatzmass 43,27 und 98,07 mm dabei beachten.
● Die Steuerung grob einstellen gemäss Bild 46. Die Kurbelwelle auf die Marke stellen. Die losen Nockenwellen so drehen, dass die Körner auf der Stirnseite genau senkrecht oben liegen. In dieser Stellung die Kettenräder mit den Ketten aufsetzen und den Zugtrumm straff ziehen. In dieser Stellung der Kettenräder die Zentrierstifte in die passenden Bohrungen einsetzen. Die Muttern der Kettenräder mit 10 Nm festziehen.
Achtung: Beim Drehen der Nockenwellen und der Kurbelwelle keine Gewalt anwenden. Wird Widerstand festgestellt, die Nockenwelle oder die Kurbelwelle so drehen, dass die Ventile und die Kolben sich nicht berühren.
● Die Gleitschuhe in die Kettenkasten montieren. Dazu die Haltefeder abheben und den Schuh aufschieben.
● Die Kettenspanner montieren (Bild 47).
● Feineinstellung der Nockenwellen:
Nockenwelle links
Das Ventilspiel an den Einlassventilen der Zylinder 1 und 4 auf genau 0,1 mm einstellen.
Die Messuhr mit dem Halter P 207 gemäss Bild 48 anbauen.
Der Messstift soll dabei auf dem Federteller liegen.
Die Messuhr auf ca. 10 mm einstellen und die Skala auf Null drehen.
Die Kurbelwelle im Uhrzeigerdrehsinn von Z1 (OT) ca. eine Umdrehung drehen.
Soweit drehen bis der Mittelwert der Einstelltoleranz erreicht ist.
Einstellwert:
Motor 930/20 930/21 930/26   1,1 bis 1,4 mm
anzustrebender Wert 1,25 mm
Die Befestigungsschraube vom linken Kettenrand lösen, abnehmen und den Fixierstift mit dem Werkzeug P 212 herausziehen.
Die Kurbelwelle drehen bis die Marke Z1 genau

mit der Trennfuge des Kurbelgehäuses übereinstimmt.
Den Fixierstift in den passenden Bohrungen anbringen und die Sechskantschraube leicht anziehen, dabei gegenhalten.
Die Kurbelwelle 2 Umdrehungen weiter drehen und die Einstellung überprüfen. Wenn nötig korrigieren.
Die Sechskantschraube der linken Nockenwelle endgültig mit 12 mkp festziehen.
Dazu mit dem Werkzeug P 9191 durch zweite Person gegenhalten.
Nockenwelle rechts
Den Zylinder auf Zünd-OT (Überschneidung Zylinder 1) einstellen. Die Einstellung wie bei der linken Nockenwelle durchführen.
- Die Deckel der Kettenkasten montieren.
- Das Ventilspiel aller Ventile auf 0,1 mm einstellen.
- Die Ventildeckel montieren.
- Alle äusseren Teile des Motors anbauen.

2.3.2 Revision der Zylinderköpfe

Die Ventilfedern aus- und einbauen
Ausbau:
- Den Zylinderkopf im Schraubstock sorgfältig aufnehmen.
- Mit dem Ventilfederspanner die Ventilfedern gemäss Bild 48 spannen. Sollten die Ventilkeile klemmen, mit einem leichten Hammerschlag auf den Knebel des Werkzeugs die Keile lösen.
Achtung: Vorher einen Lappen um den Federteller legen, da beim plötzlichen Freiwerden der Keile, diese wegspringen.
- Die Spannvorrichtung lösen und die Teile des Ventils abnehmen.
- Eventuelle Grate am Schaftende des Ventils mittels feinem Schleifstein entfernen.

Einbau:
- Die äusseren Ventilfedern sind progressiv. Die enger gewickelten Windungen müssen zum Zylinderkopf weisen.
- Die Ventilfedern spannen und die Keile sorgfältig einlegen.
- Die Spannvorrichtung lösen und auf richtigen Sitz der Keile achten.
- Durch einen leichten Schlag mit dem Kunststoffhammer auf das Ventilschaftende den richtigen Sitz der Keile prüfen. Schlecht sitzende Keile springen bei dieser Prüfung heraus.

Die Einbaulänge der Ventilfedern prüfen:
- Die Ventilfedern wie beschrieben ausbauen.
- Anstelle der Federn das Spezialwerkzeug P 10c einbauen (Bild 50).
- Das Mass A (Bild 49) ablesen und mit Ausgleichsscheiben unter dem unteren Federteller ausgleichen.

Die Einbaumasse betragen
Einlassventil 34,5 0/−0,3 mm
Auslassventil 34,5 0/−0,3 mm
Die Ventilschaftabdichtungen ersetzen:
- Die Ventilfedern ausbauen wie vorstehend beschrieben.
- Mit dem Werkzeug 3047 die Dichtungen von den Ventilführungen abziehen (Bild 51).

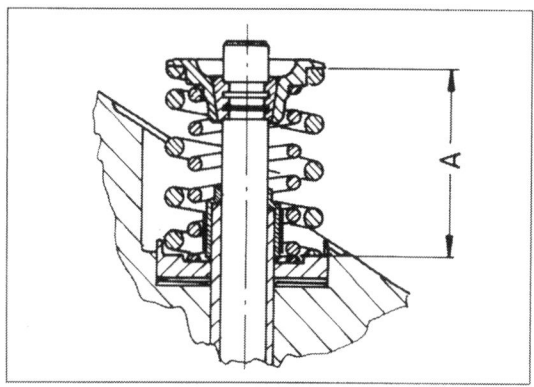

Bild 49
Mass A

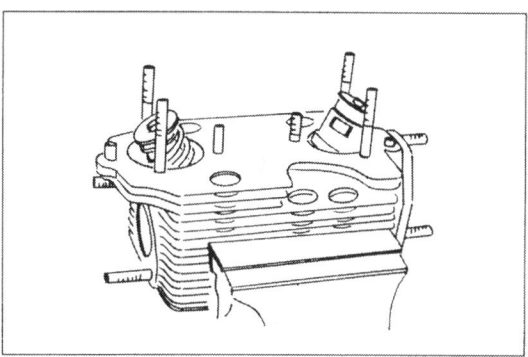

Bild 50
Vorrichtung P10c eingebaut

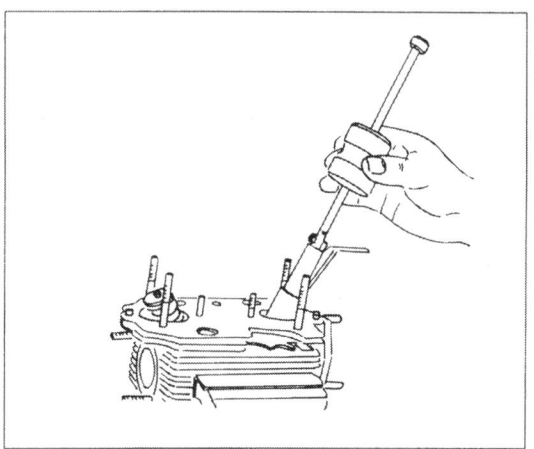

Bild 51
Abdichter abziehen

Die Dichtungen einbauen:
- Um Beschädigungen der Dichtung zu vermeiden die Montage-Kunststoffhülse auf das Schaftende des Ventils stülpen (Bild 52).
- Die Dichtlippe der Dichtung gut einölen.
- Mit dem Druckpilz 10-204 die Dichtung sorgfältig aufpressen (Bild 53). Die Kunststoffhülsen liegen dem Reparatur-Satz bei oder können bei der Firma Cartool, Alfred-Brehm-Strasse 5, D-8070 Ingolstadt/Donau bezogen werden.

Achtung:
Zu starkes Einschleifen zerstört den Ventilsitz und macht ihn unbrauchbar.
Ein sauberer, genau zentrischer Sitz ist durch ein geeignetes Ventilsitz-Drehwerkzeug und sorgfältiges Arbeiten erzielbar.

Die Ventilführungen ausbauen:
- Den Zylinderkopf zerlegen wie vorhin beschrieben.
- Die herausstehenden Ventilführungen von der Nockenwellenseite her mit einem Zapfensenker abfräsen, bis zur Bündigkeit mit dem Zylinderkopf (Bild 54).
- Die Führung mit einem angedrehten Durchschlag zur Brennraumseite auspressen.

Ventilführungen einbauen:
- Durch den Ausbau der alten Führungen haben sich die Aufnahmebohrungen ausgeweitet. Zum Einbau müssen aus diesem Grund Übermass-Führungen verwendet und eingepasst werden. Die Bohrungen zur Aufnahme der Ventilführungen mittels Innenmikrometer ausmessen. Die Übermass-Ventilführungen auf der Drehbank so abdrehen, dass ein Presssitz von 0,06 bis 0,09 mm entsteht. Die bearbeiteten Ventilführungen mit Talg einstreichen und mit einem angedrehten Dorn, von der Nockenwellenseite her, mit der Presse einbauen. Das Überstandmass gemäss Bild 55 einhalten.
- Den Innendurchmesser der Ventilführungen auf einen Durchmesser von 9,00 bis 9,015 mm aufreiben. Dabei muss eine vollkommen glatte, saubere Bohrung entstehen.
- Anschliessend ist der Ventilsitz nachzuarbeiten.

Die Ventilsitze nacharbeiten:
- Prüfen ob die Ventilsitzringe noch fest im Zylinderkopf sitzen. Wenn dies nicht mehr der Fall ist, den Zylinderkopf ersetzen.
- Ventilsitze mit Verschleiss- oder Verbrennungsspuren können nachgedreht werden, solange die zulässige Breite des 45°-Sitzes eingehalten werden kann, und der überstehende Ventilschaft ohne Scheiben am Zylinderkopf in den angegebenen Toleranzen liegt. Das Kontrollmass A in Bild 56 muss 34,5 mm plus Stärke der Federunterlage betragen. Muss mehr als 2,0 mm unterlegt werden, um das Einbaumass für die Ventilfedern zu erreichen, sitzen die Ventile zu tief und der Zylinderkopf muss ersetzt werden. Mit den üblichen, zur Verfügung stehenden Hilfsmitteln können die Sitzringe nicht ersetzt werden.

Arbeitsvorgang:
- Zuerst den 45°-Sitz mit dem Hunger-Ventilsitzdrehgerät bearbeiten. Darauf achten, dass möglichst wenig Material entfernt wird. Die entstandene Fläche muss glatt und ohne Rattermarken sein (Bild 57).
- Mit dem 30°-Fräser die obere Korrektur erstellen (Bild 58). Der entstehende äussere Rand des Ventilsitzes soll 0,5 mm kleiner als der Ventiltellerdurchmesser sein. Mit der Schiebelehre dieses Mass genau überprüfen.
- Mit dem 75°-Fräser die untere Korrektur so bearbeiten, dass die Sitzbreite Einlass 1,25 mm und

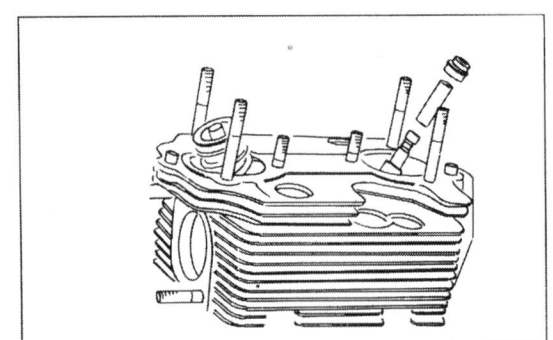

Bild 52 Kunststoffhülse aufstülpen

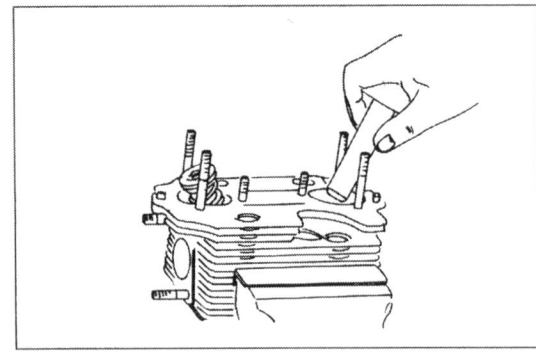

Bild 53 Abdichter aufpressen

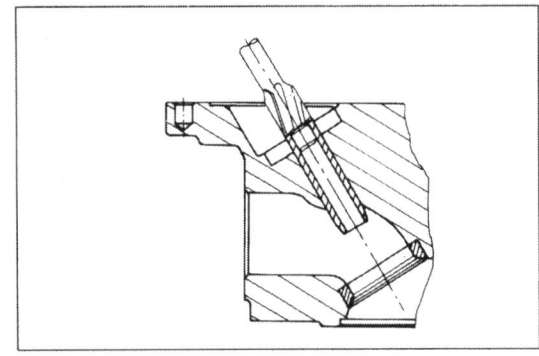

Bild 54 Ventilführungen abfräsen

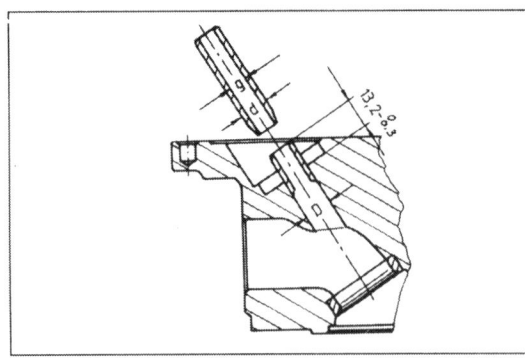

Bild 55 Überstandmass

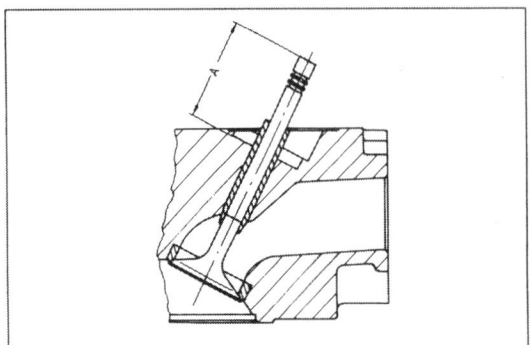

Bild 56 Kontrollmass A

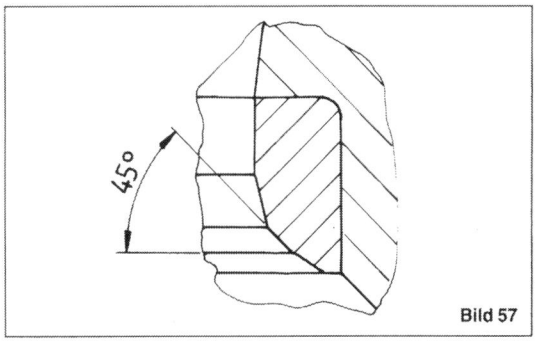

Bild 57

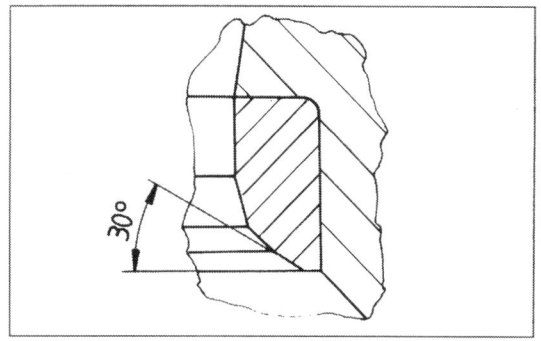

Bild 58

◀ **Bild 57**
45°-Sitz

Bild 58
Obere Korrektur

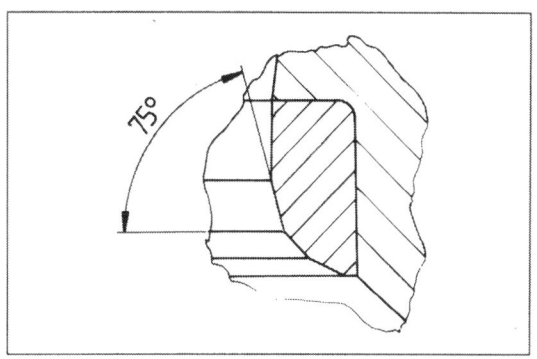

Bild 59
Untere Korrektur

Auslass 1,5 mm beträgt (Bild 59). Die Sitzfläche muss rundum gleichmässig breit sein.
● Die Ventile von Rückständen reinigen. Auf der Ventilschleifmaschine den 45°-Sitz am Ventilteller sauber schleifen. Dabei darf die Randdicke von Einlass 1,0 und Auslass 1,5 mm nicht unterschritten werden. Andernfalls muss das Ventil ersetzt werden. Dasselbe gilt bei verschlissenen Ventilschäften.
● Ventile mit eingeschlagenen Schaftenden ebenfalls ersetzen.
Ventile einschleifen (Bild 60):
● Das Ventil mit einem Gummisauger aufnehmen und die Sitzfläche dünn mit feiner Einschleifpaste bestreichen.
● Das Ventil in die Führung einsetzen.
● Mit dem Gummisauger das Ventil unter leichtem Druck einschleifen. Dieses Einschleifen soll nur ein Touchieren sein, um feinste Unebenheiten am Sitz zu entfernen und den Sitz in seiner Breite und Lage am Ventil sichtbar zu machen.
● Das Ventil herausnehmen und sorgfältig säubern.
Der Ventilsitz stellt sich nun als grauer Ring auf der Ventilkegelfläche dar. Zum Tellerrand hin soll ein dünner, glänzender Ring sichtbar sein.

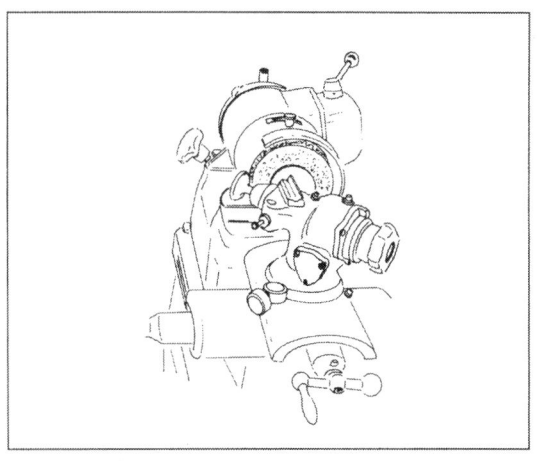

Bild 60
Ventilschleifmaschine

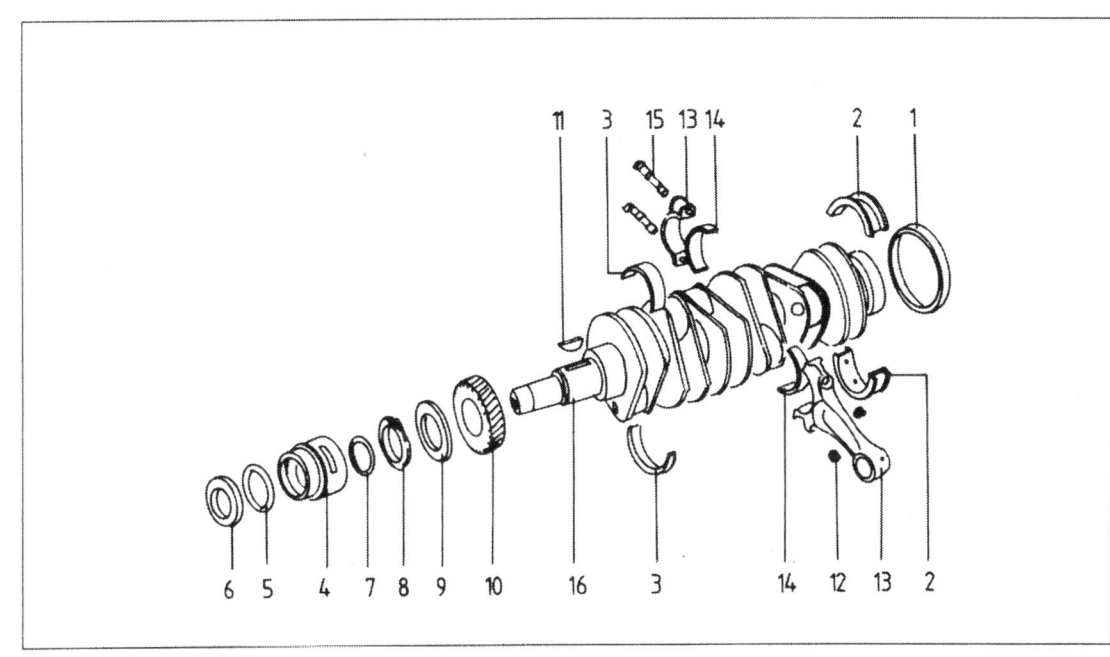

Bild 61
Kurbelwelle
1 Dichtring
2 Lagerschale
3 Lagerschale
4 Lagerbuchse Lager 8
5 O-Dichtring
6 Dichtring
7 Sicherungsring
8 Antriebsrad Zündverteiler
9 Zwischenring
10 Steuerrad
11 Scheibenfeder
12 Pleuelmutter
13 Pleuel
14 Lagerschale-Pleuel
15 Pleuelschrauben
16 Kurbelwelle

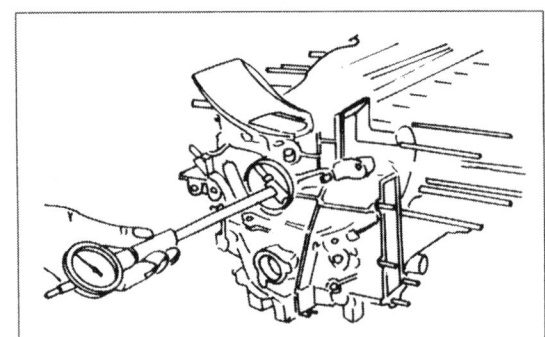

Bild 62
Ausmessen der Lagerbohrung 8

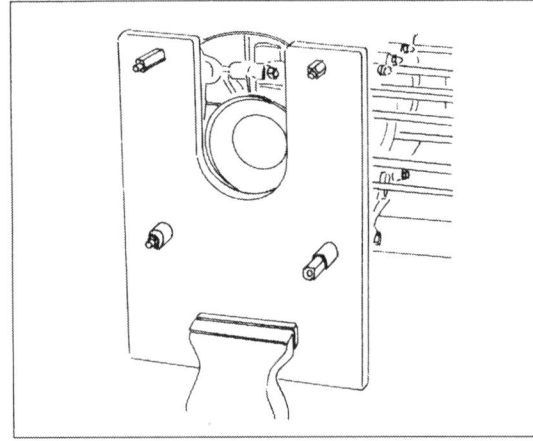

Bild 63 a
Aufnahmeplatte

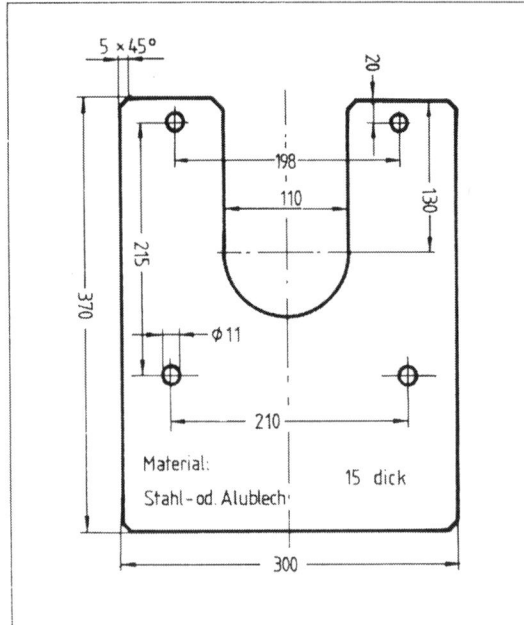

Bild 63 b
Aufnahmeplatte

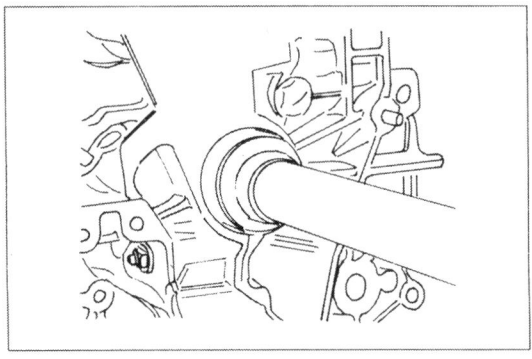

Bild 64
Endlagerbüchse einsetzen

2.4 Revision Kurbeltrieb

Alle Teile des Kurbeltriebs (Bild 61) fettfrei reinigen.

2.4.1 Kurbelgehäuse

Bei jedem Zerlegen des Kurbelgehäuses sollten grundsätzlich die Hauptlagerbohrungen vermessen werden.
Vermessen des Gehäuses:
- Das Kurbelgehäuse am Motorhalter P 201 in Verbindung mit den Befestigungsteilen P 201 b befestigen und beide Gehäusehälften zusammenschrauben. Alle Zugankerschrauben und die 4 Befestigungsmuttern M 8 am Lager 1 (Schwungradseite) und am Lager 8 (Riemenscheibenseite) leicht beidrehen.
- Die beiden Gehäusehälften mit dem Kunststoffhammer zueinander ausrichten. In der Lagerbohrung 8 darf an der Trennfuge kein Versatz vorhanden sein. Mit dem Innenmessgerät die Bohrung des Lager 8 über Kreuz ausmessen. Eventuell die Gehäusehälften nochmals ausrichten (Bild 62).
- Alle Zugankerschrauben und die vier Muttern M 8 mit dem vorgeschriebenen Drehmoment festziehen.
Zugankerschrauben M 10 – 35 Nm;
Muttern M 8 Lager 1/8   – 22–24 Nm.
- Alle 8 Hauptlagerbohrungen mit dem Innenmessgerät vermessen. Sind die Lagerbohrungen zu eng, so muss mit der Normalreibahle Durchmesser 65,0 durchgerieben werden. Das Sollmass der Bohrungen 1 bis 8 beträgt 65,0 bis 65,019 mm.
- Sind die Lagerbohrungen zu gross, muss mit der Vorreibahle und der Fertigreibahle auf das Übermass 65,25 mm nachgerieben werden. Das Sollmass für die B-Lager beträgt 65,25 bis 65,269 mm.

Hinweis:
Beim Leichtmetall Silumingehäuse muss in 2 Stufen auf die B-Stufe aufgerieben werden Zum Reiben unbedingt Spiritus verwenden.
Werkzeug zum Aufnehmen des Kurbelgehäuses gemäss Bild 63 herstellen.
- Das Kurbelgehäuse an der Aufnahmeplatte festschrauben.
- Die Entlagerbüchse EL 35 in die Lagerbohrung 1 einsetzen und mit der Führungsstange 35 × 1500 ausrichten (Bild 64).
- Jetzt die Führungsvorrichtung zum Abstützen der Führungsstange vorne befestigen (Bild 65). Schrauben M 10 × 45 verwenden.
- Die Führungsstange mit der Reibahle in Lager 8 einführen und alle Lager sorgfältig und gleichmässig durchreiben (Bilder 66 und 77). Zur

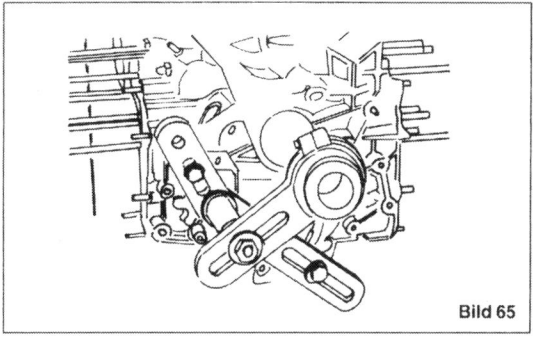
Bild 65

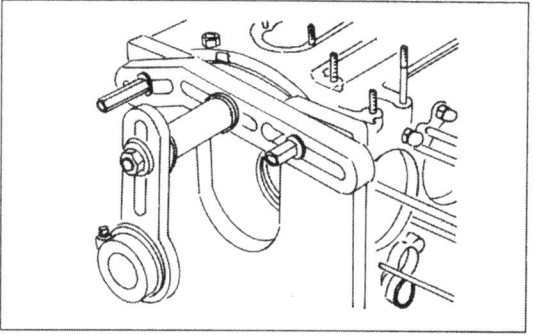
◀ Bild 65
Stützlager

Bild 66
Stützlager

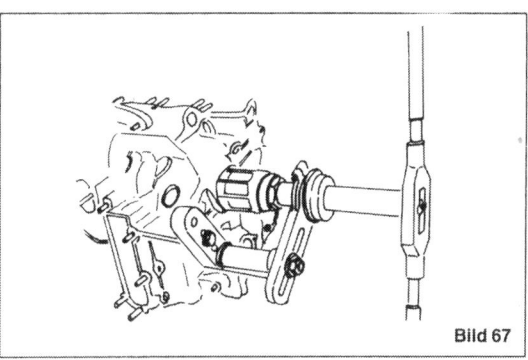
Bild 67

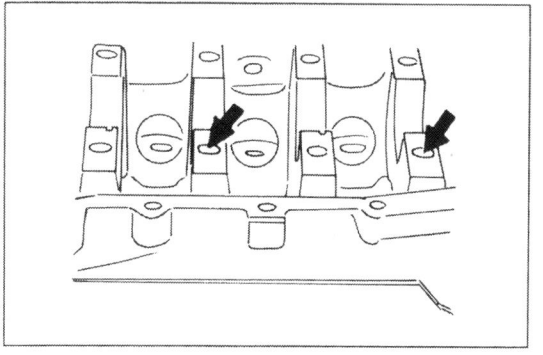
◀ Bild 67
Nachreiben

Bild 68
Bohrungen verschliessen

Schmierung reichlich Spiritus verwenden.
Spritzventile für die Kolbenkühlung prüfen.
Die Ventile befinden sich in der rechten Kurbelgehäusehälfte.
● Die Aufnahmebohrungen der Zugankerschrauben mit 12 mm-Stopfen verschliessen (Bild 68).
● Waschbenzin in die Ölversorgungsbohrungen der Hauptlager einfüllen.
● Mit Druckluft in die Ölbohrungen blasen und den Abspritzstrahl des Spritzventils beobachten (Bild 69).
● Denselben Vorgang an der linken Gehäusehälfte ebenfalls durchführen.

Lose und unsauber spritzende Ventile ersetzen:
● Die verstemmten Stellen mittels Dreikantschaber entfernen.
● Die Düse aufbohren und ein Gewinde M6 schneiden.
● Mit einer geeigneten Schraube, Distanzbüchse und U-Scheibe den Ventileinsatz herausziehen.
● Die Aufnahmebohrung fettfrei reinigen.
● Den neuen Ventileinsatz mit Locitie 640 einkleben.
● Nach dem Aushärten des Klebers den Ventileinsatz an drei Stellen verstemmen (Bild 70).
● Den Spritzstrahl anschliessend prüfen, wie beschrieben.

Auswechseln von Dilavar-Stiftschrauben:
Schraube abgebrochen
● Die Bruchstelle plan feilen und genau zentrisch ankörnen.
● Mit dem 1/4"Bohrer (6,35 mm) auf der Ständer-

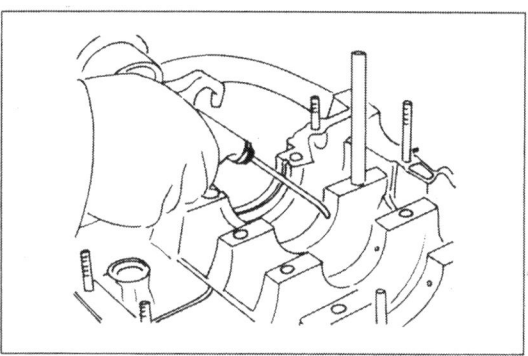
Bild 69
Spritzventil prüfen

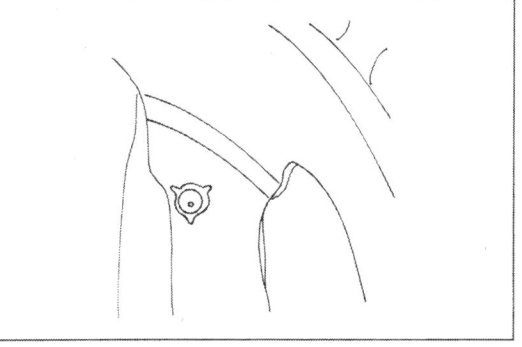
Bild 70
Ventileinsatz verstemmen

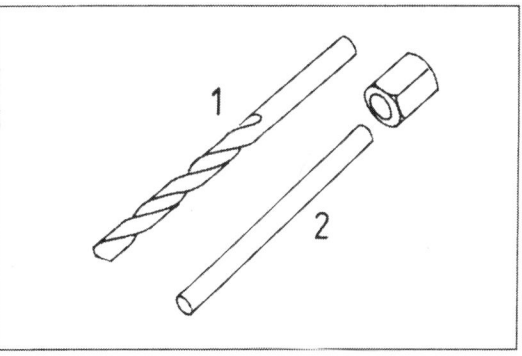
Bild 71
Werkzeug
1 Bohrer speziallegiert
2 Stiftschrauben-Ausdreher E3

bohrmaschine ein 15 mm tiefes Loch bohren (Bilder 71 und 72).
- Den Ausdreher E 3 mit dem Schlosserhammer 10 mm tief in das Loch eintreiben.
- Die Kurbelgehäusehälfte mit dem Industrieföhn auf 200° C erhitzen. Die Temperatur mit Thermochrom-Stiften von Faber-Castell kontrollieren. Durch Erhitzen wird die Loctite-Verklebung gelöst.
- Den Bolzen mit dem Ausdreher herausdrehen (Bild 73).
- Das Gehäuse abkühlen lassen und das Gewinde mit passendem Gewindebohrer nachschneiden.

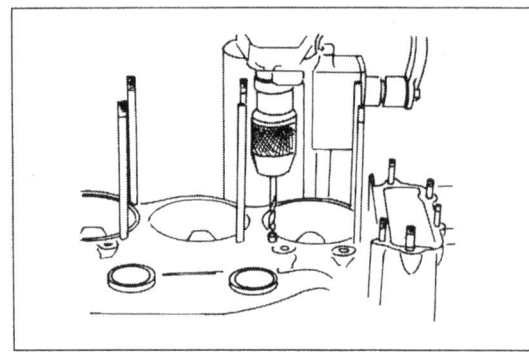

Bild 72
Stiftschrauben ausbohren

Bild 73
Stiftschraube ausdrehen

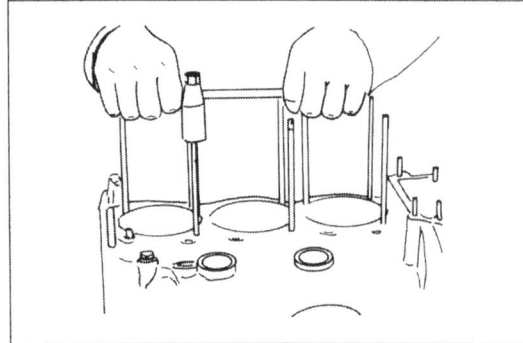

Bild 74
Stiftschraube ausdrehen

- Die neue Stiftschraube mit Loctite 270 einschrauben und festziehen. Das Werkzeug von Fa. Snap-On Tools GmbH, Rudolf-Diesel-Strasse 6, D-7104 Willsbach, Telefon (0 71 34) 30 54 verwenden.

Komplette Schraube
- Das Gehäuse auf 200° C mittels Industrieföhn erhitzen. Die Temperatur mit Thermochrom-Stift von Faber-Castell prüfen.
- Mit dem Ausdreher Romax-Gr. 10 von Rothenberger die Stiftschrauben ausdrehen (Bild 74). Für Stiftschrauben die abgerissen sind, aber noch mindestens 30 mm überstehen den Ausdreher Grösse 8 verwenden.

Werkzeuglieferant: Fa. Rothenberger GmbH & Co, Industriestrasse 7, D-6233 Kelkheim/Ts, Telefon (0 61 95) 80 01.

2.4.2 Pleuel

Bild 75 zeigt die Einzelteile des Pleuels.
- Die Pleuelbuchse im Pleuelauge prüfen. Die Lauffläche darf weder Riefen noch andere sichtbare Laufspuren aufweisen. Der Durchmesser der Bohrung muss 22,033 – 22,020 mm betragen. Das Spiel Kolbenbolzen-Pleuelbüchse darf 0,020 bis 0,039 mm betragen. Bei einem Spiel von 0,055 mm oder mehr muss die Büchse ersetzt werden. Das Ersetzen der Büchse überlässt man dem Zylinderschleifwerk, da zum Erstellen der Fertigbohrung und zum Auswinkeln der Pleuel Spezialmaschinen notwendig sind.
- Verbogene Pleuelstangen sind stets im Satz zu erneuern. Der Gewichtsunterschied der Pleuel im selben Motor darf max. 9,0 Gramm betragen.
- Die Grundbohrung der Pleuellagerschalen prüfen. Weist die Bohrung Riefen oder Verfärbungen (rot/blau) auf und sind die Nasen der Lagerschalen flachgedrückt, haben sich die Schalen gedreht. Solche Pleuel immer im Satz ersetzen.
- Neue Lagerschalen entsprechend der Lagerklassifizierung der Kurbelwelle trocken einlegen. Die Lauffläche der Schalen gut einölen und den Pleuel auf den Pleuelzapfen der Kurbelwelle montieren. Die Kennziffern auf dem Pleuel und dem Lagerdeckel müssen übereinstimmen und gegenüber liegen. Dazu neue Dehnschrauben verwenden.

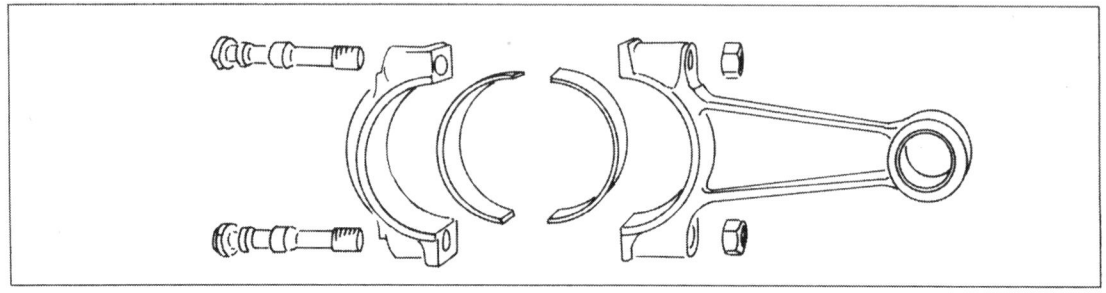

Bild 75
Einzelteile Pleuel

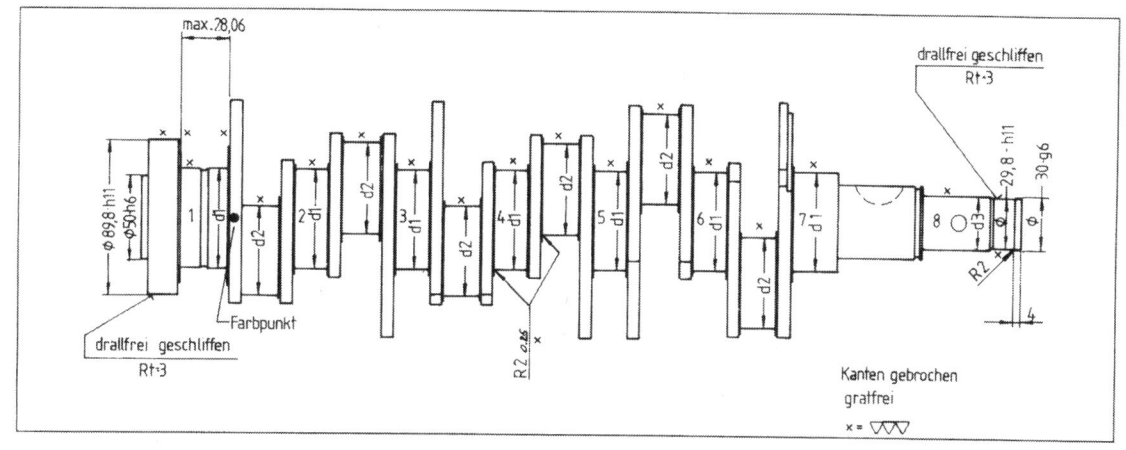

Bild 76
Kurbelwelle

Die Muttern folgendermassen festziehen:
1. Stufe 20 Nm
2. Stufe plus 90° Drehwinkel
● Das Axialspiel der Pleuel auf der Kurbelwelle prüfen: Der Pleuel soll absolut frei auf dem Zapfen laufen. Werden Klemmer festgestellt, die Durchmesserklasse des Pleuelzapfens prüfen und wenn erforderlich andere Lagerschalen einbauen.

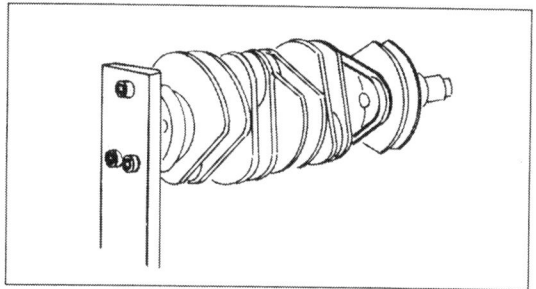

Bild 77
Kurbelwelle aufspannen

2.4.3 Kurbelwelle

Die Kurbelwelle (Bild 76) fettfrei reinigen und gemäss Bild 77 aufspannen.
Dazu Innenvielzahnschrauben Ersatz-Teil. Nr. 928 102 151 01 und die Halteplatte P 209 a verwenden.
Vorher die Spannhülse (6 × 16) mit der Grip-Zange entfernen oder die Halteplatte anpassen.
Alle Lagerstellen auf sichtbaren Verschleiss prüfen.
Die Lagerstellen sind teniferbehandelt und können nur in einer spezialisierten Werkstätte nachgearbeitet werden.

Vorteilhafterweise benutzt man aber den Austausch-Service des Werks.
Sofern kein sichtbarer Verschleiss erkennbar ist, vermisst man die Lagerstellen mittels Mikrometer.
Die Laufflächen der Radialdichtringe erst dann nachschleifen, wenn die Einlaufstelle zu tief ist.
Ansonsten sofern erforderlich nachpolieren, (R_t 3)
Nach dem Schleifen die Ölbohrungen mit R 0,5 anrunden.
Scharfe Kanten mit R 0,2 bis 0,5 anrunden.
Der Höhenschlag der Lagerstellen bezogen auf die Aufnahmeachse darf max. 0,04 mm betragen.
Nach dem Bearbeiten die Welle gemäss der Vorschrift Tenifer 90 W PN 1053 behandeln.

Normal und Nacharbeitsmasse

Stufe	Kurbelgehäusedurchmesser	Hauptlager d_1	Pleuellager d_2	Hauptlager d_3
Normal	65,000–65,019	59,971–59,990	54,971–54,990	30,980–30,993
Übermass	65,250–65,269			
−0,25		59,721–59,740	54,721–54,740	30,730–30,743
−0,50		59,471–59,490	54,471–54,490	30,480–30,493
−0,75		59,221–59,240	54,221–54,240	30,230–30,243
−1,00		58,971–58,990	53,971–53,990	29,980–29,993

Stufe	Bund d_4	Sitz für Steuerrad d_5	Aufnahme d_6	Führungslager Breite A
Normal	89,780–90,000	42,002–42,013	29,960–29,993	28,000–28,060
−0,25				
−0,50	89,780–89,800		29,670–29,800	
−0,75				
−1,00				

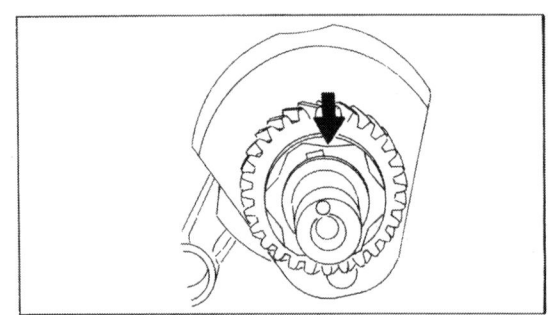

Bild 78
Antriebsrad Zündverteiler

Bild 79
Sicherungsring einbauen

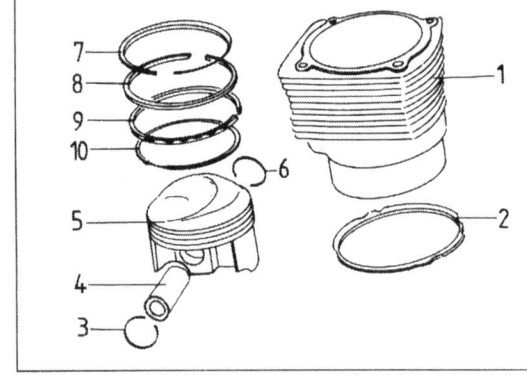

Bild 80
Kolben-Zylinderbüchse
1 Zylinder
2 Zylinderfussdichtung
3 Sicherungsring
4 Kolbenbolzen
5 Kolben
6 Sicherungsring
7 Minutenring Nute 1
8 Nasen-Minutenring Nute 2
9 Gleichfasenring Nute 3
10 Schlauchfeder Nute 3

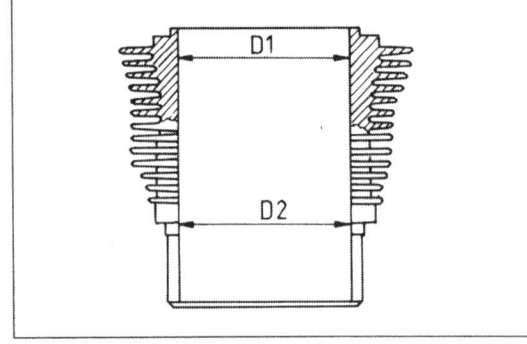

Bild 81 a
Zylinder vermessen

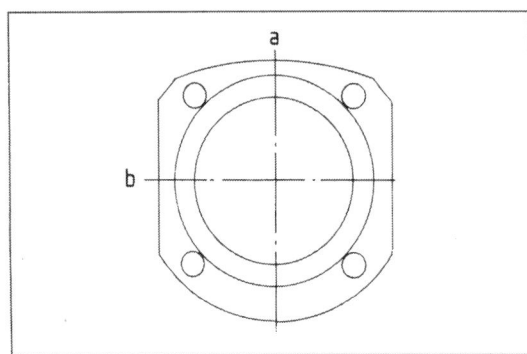

Bild 81 b
Zylinder vermessen

Die Hauptlager 3 und 5 nach der Teniferbehandlung nicht mehr richten.
An den übrigen Lagerstellen darf durch Stemmen in den Radien gerichtet werden.
Die Farbzeichen der Nacharbeitsstufen:
1. Stufe   blau
2. Stufe   grün
3. Stufe   gelb
4. Stufe   weiss

Das Antriebsrad für den rechtsdrehenden Zündverteiler (Bild 78) montieren:
Ist das Antriebsrad nur mit dem Porsche-Warenzeichen versehen, so muss in der Einbaulage in Richtung Keilriemenscheibe weisen. Ist das Antriebsrad mit einem X, welches mit dem Elektroschreiber ausgeführt ist, gekennzeichnet, so hat das Porsche-Warenzeichen keine Gültigkeit, d.h. in diesem Falle muss die X-Kennzeichnung zur Keilriemenscheibe zeigen. Wird die Einbaulage des Antriebsrades nicht beachtet, so ergeben sich Abweichungen der Zündgrundeinstellung von 13° Kurbelwinkel.

Sicherungsring auf der Kurbelwelle montieren (Bild 79):
Um das Axialspiel am Zündverteiler-Antriebsrad auszugleichen, gibt es Sicherungsringe in verschiedenen Dicken.
Es stehen folgende Sicherungsringe zur Verfügung:

Ersatzteilnr.	Dicke mm	Kennzeichen
901.102.148.00	2,4	0
901.102.148.01	2,3	1
901.102.148.02	2,2	2
901.102.148.03	2,1	3

Steuerrad, Zwischenring und Antriebsrad für rechtsdrehenden Zündverteiler bis zur Anlage auf der Kurbelwelle montieren. Durch Einsteckprüfung den entsprechenden Sicherungsring auswählen.
Der Sicherungsring muss spielfrei eingebaut werden.

2.4.4 Kolben-Zylinderbüchsen (Bild 80)

Kolben und Zylinder fettfrei reinigen.
Mit der Kolbenringzange die Kolbenringe abnehmen.
Zylinder vermessen (Bild 81).
Mit dem Innenmikrometer in der Ebene D1 den Durchmesser und die vorhandene Ovalität feststellen. Dazu ein Zweipunkt-Messgerät verwenden.
Die Messebene befindet sich 30 mm unterhalb der Oberkante der Büchse.
Der Zylinder ist verschlissen, wenn das Mass an der Messstelle 0,08 mm über dem Einbaumass liegt.

Durch die Messrichtung a und b wird die Ovalität des Zylinders ermittelt.
Die Abweichung der Masse a und b darf 0,04 mm nicht überschreiten.
In der Messebene D2 wird das Stossspiel der Kolbenringe festgestellt.
Dazu sind die Kolbenringe plan in die Messebene D2 einzuschieben. Das Stossspiel der Ringe beträgt:

Rechteckring
Nute 1
- neu   0,2–0,4 mm
- Verschleissgrenze   0,8 mm

Nasenminutenring
Nute 2
- neu   0,3–0,4 mm
- Verschleissgrenze   1,0 mm

Gleichfasen-Schlauchfederring
Nute 3
- neu   0,3–0,6 mm
- Verschleissgrenze   2,0 mm

Höhenspiel der Kolbenringe in den Kolbennuten feststellen:
Die Nuten in den Kolben mittels altem Kolbenring, den man entzweibricht, reinigen.
An mehreren Stellen den Kolbenring in die entsprechende Nut einführen und mit der Blattlehre das vorhandene Spiel feststellen.
Das Höhenspiel muss folgende Werte aufweisen:

Rechteckring
1. Nute
- neu   0,070–0,102 mm
- Verschleissgrenze   0,2   mm

Nasenminutenring
2. Nute
- neu   0,040–0,072 mm
- Verschleissgrenzen   0,2   mm

Gleichfasen-Schlauchfederring
3. Nute
- neu   0,020–0,052 mm
- Verschleissgrenze   0,1   mm

Wird die Verschleissgrenze erreicht oder überschritten, müssen neue Kolben im Satz montiert werden.
Die Kolben sind auf Verschleiss am Kolbenhemd zu prüfen:
Bild 82 zeigt die Messstelle.

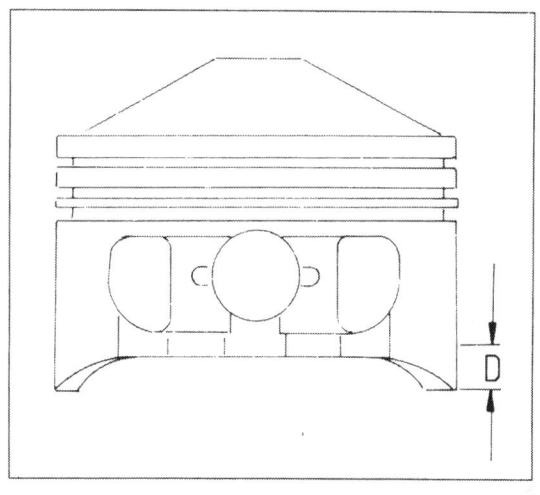

Bild 82
Kolben-Messstelle

Das Mass D beträgt bei Mahle-Kolben 18 mm, KS-Kolben 10 mm.
Wird ein Laufspiel von über 0,2 mm festgestellt, sind Kolben und Zylinderbüchse zu ersetzen.
Die Kolben- und Zylindermasse betragen:

Fa. Mahle Zylinderbezeichnung	Nikasil-Zylinderdurchmesser	Kolben-Durchmesser
0	95,000–95,007 mm	94,965–94,975 mm
1	95,007–95,014 mm	94,972–94,982 mm
2	95,014–95,021 mm	94,979–94,989 mm
3	95,021–95,028 mm	94,986–94,996 mm

Das Laufspiel beträgt 0,025–0,042 mm.

Fa. KS	Alusil-Zylinderdurchmesser	Kolben-Durchmesser
0	95,000–95,005 mm	94,975–94,980 mm
1	95,005–95,010 mm	94,980–94,985 mm
2	95,010–95,015 mm	94,985–95,990 mm
3	95,015–95,020 mm	94,990–95,995 mm

Das Laufspiel beträgt 0,020–0,030 mm.

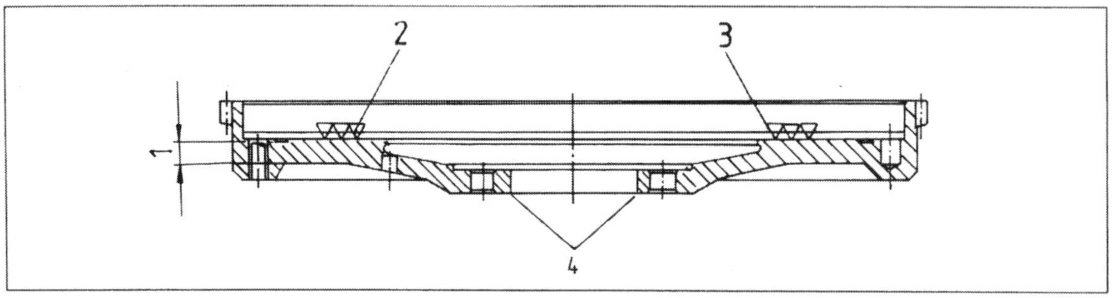

Bild 83
Schwungrad
1 Verschleissgrenze 8,5 mm
2 kleinstmögliche Spanabnahme
3 max. Schlag 0,1 mm
4 Aufnahme für Nacharbeit

2.4.5 Schwungrad

Bild 83 zeigt das Schwungrad.
Bei starker Riefenbildung oder Brandstellen kann die Anlauffläche der Mitnehmerscheibe nachgearbeitet werden.
Die Materialabnahme soll so gering wie möglich gehalten werden.
Die Verschleissgrenze der Schwungraddicke (1) beträgt 8,5 mm.
Wird dieses Mass unterschritten, muss die Schwungscheibe ersetzt werden.
Ab dem Modell 78 darf das Schwungrad nicht mehr nachgearbeitet werden.

2.4.6 Zwischenwelle

Bild 84 zeigt die Einzelteile der Zwischenwelle, die die Nockenwellen und die Ölpumpe antreibt.
Die Zwischenwelle prüfen:
Das Zwischenwellenrad gemäss Bild 85 auf Verschleiss ausmessen. Dazu zwei Rollen von 4,5 mm Durchmesser einlegen.
Wird das Mass 136,5 mm unterschritten, muss das Rad ersetzt werden.
Ist auf dem Rad eine 1 eingeprägt, beträgt das Verschleissmass 136,55 mm. Selbstverständlich ist das Rad auch auf sichtbaren Verschleiss zu prüfen.

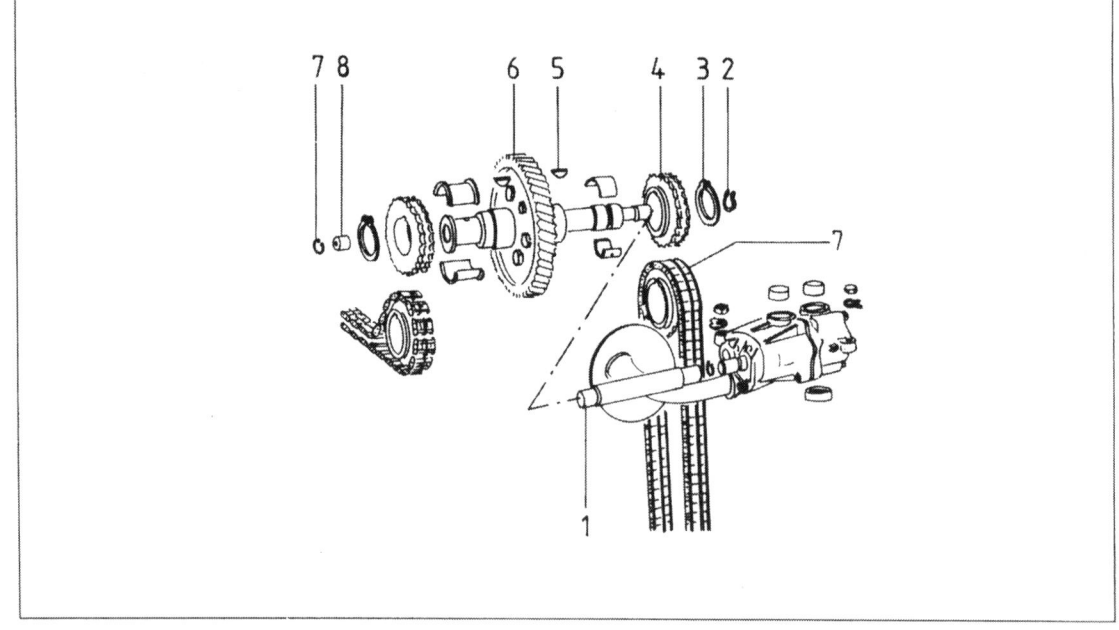

Bild 84
Zwischenwelle
1 Verbindungswelle
2 Sicherungsring 13 × 1
3 Sicherungsring 36 × 1.75
4 Kettenrad
5 Scheibenfeder
6 Zwischenwelle
7 Sicherungsring
8 Verschlussstopfen Alu

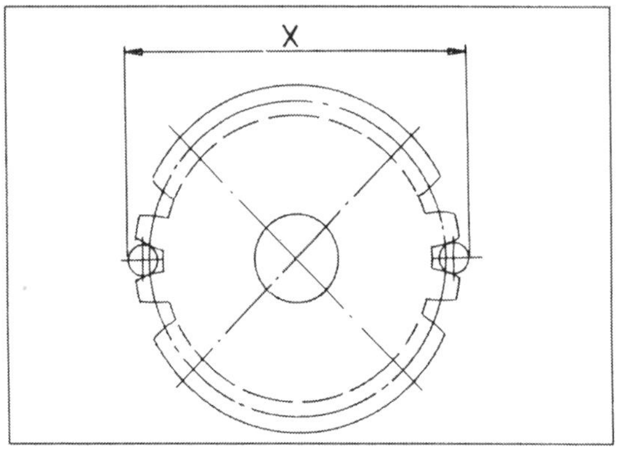

Bild 85
Zwischenwellenrad ausmessen

Beim Ersatz des Rades muss das Kurbelwellenrad ebenfalls ersetzt werden.
Die Zwischenwelle bildet zusammen mit dem verschraubten Rad ein gemeinsames Ersatzteil.
Bei Motoren mit einer Laufzeit von mehr als 80 000 km und bei Motorschaden muss der Aluzapfen an der Stirnseite der Welle entfernt werden, damit die Bohrung gereinigt werden kann.
Dazu in den Zapfen ein Gewinde M 8 schneiden.
Mit der Vorrichtung gemäss Bild 86 den Stopfen herausziehen. Nach der Reinigung einen neuen Stopfen einpressen.

Zwischenwelle einbauen:
Die Einbaulage ist aus Bild 87 ersichtlich.
Die Zahnräder und das Kurbelgehäuse dürfen nur gemäss nachstehender Tabelle gepaart werden. Am linken Kurbelgehäuse ist unterhalb der Lichtmaschinen-Aufnahme die Kennzahl 0 oder 1 eingeschlagen.
Die Zwischenwelle mit der Verbindungswelle und der Ölpumpe, jedoch ohne Steuerketten, in das Kurbelgehäuse einlegen.
Die Ölpumpe festschrauben, und gleichzeitig prüfen ob die Zwischenwelle, die Verbindungswelle und die Ölpumpe schlagfrei zueinander laufen.
Ist ein unrunder Lauf zu erkennen, muss durch Verstecken der Verzahnungsverbindungen ein einwandfreier Rundlauf erzielt werden.

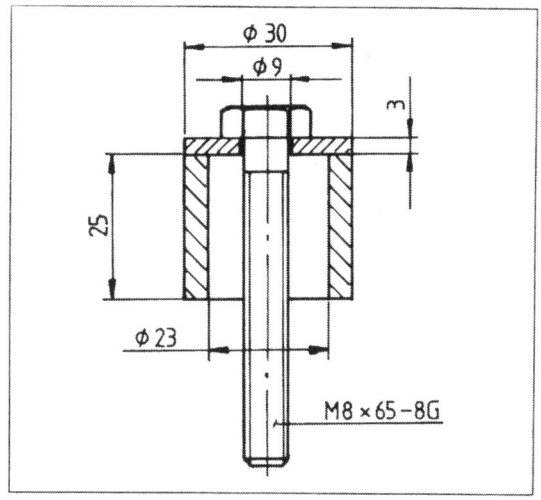

Bild 86
Auszieher

Achsabstand mm	Kurbelgehäusezeichen	Antriebsrad auf Kurbelwelle	Zwischenwellenrad	Spiel
103.975– 103,990 mm	0	0	0	0,029– 0,049 mm
		Einbau noch zulässig		
	0	1	0	0,016– 0,042 mm
	0	0	1	0,017– 0,043 mm
103.990– 104,000 mm	1	1	0	0,012– 0,041 mm
		Einbau noch zulässig		
	1	0	1	0,025– 0,049 mm
	1	1	0	0,025– 0,048 mm

Die Zwischenwelle wieder ausbauen, ohne sie zu zerlegen.
Den Dichtring zwischen Ölpumpe und Gehäuse mit Fett einlegen.
Die komplette Einheit mit den Ketten (Bild 88) in das Kurbelgehäuse einlegen und die Ölpumpe festschrauben.

2.5 Schmiersystem

Aus Bild 89 ist das vollständige Schmiersystem ersichtlich.
Das System ist als Trockensumpf-Schmierung ausgelegt.
Die Ölpumpe im Motor besteht aus zwei Systemen. Das eine fördert das Öl aus dem Motorsumpf laufend in den seitlich angeordneten Öltank. Das andere entnimmt das zur Schmierung des Motors notwendige Öl dem Öltank und fördert es unter Druck in den Motor.

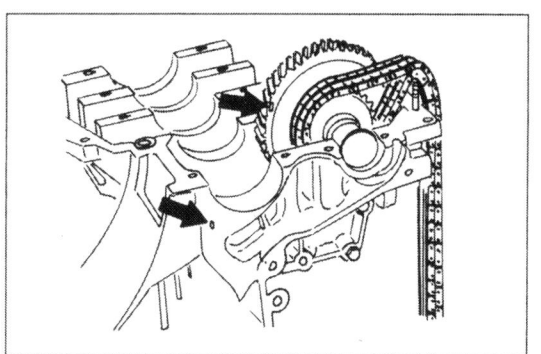

Bild 87
Einbaulage der Zwischenwelle

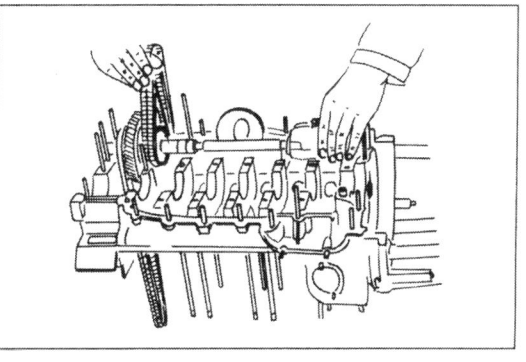

Bild 88
Zwischenwelle definitiv einbauen

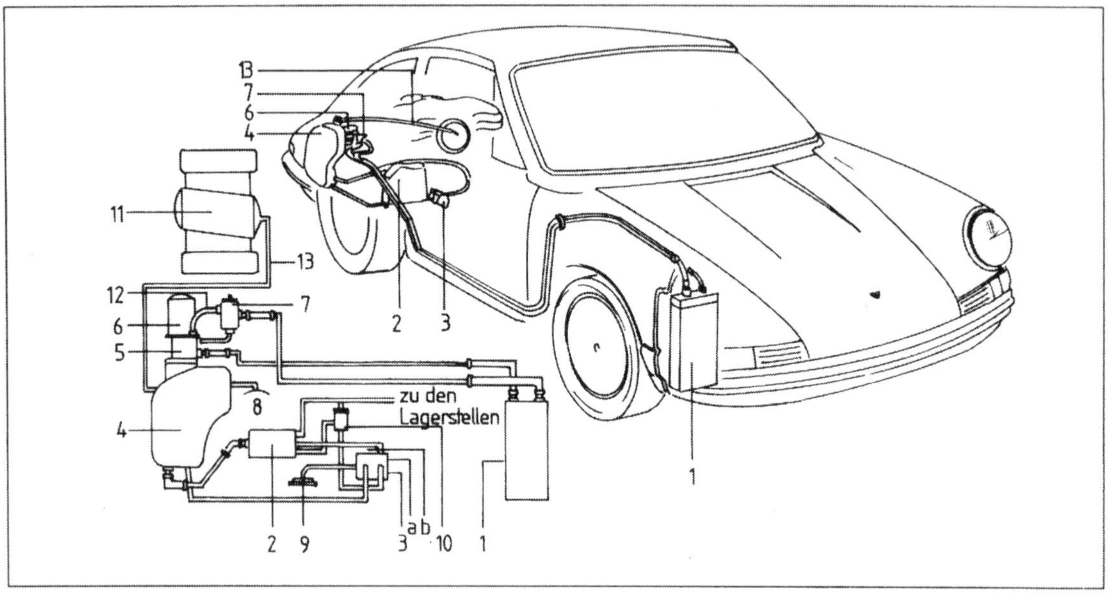

Bild 89
Schmiersystem
1 Zusatzölkühler
2 Ölkühler Motor
3 Ölpumpe
  a-Rückförderpumpe
  b-Druckölpumpe
4 Öltank
5 Konsole
6 Hauptstrom-Ölfilter
7 Thermostat
8 Entlüftung vom Motor zum Tank
9 Ölsieb
10 Thermostat Motor
11 Luftfilter
12 Kurzschlussleitung zum Motor
13 Öltankentlüftung zum Luftfilter

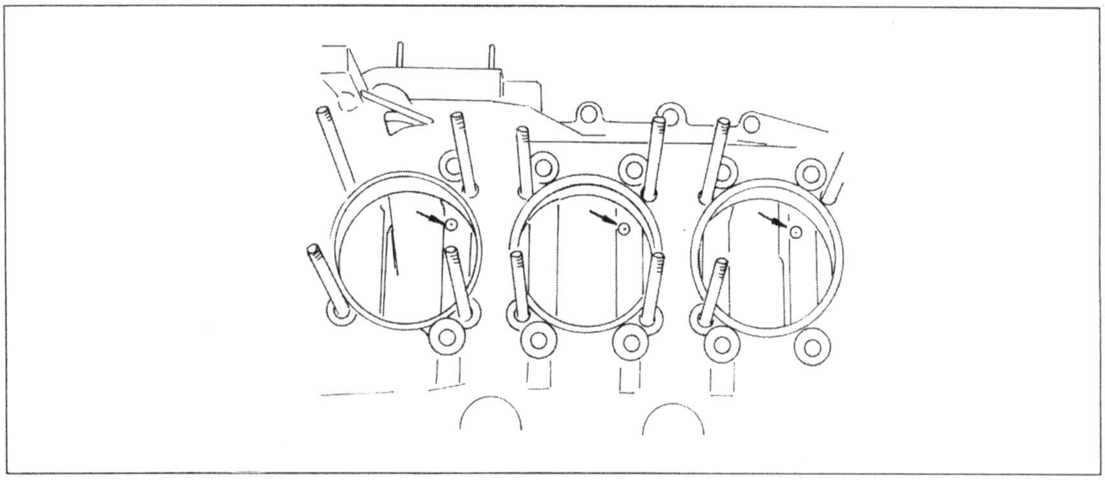

Bild 90
Spritzdüsen zur Kolbenkühlung

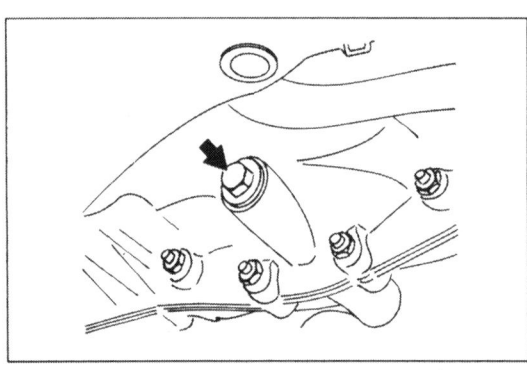

Bild 91
Ölablassschraube Motor

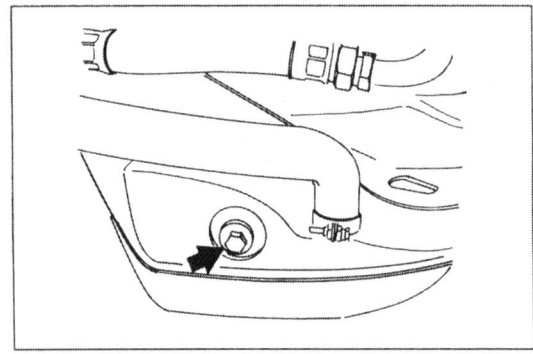

Bild 92
Ölablassschraube Tank

Je nach Temperatur wird das Öl durch den Motorölkühler oder direkt in den Motor gepumpt.
Die Filtrierung des Öl erfolgt im ersten System, welches ebenfalls einen Ölkühler, vorne im Kotflügel einschliesst. Auch dieser Ölkühler wird über einen Thermostaten ab- und zugeschaltet.
Das Motorenöl wird nicht nur zur Schmierung des Motors verwendet, sondern auch zur Kühlung der Kolbenböden.
Dazu sind im Motorblock entsprechende Spritzdüsen angeordnet (Bild 90).
Bis zum Modell 72 wurde vorne ein Ölkühler in Wabenform eingebaut; ab 72 bis 74 verwendete man eine Ölkühlschlange aus Rohr; ab 74 wurde dann wieder ein Wabenölkühler verbaut.

2.5.1 Ölwechsel

Voraussetzung: Motor betriebswarm
Die Ölablassschraube an Motor und Öltank lösen und das Öl ablassen (Bilder 91 und 92).
Die Ablassschrauben gründlich reinigen. Die

Dichtringe grundsätzlich erneuern.
Anzugsmoment der Ablassschraube Motor 70 Nm; Tank 42 Nm.
Gleichzeitig ist der Hauptstromölfilter (Bild 93) zu ersetzen. Der neue Filter ist an der Dichtung gut einzuölen und von Hand bis zur Anlage aufzudrehen, anschliessend 1/2 Umdrehung weiter festdrehen.
Das Motorenöl einfüllen und den Motor auf Betriebstemperatur bringen. Das System auf Dichtheit prüfen.
Den Ölstand bei Betriebstemperatur und Leerlauf prüfen.

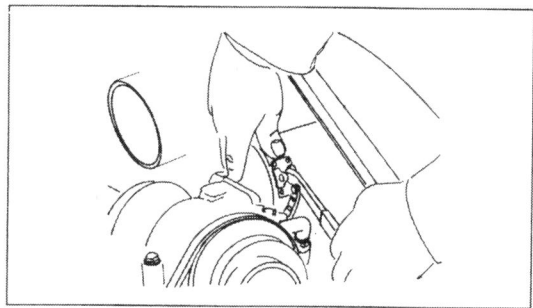
Bild 93
Ölfilter

2.5.2 Öltank aus- und einbauen

● Das rechte Hinterrad demontieren.
● Das Öl aus dem Tank ablassen (wegschütten, nicht mehr verwenden).
Achtung:
Um ein Verölen der Bremsscheibe zu verhindern, die Scheibe abdecken.
● Die Ölschläuche und die Schraube am Stützrohr (Bild 94) für den Kotflügelunterteil lösen.
● Die Schrauben am Stützrohr lösen und zur Seite drehen (Bild 95).
● Die elektrischen Kabel des Ölstandgebers abziehen.
● Die Entlüftungsschläuche und den Tankverschlussdeckel am Öltank lösen.
● Den Ölfilter herausdrehen.
● Das Sicherungsblech in Bild 96 aufbiegen und die Mutter lösen. Das Stützrohr nach unten herausziehen.
● Die Öltankbefestigungsmuttern lösen und mit den Scheiben abnehmen (Bild 97).
Der Einbau erfolgt in umgekehrter Reihenfolge.
Die Dichtung zwischen Radlaufwand und Öltank lagerichtig am Öltank ankleben.

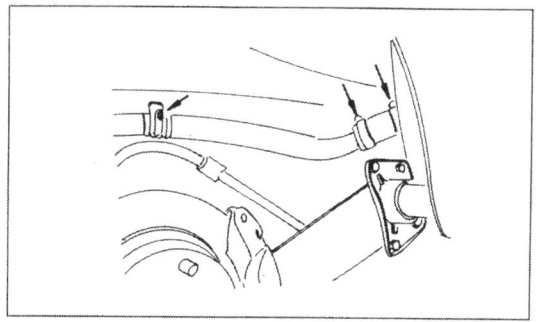
Bild 94
Stützrohr

2.5.3 Die Ölleitungen zum Frontölkühler ersetzen

Bild 98 zeigt die Ölleitungen.
Ausbau:
● Das Fahrzeug auf eine Hebebühne fahren und hochheben.

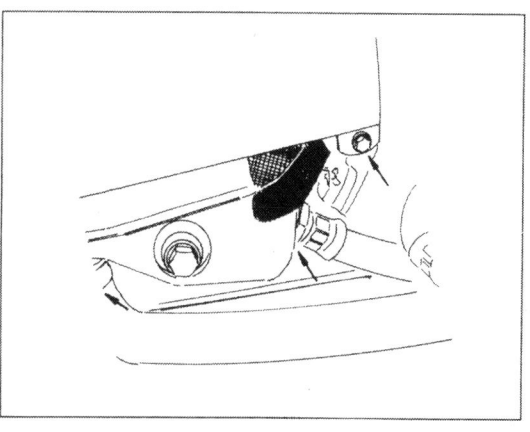
Bild 95
Befestigung Stützrohr

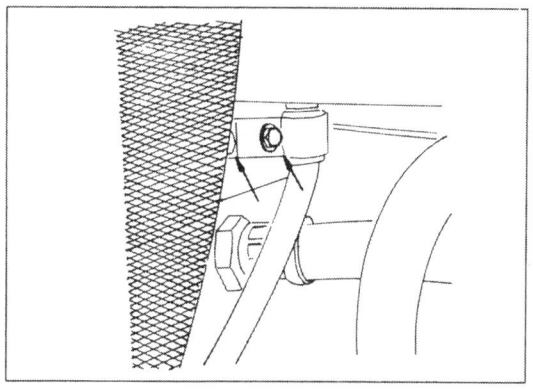
Bild 96
Sicherungsblech

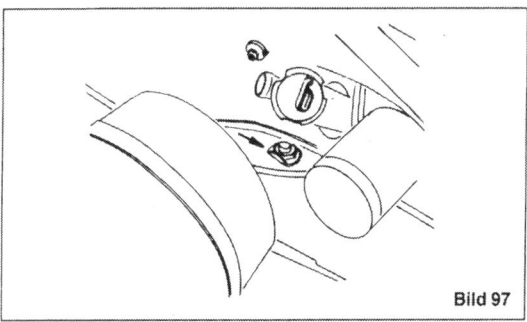
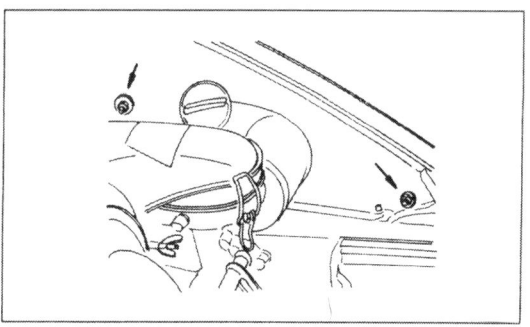

◀ **Bild 97**
Befestigungsmuttern Tank

Bild 98
Ölleitungen ab Modell 81

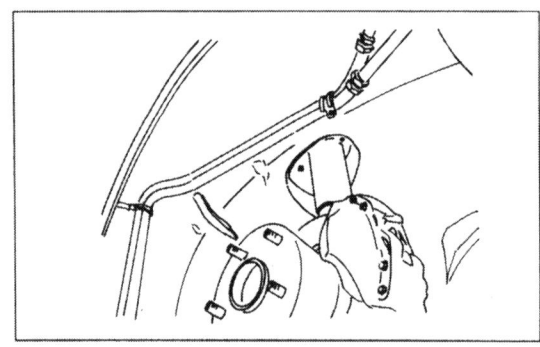

Bild 99
Abdeckblende

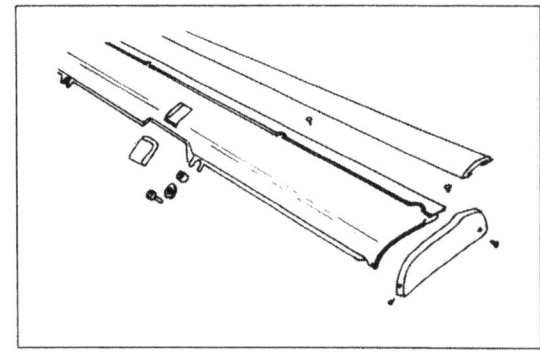

Bild 100
Reglergehäuse Ölleitungen

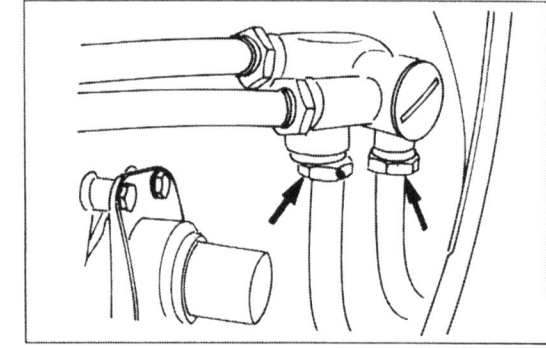

Bild 101
Ölschläuche-Ölleitungen

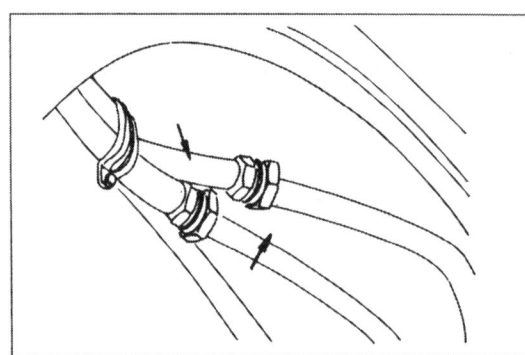

Bild 102
Blende montieren

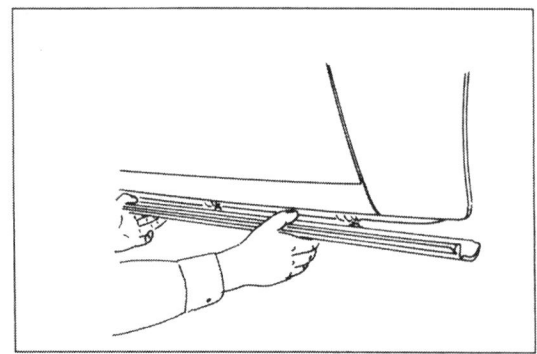

Bild 103
Gummileiste montieren

- Die Räder der rechten Fahrzeugseite demontieren.
- Die Verschraubungen der Ölleitungen mit Rostlöser einsprühen.
- Die Abdeckblende (Bild 99) abschrauben. Dazu die Endstücke vorn und hinten abschrauben. Die Gummileiste abziehen und die Abdeckung der Wagenheberstütze abnehmen. Die Blechschrauben oben herausdrehen. Die Sechskantschrauben unten lösen.
- Die Kabelverbindungen der Automatikantenne, wenn vorhanden, im Innenraum lösen. Das Antennenkabel am Empfängerteil ausziehen. Beide Kabel aus den Bohrungen im Radkasten herausziehen.
- Die Ölleitungen am Reglergehäuse lösen (Bild 100). Auslaufendes Öl auffangen.
- Die Ölleitungen an den Ölschläuchen zum Kühler lösen (Bild 101). Dabei mit einem Gabelschlüssel gegenhalten.
- Die Ölleitungen abnehmen.

Einbau:
- Beide Ölleitungen entlang der Einstiegverkleidung verlegen. Die obere Leitung muss am Kotflügelanschlussblech anliegen. Die Distanzbüchsen und die Befestigungsschellen montieren. Die Befestigungsschrauben nur leicht anlegen.
- Die Ölleitungen am Reglergehäuse und an den Ölschläuchen anschliessen.

Hinweis:
Die Anschlussgewinde vor der Montage mit Optimoly HT oder Molykote A einstreichen. Darauf achten, dass die Leitungen spannungsfrei liegen.
- Die Ölleitungen am Radkasten befestigen.
- Die Kabelverbindungen der Antenne wieder erstellen. Die Funktion vom Empfänger und Antenne prüfen.
- Die Blende der Einstiegverkleidung zwischen Distanzbüchse und Unterlegescheibe einschieben (Bild 102).
- Die Blende vollständig montieren. Die Gummileiste an einem Ende aufstecken, scharf umbiegen und weitergleitend aufdrücken.
Die Lippe muss oben an der Karosserie dicht anliegen. Eventuell die Gerüstleiste anrichten (Bild 103).
- Die Anlage auf Dichtheit prüfen. Dazu muss die Motoröltemperatur mindestens 83° C betragen, damit der Regler den Durchfluss freigibt. Den Ölstand im Tank berichtigen.

2.5.4 Ölkühler mit Gebläse aus- und einbauen

Ausbauen:
- Rechtes Vorderrad abnehmen.
- Ölschläuche vom Ölkühler trennen. Dabei mit einem Gabelschlüssel gegenhalten.
- Die obere Befestigungsmutter lösen (Bild 104).

- Die unteren Befestigungsmuttern lösen (Bild 105).
- Die Steckverbindung im Kofferraum trennen (Bild 106). Die Kabel mit der Gummitülle nach aussen drücken.
- Den Ölkühler nach oben samt Gebläse entnehmen.

Zerlegen:
- Die Befestigungsschrauben des Gebläses lösen (Bild 107).

Hinweis: Temperaturschalter ist oben in den Ölkühler eingebaut (Bild 108). Das Anzugsmoment des Schalters beträgt 30 Nm.
- Der Schaltpunkt des Schalters liegt bei 118° C.

Einbau:
Der Einbau erfolgt in umgekehrter Reihenfolge. Dabei ist folgendes zu beachten:
- Die Gewinde der Anschlüsse Ölschläuche mit Optimoly TA bestreichen.
- Beim Festziehen der Anschlüsse mit dem Gabelschlüssel gegenhalten.
- Die Anschlüsse auf Dichtheit prüfen. Dazu muss der Regler des Frontkühlers geöffnet haben (Öltemperatur 83° C).

Fahrzeuge mit dem Motortyp 930/26 besitzen kein Gebläse.

2.5.5 Reinigung des gesamten Motorölkreislaufs nach einem Lagerschaden

- Die Bohrungen der Kurbelgehäusehälften und die Bohrungen der Spritzventile (Kolbenkühlung) gründlich reinigen.
- Zwischenwelle reinigen. Dazu den Alu-Stopfen aus- und einbauen.
- Die Ölpumpe zerlegen und reinigen.
- Die Ölbohrungen der Kurbelwelle mehrmals durchspülen.
- Den Motorölkühler ersetzen. Späne und Abrieb können nicht vollständig entfernt werden.
- Die Spritzrohre der Nockenwellengehäuse ersetzen.
- Die Kettenspanner können nicht gereinigt oder zerlegt werden, sind aber wieder verwendbar.

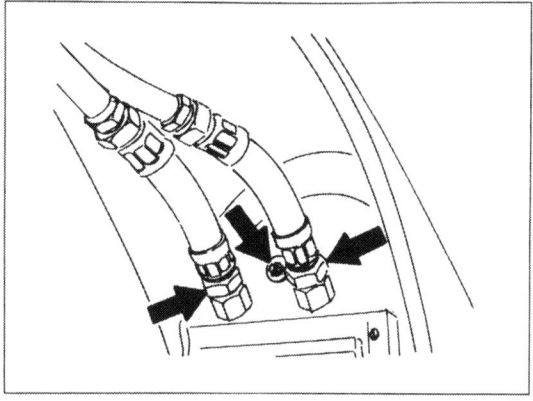

Bild 104
Ölschläuche

Bild 105
Untere Befestigungsmutter

Bild 106
Steckverbindung im Kofferraum

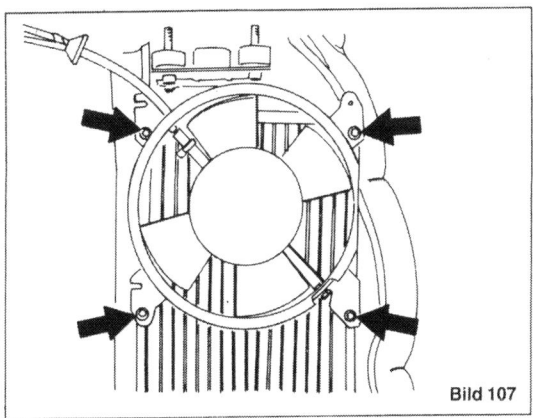

Bild 107

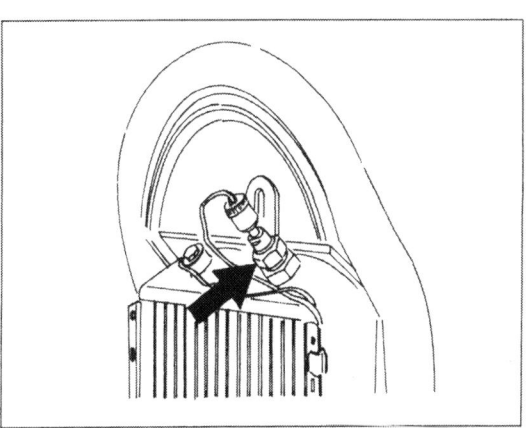

◀ **Bild 107**
Gebläse abbauen

Bild 108
Temperaturschalter

27

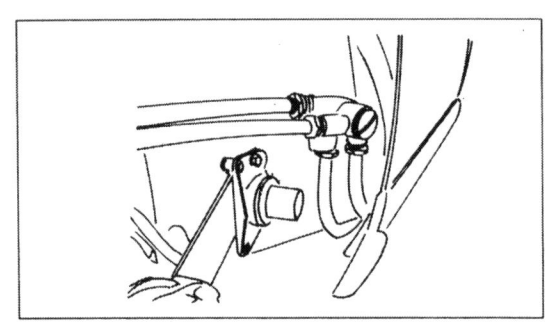

Bild 109
Regler für Frontölkühler

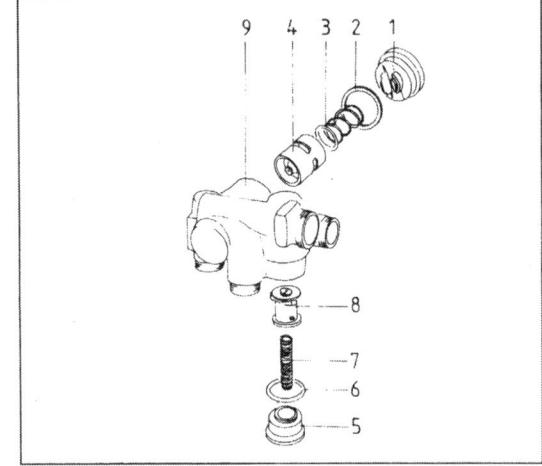

Bild 110
Einzelteile Reglergehäuse
1 Verschlussschraube
2 Dichtring
3 Druckfeder
4 Reglereinsatz
5 Verschlussschraube
6 Dichtring
7 Druckfeder
8 Kolben für Unterdruckventil
9 Reglergehäuse

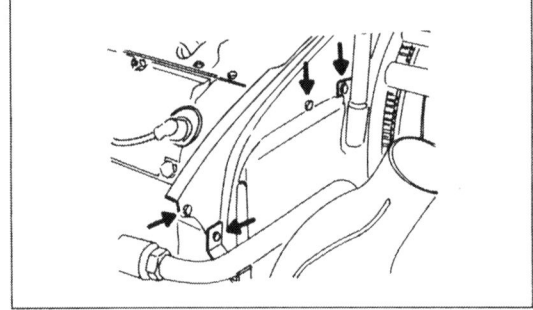

Bild 111
Motorabdeckung

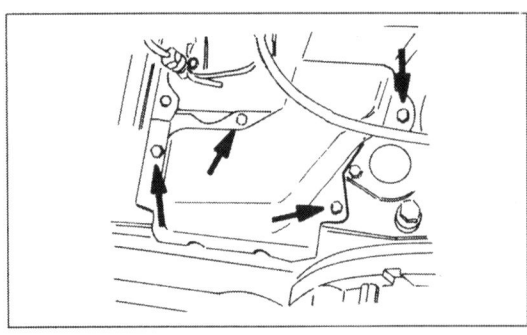

Bild 112
Luftführung

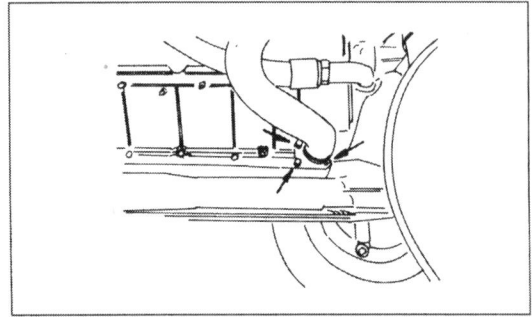

Bild 113
Ölschläuche, Befestigungsmutter unten

● Ölfilter, Öltank und Ölvorratsgeber ausbauen. Den Filter ersetzen, den Tank mehrmals mit Motorreiniger spülen.
● Entlüftungssystem zwischen Öltank und Luftfilteranlage prüfen und wenn erforderlich reinigen.
● Das Reglergehäuse des Frontölkühlers ausbauen, zerlegen und reinigen.
● Den Frontölkühler ausbauen und ersetzen. Bei Fahrzeugen mit Kühlschlange kann diese gespült werden.
● In die abgetrennten Ölleitungen Motorreiniger einsprühen und einwirken lassen. Anschliessend gründlich durchspülen und mit Pressluft ausblasen.
● Nach 500 km Laufzeit das Öl und den Ölfilter wechseln.

2.5.6 Ölpumpe

Eine Revision der Ölpumpe ist werkseitig nicht vorgesehen. Bei sichtbarem Verschleiss der Einzelteile ist die Pumpe in jedem Fall zu ersetzen.

2.5.7 Regelventil des Frontölkühlers

Aus- und Einbau:
● Das Öl aus dem Öltank ablassen.
● Die Ölleitungen lösen.
● Die Befestigungsbügel der oberen Ölleitungen lösen und abnehmen.
● Das Reglergehäuse abnehmen (Bild 109). Auslaufendes Öl auffangen.
Der Einbau erfolgt in umgekehrter Reihenfolge. Die Gewinde sind mit Molykote-Paste einzustreichen.
Bild 110 zeigt die Einzelteile des Regelventils. Durch das Abschrauben der Verschlusszapfen kann das Ventil in seine Einzelteile zerlegt werden.
Die Teile 4, 8 und das Gehäuse sind auf sichtbaren Verschleiss zu prüfen.
Wird Verschleiss festgestellt, ist das komplette Ventil zu ersetzen. Der Zusammenbau erfolgt in umgekehrter Reihenfolge der Zerlegung. Darauf achten, dass die Kolben leicht und gleichmässig gleiten.

2.5.8 Motorölkühler des Motors

Aus- und Einbau:
● Den Luftfilter-Oberteil abnehmen.
● Die vordere Motorabdeckung lösen (Bild 111).
● Die rechte Motorabdeckung lösen.
● Die Luftführung für den Ölkühler lösen (Bild 112).
● Das Öl ablassen.

● Die Ölschläuche zum Ölkühler sowie die obere und untere Befestigungsmutter lösen (Bilder 113 und 114).
Der Einbau erfolgt in umgekehrter Reihenfolge. Dazu neue Dichtringe verwenden. Beim Aufsetzen des Ölkühlers auf einwandfreien Sitz achten.

2.5.9 Öl-Überdruck- und Sicherheitsventil aus- und einbauen

Die Lage der Ventile im Ölkreislauf des Motors ist aus dem Bild 115 ersichtlich.

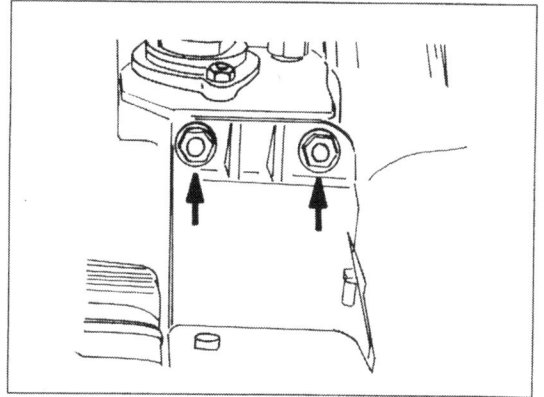

Bild 114
Befestigungsmutter oben

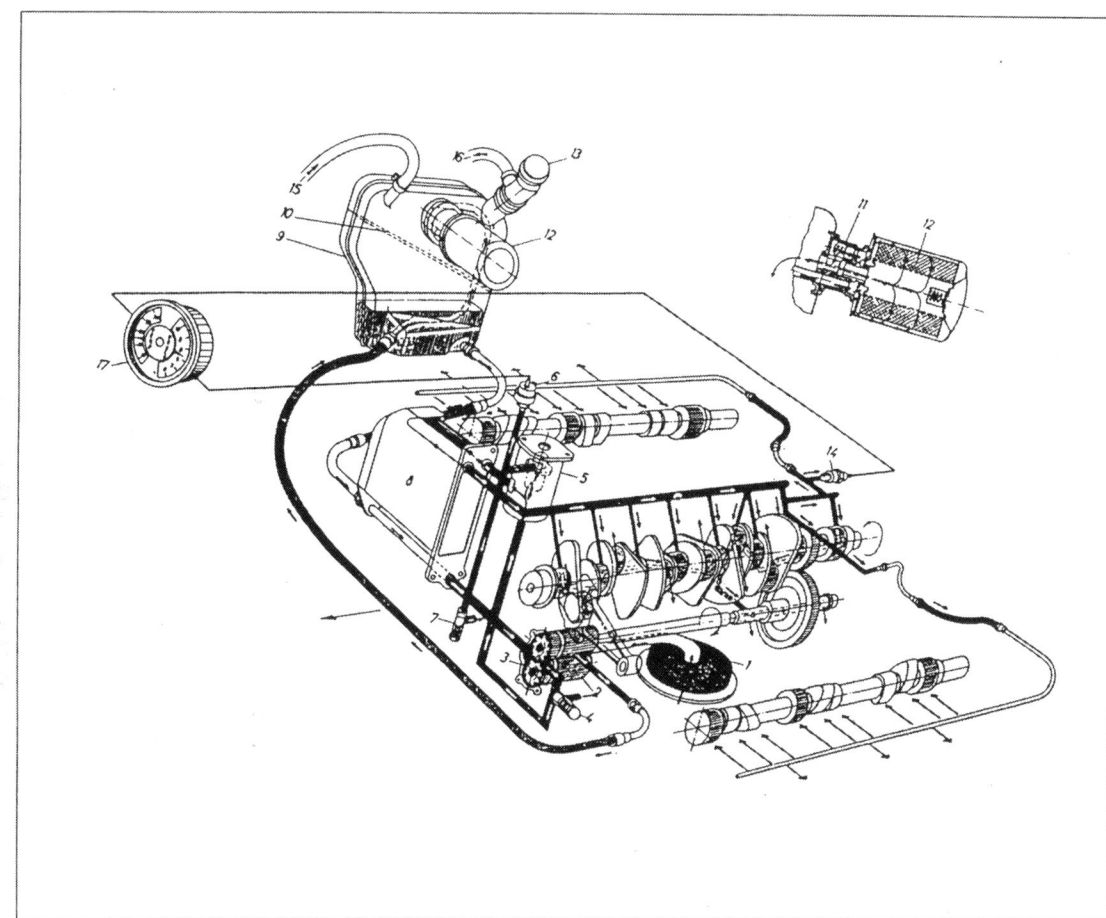

Bild 115
Ölkreislauf
1 Ölsieb
2 Rückförderpumpe
3 Druckpumpe
4 Sicherheitsventil
5 Thermostat
6 Öldruckgeber
7 Überdruckventil
8 Ölkühler
9 Öltank
10 Ölsieb
11 Umgehungsventil
12 Hauptstrom-Ölfilter
13 Öl-Einfüllstutzen
14 Öltemperaturgeber
15 Entlüftung vom Motor zum Tank
16 Entlüftung zum Luftfilter
17 Kobi-Instrument Öldruck/ Öltemperatur

Bild 116 zeigt das Überdruckventil.

Zum Ausbau die Verschlussschraube in Bild 116 lösen und die Feder mit dem Kolben entnehmen.
Der Kolben ist auf sichtbaren Verschleiss zu prüfen.
Er muss in der Aufnahmebohrung leicht gleiten.

Ist der Sitz verschlagen oder sind Fressspuren am Kolben feststellbar, muss der Kolben ersetzt werden.
In einem solchen Fall ist die Druckfeder gegen ein Originalteil zu ersetzen.
Die Dichtung ist gegen eine gleich starke auszuwechseln.

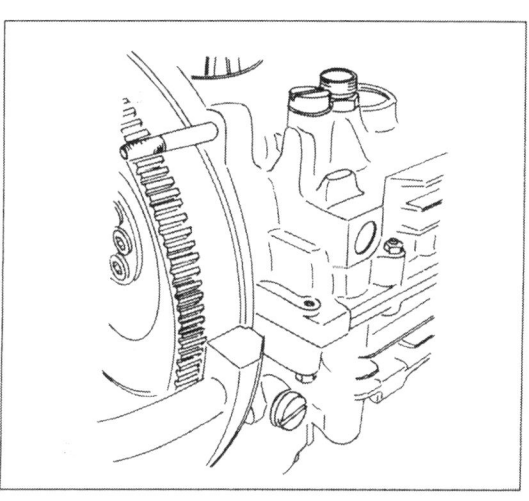

Bild 116
Öl-Überdruckventil

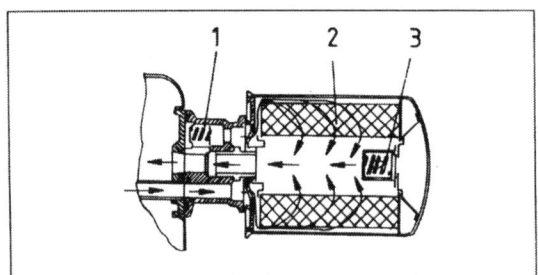

Bild 117a
Querschnitt Ölfilter
1 Konsole mit Sicherheitsventil
2 Ölfilter
3 Sicherheitsventil Ölfilter

Bild 117b
Querschnitt Ölfilter
1 Konsole mit Sicherheitsventil
2 Ölfilter
3 Sicherheitsventil Ölfilter

2.5.10 Ölfilter

Das Bild 117 stellt einen Schnitt durch den Ölfilter mit Konsole dar.
Bild 117a zeigt den normalen Fluss des Öls.
Bild 117b zeigt die Funktionsweise bei verstopftem Filter.
Der Filter kann nicht gereinigt werden und muss in den vorgeschriebenen Intervallen ersetzt werden. Dabei ist die Gummidichtung an der Flanschfläche gut einzuölen, und der Filter von Hand bis zum Kontakt aufzudrehen. Anschliessend eine 1/2 Umdrehung weiter drehen.

2.6 Ventilsteuerung

Bild 118 zeigt die Teile der Ventilsteuerung.

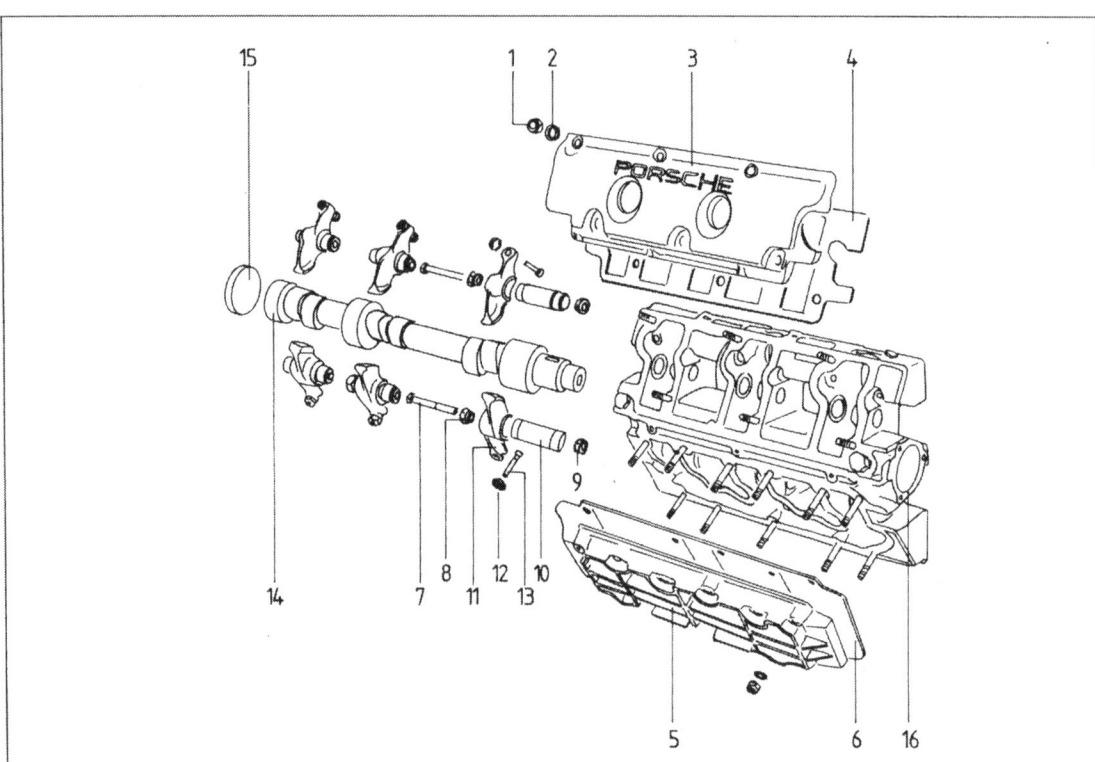

Bild 118
Antrieb Ventile
1 Sechskant-Mutter
2 Scheibe
3 Deckel
4 Dichtung
5 Deckel für Nockenwellengehäuse unten
6 Dichtung
7 Zylinderschraube
8 Büchse
9 Mutter
10 Kipphebelachse
11 Kipphebel
12 Sechskant-Mutter
13 Einstellschraube
14 Nockenwelle
15 Verschlussdeckel
16 Nockenwellengehäuse

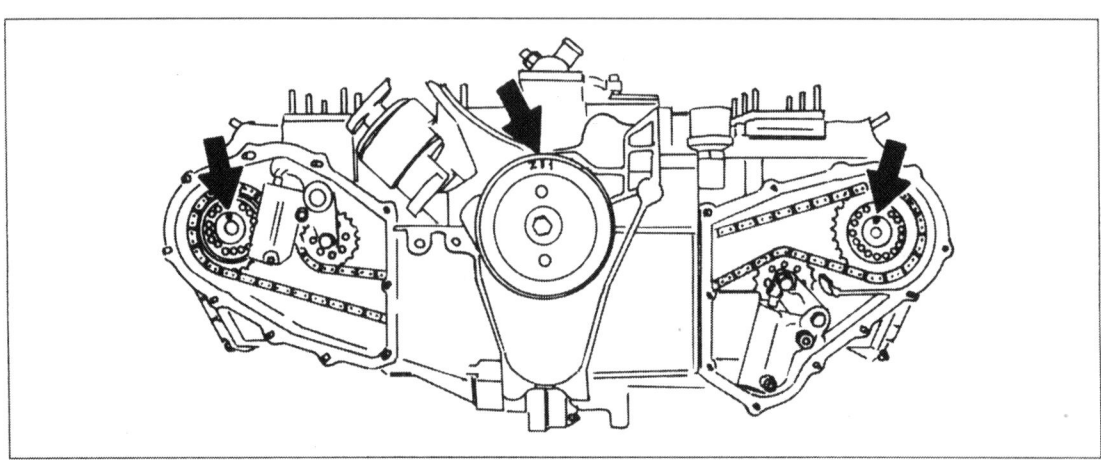

Bild 119
Einstellmarken

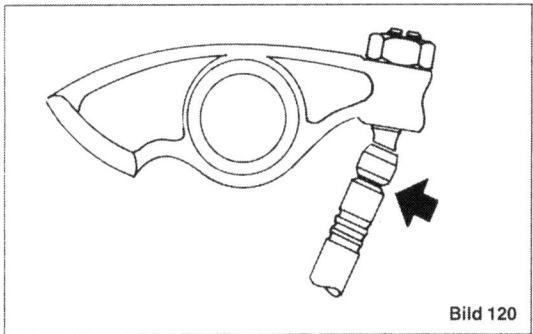

Bild 120

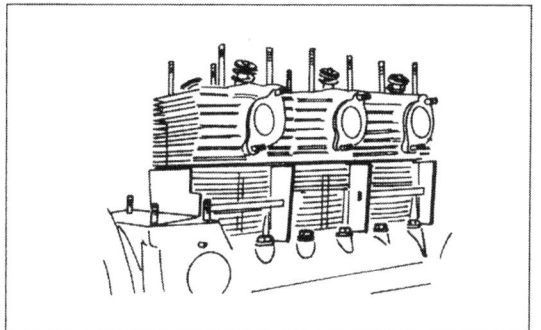

◀ **Bild 120**
Einstellposition des Ventilspiels

Bild 121
Luftleitblech eingebaut

Die Nockenwellen, je eine pro Zylinderreihe bewegen über Kipphebel die Ein- und Auslassventile.
Die Nockenwellen öffnen die Ventile zwangsläufig, während das Schliessen durch zwei Federn pro Ventil erfolgt.
Diese Federn drücken das Ventil an den Schlepphebel, der wiederum dem Nocken folgt.
Damit der Motor einwandfrei funktionieren kann, müssen die Ventile zu ganz bestimmten Drehwinkeln der Kurbelwelle öffnen und schliessen.
Zu diesem Zweck sind die Nockenwellen über die Ketten und die beiden Stirnräder Zwischenwelle-Kurbelwelle untereinander und zur Kurbelwelle starr verbunden.
Das Kurbelwellen-Keilriemenpoulie und die beiden Kettenräder der Nockenwellen besitzen zur Einstellung entsprechende Marken (Bild 119).
Die Grobeinstellung der Nockenwellen zur Kurbelwelle erfolgt über diese Marken.
Die Feineinstellung ist gemäss Kapitel 2.3.1 Ein- und Ausbau der Zylinderköpfe vorzunehmen.
Die Steuerzeiten der Nockenwellen betragen:
Einstellventil 1,0 mm

Einlass öffnet	4° v OT
Einlass schliesst	50° n UT
Auslass öffnet	46° v UT
Auslass schliesst	b OT

Das Betriebsventilspiel beträgt bei kaltem Motor 0,1 mm und wird zwischen Ventilschaft und Kipphebel eingestellt (Bild 120).
Die Zündreihenfolge ist 1 – 6 – 2 – 4 – 3 – 5.
In der gleichen Reihenfolge öffnen und schliessen die Einlass- und Auslassventile.

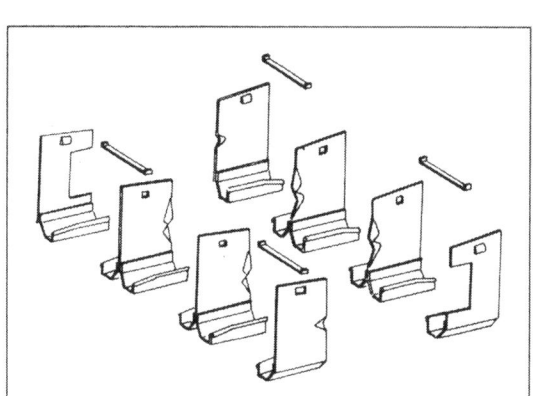

Bild 122
Luftleitblech ausgebaut

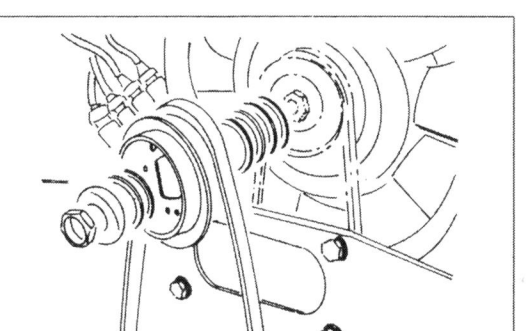

Bild 123
Keilriemenspannung einstellen

2.7 Kühlung

Die Kühlung der 911er-Motoren erfolgt direkt durch Luft.
Das hinter dem Motor zentral angeordnete Axial-Gebläse fördert die Kühlluft zu den beiden Zylinderreihen. Die Kühlluft umströmt die verrippten Zylinderbüchsen und Zylinderköpfe von oben nach unten. Neben und zwischen den Zylindern angeordnete Luftleitbleche führen den Luftstrom entsprechend (Bilder 121 und 122).

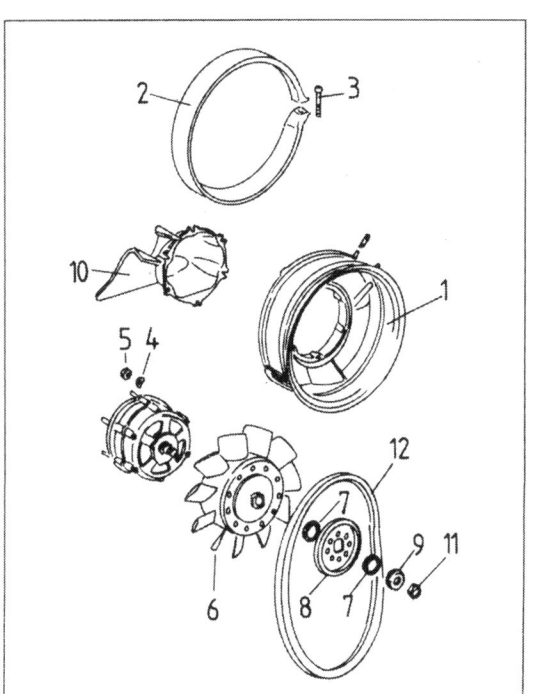

Bild 124
Einzelteile des Gebläse
1 Gebläsegehäuse
2 Spannschelle
3 Zylinderschraube
4 Federscheibe
5 Mutter
6 Laufrad
7 Ausgleichscheibe
8 Keilriemen-Scheibenhälfte
9 Spannkappe
10 Nabenverlängerung
11 Mutter
12 Schmalkeilriemen

31

Das Gebläse wird durch einen Keilriemen von der Kurbelwelle angetrieben. Ab Modell 80 sind alle 911er mit dem grossen Gebläserad des Turbo ausgerüstet.

Für diese Gebläse sind nur die Keilriemen Goodyear ET-Nr. 999.192.176.50 zugelassen.

Die Spannung des Keilriemens erfolgt durch Distanzscheiben zwischen den beiden Hälften des Keilriemenrads auf der Gebläseachse (Bild 123).

Die Spannung ist korrekt, wenn sich ein Trumm des Riemens unter Daumendruck 10 bis 15 mm durchdrücken lässt.

Eine Distanzscheibe verändert die Spannung um 5 mm.

Das Gebläse kann nach Lösen des Spannbandes ausgebaut werden.

Im Gebläse ist der Alternator eingebaut, das heisst, das Lüfterrad des Gebläses sitzt auf der Ankerwelle des Alternators.

Das Bild 124 zeigt die Einzelteile dieser Anordnung.

Die Kühlung erfordert bis auf die Kontrolle der Riemenspannung und des Riemenzustands keine Wartung.

3 Motronic-Steuerung

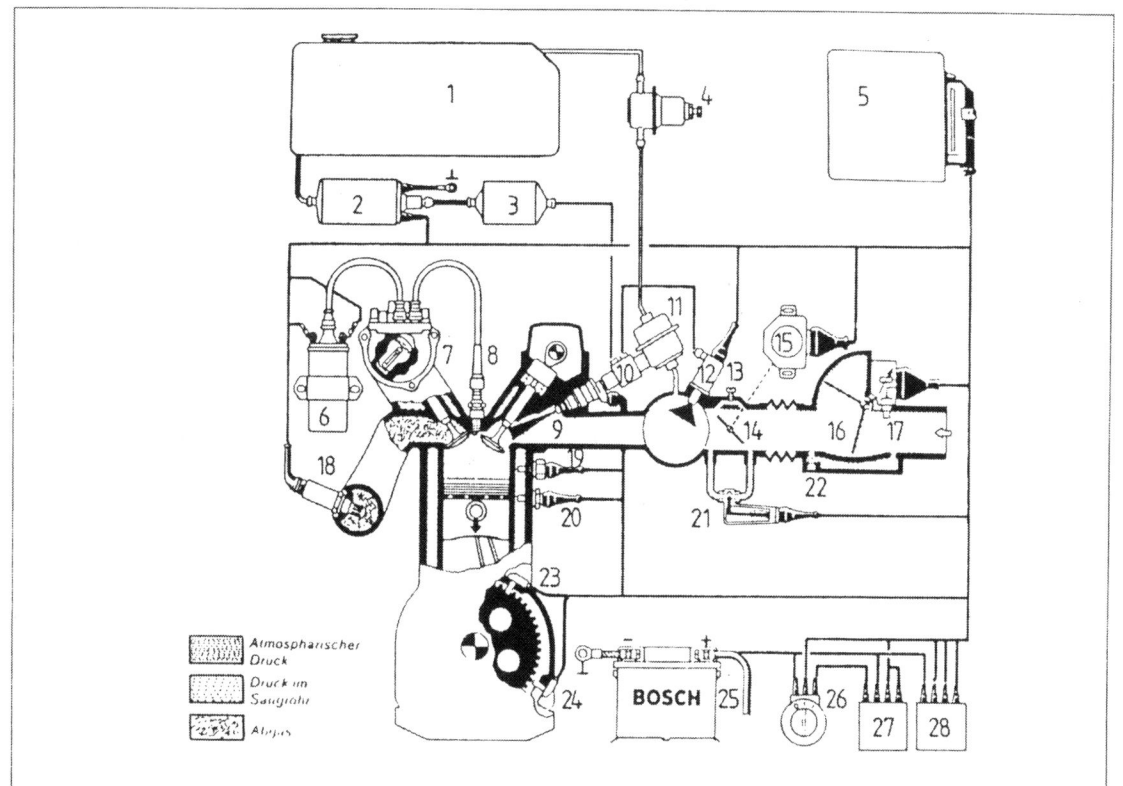

Bild 125
Aufbau der Motronic-Steuerung
1 Kraftstofftank
2 Elektrokraftstoffpumpe
3 Kraftstoffilter
4 Schwingungsdämpfer
5 Steuergerät
6 Zündspule
7 Hochspannungsverteiler
8 Zündkerze
9 Einspritzventil
10 Kraftstoffverteiler
11 Druckregler
12 Kaltstartventil
13 Leerlaufdrehzahl-Einstellschraube
14 Drosselklappe
15 Drosselklappenschalter
16 Luftmengenmesser
17 Lufttemperaturfühler
18 Lambda-Sonde
19 Thermozeitschalter
20 Motortemperaturfühler
21 Zusatzluftschieber
22 Leerlaufgemisch-Einstellschraube
23 Kurbelwinkelgeber
24 Drehzahlgeber
25 Batterie
26 Zünd-Start-Schalter
27 Hauptrelais
28 Pumpenrelais

Die Motronic-Steuerung steuert die Zündung und die Einspritzung gemeinsam und voneinander abhängig (Bild 125).

3.1 Teilsystem Einspritzung

Das Kraftstoffsystem besteht aus Kraftstoffpumpe, Kraftstoffilter, Verteilerrohr, Druckregler und Schwingungsdämpfer sowie den Einspritzventilen (Bild 126).

3.1.1 Elektrokraftstoffpumpe

Die Kraftstoffpumpe (Bild 127) sitzt beim Tank. Sie arbeitet nach dem Rollenzellenprinzip. Der Pumpendruck beträgt mindestens 2,5 bar bei Motorstillstand. Bilder 128 und 129 zeigen den Aufbau der Rollenzellenpumpe. Die Fördermenge beträgt bei Nenndruck mindestens 1,7 l/Min.

3.1.2 Kraftstoffilter

Der Kraftstoffilter hat die Aufgabe Schmutz von den empfindlichen Einspritzventilen fernzuhalten. Er filtert Teile bis zu einer Grösse von 10 my aus. Der Pfeil auf dem Mantel zeigt die Durchflussrichtung des Kraftstoffs an.
Beim Ersatz ist darauf zu achten.

3.1.3 Kraftstoffverteilrohr

Das Verteilrohr führt den Kraftstoff den Einspritzventilen zu und trägt den Druckregler.

3.1.4 Druckregler

Der Druckregler hält die Druckdifferenz zwischen Kraftstoffdruck und Saugrohrdruck konstant. Dies ist erforderlich, um die Kraftstoffmenge über die Öffnungszeit der Ventile zu bestimmen.

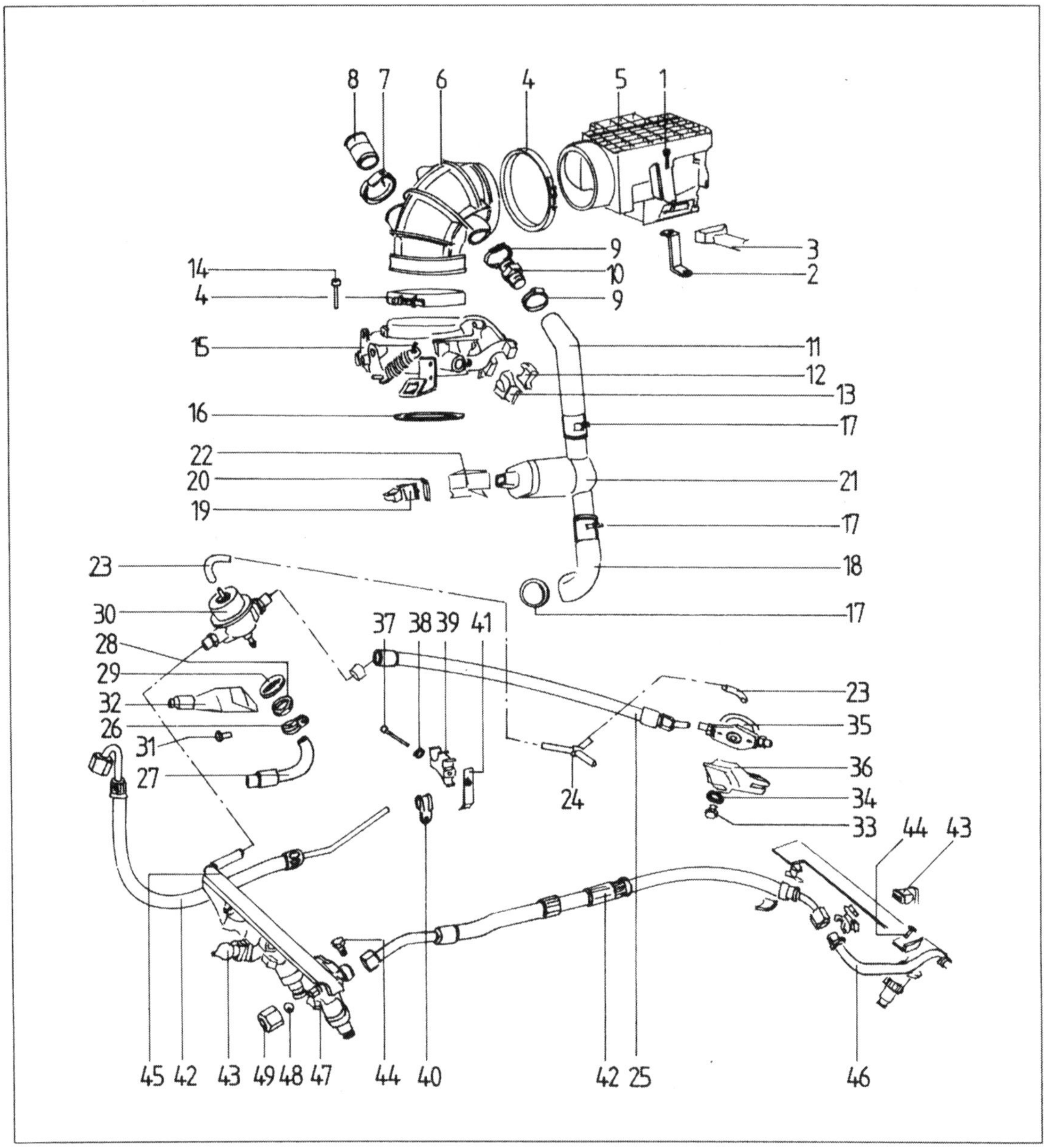

Bild 126
Kraftstoffzufuhr
1 Schraube
2 Halter
3 Steckverbinder
4 Schlauchschelle
5 Luftmengenmesser
6 Verbindungsstück
7 Schlauchschelle
8 Verbindungsstück
9 Schlauchschelle
10 Verbindungsstück
11 Schlauch
12 Steckverbindung
13 Steckverbindung
14 Zylinderschraube
15 Leerlaufschalter
16 O-Dichtring
17 Schlauchschelle
18 Schlauch
19 Steckverbindung
20 Schlauchschelle
21 Leerlaufsteller
22 Halter
23 Schlauchkrümmer
24 Y-Stück
25 Kraftstoffleitung
26 Schlauchschelle
27 Kraftstoffleitung
28 Sechskantmutter
29 Scheibe
30 Druckregler
31 Schraube
32 Halter
33 Schraube
34 Scheibe
35 Druckdämpfer
36 Halter
37 Zylinderschraube
38 Scheibe
39 Halter
40 Schelle
41 Halter
42 Kraftstoffleitung
43 Steckverbindung
44 Schraube
45 Kraftstoff-Sammelrohr-links
46 Kraftstoff-Sammelrohr-rechts
47 Einspritzventil
48 Dichtkugel
49 Hutmutter

Bild 127
Kraftstoffpumpe

Bild 128
Rollenzellenpumpe
1 Saugseite
2 Druckbegrenzer
3 Rollenzellenpumpe
4 Motoranker
5 Rückschlagventil
6 Druckseite

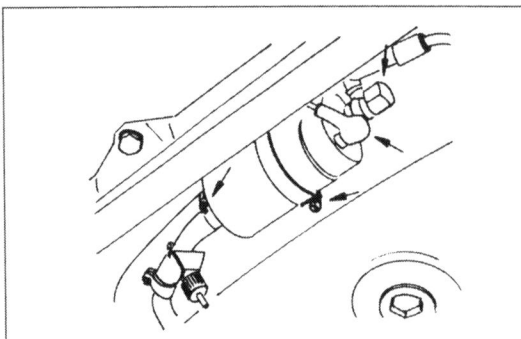

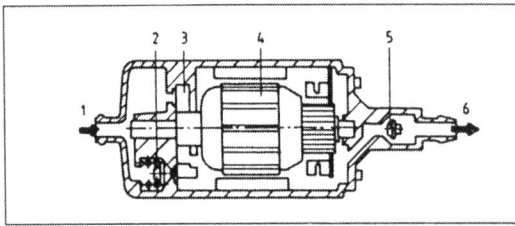

Der geregelte Druck beträgt 2,5 ± 0,06 bar.
Das Bild 130 zeigt den Aufbau eines Druckreglers.

3.1.5 Einspritzventil

Die elektronisch gesteuerten Einspritzventile spritzen den Kraftstoff genau dosiert in die Ansaugrohre vor die Einlassventile.
Bild 131 zeigt ein Einspritzventil in Ansicht und Schnitt.
Der Widerstand der Spule muss 2 – 3 Ohm betragen.

3.1.6 Luftmengenmesser

Um dem Motor die richtige Kraftstoffmenge zuordnen zu können, muss der jeweilige Luftdurchsatz

gemessen werden und dem Steuergerät ein entsprechendes Signal mitgeteilt werden.
Dazu wird ein Luftmengenmesser mit mechanischer Stauklappe verwendet (Bild 132).
Je nach Luftdurchsatz wird die Klappe durch den Luftstrom geschwenkt. Dieser Schwenkwinkel wird durch das Potentiometer festgestellt und durch einen analogen Widerstand dargestellt.
Der Luftmengenmesser besitzt zudem eine Bypass-Leitung zur Einstellung des CO-Gehalts der Abgase im Leerlauf.
Prüfung:
1. Die Schutzhülle der Steckverbindung am Luftmengenmesser zurückschieben.
Voltmeter an Klemme 3 an der Rückseite der Steckverbindung und an Masse anklemmen (Bild 132a).
Die Zündung einschalten.
Sollwert 5,0 ± 0,5 Volt.
2. Den Luftfilter abnehmen.
Das Voltmeter mit der Klemme 2 und der Masse verbinden.
Sollwert ca. 260 mV (0,26 V).
Stauklappe auf Vollastposition drücken.
Sollwert ca. 4,6 V.

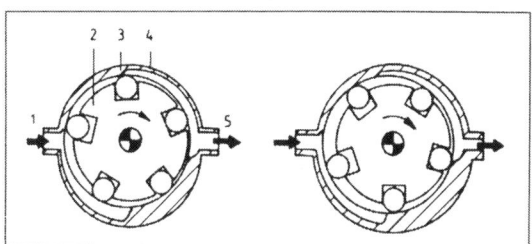

Bild 129
Rollenzellenpumpe
1 Saugseite
2 Läuferscheibe
3 Rolle
4 Rollenlaufbahn-Platte
5 Druckseite

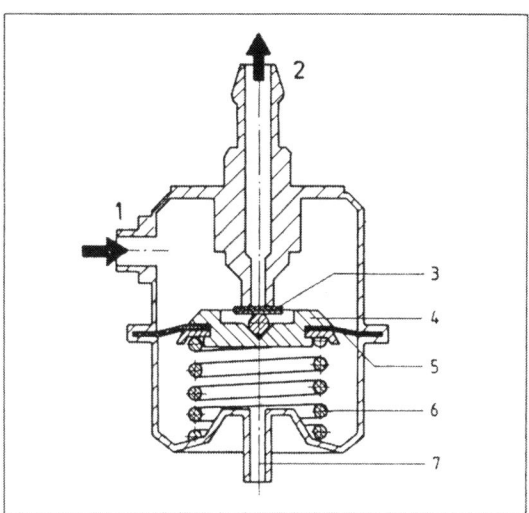

Bild 130
Druckregler
1 Kraftstoffzulauf
2 Rücklaufanschluss
3 Ventil
4 Ventilträger
5 Membran
6 Druckfeder
7 Saugrohranschluss

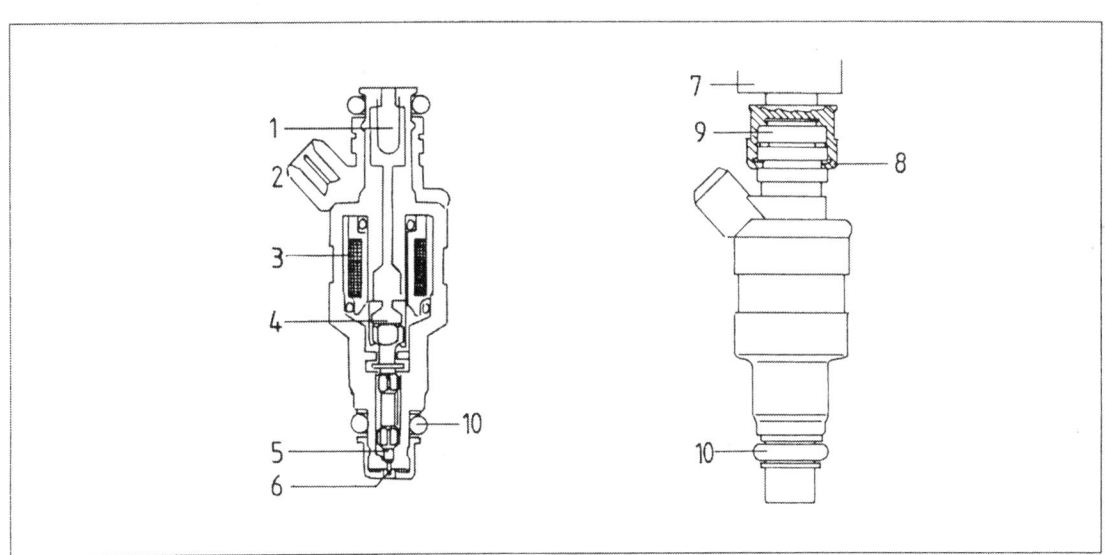

Bildd 131
Einspritzventil
1 Sieb
2 Elektrischer Anschluss
3 Magnetwicklung
4 Magnetanker
5 Düsennadel
6 Spritzzapfen
7 Verteilerrohr
8 Sicherungsklammer
9 oberer Dichtring
10 unterer Dichtring

Die Stauklappe muss sich leicht, ohne zu haken, bewegen lassen.
3. Temperaturfühler I (Ansaugtemperatur) prüfen.
Zündung ausschalten und Steckverbindung am Luftmengenmesser abziehen.
Ohmmeter an Klemme 1 und 4 am Luftmengenmesser abziehen.
Sollwerte: 0° C   – 4,4 bis 6,8 Ohm
15 – 30° C   – 1,4 bis 3,6 Ohm
40° C   – 0,9 bis 1,3 Ohm
Hinweis:
Unterbrechung am Temperaturfühler bewirkt Gemischanfettung; Kurzschluss am Temperaturfühler bewirkt Gemischabmagerung.

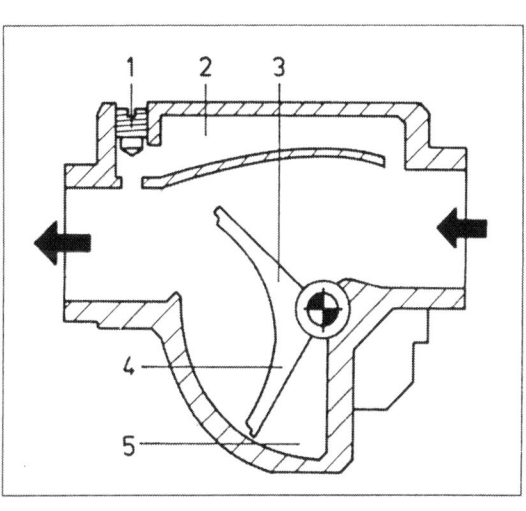

Bild 132
Luftmengenmesser
1 Leerlauf-Einstellschraube
2 Bypass
3 Startklappe
4 Kompensationsklappe
5 Dämpfungsvolumen

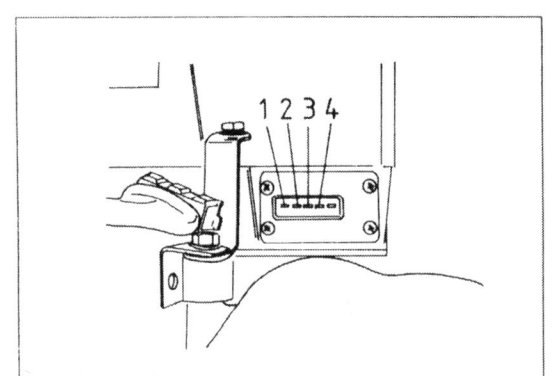

Bild 132a
Klemmleiste am Luftmengenmesser

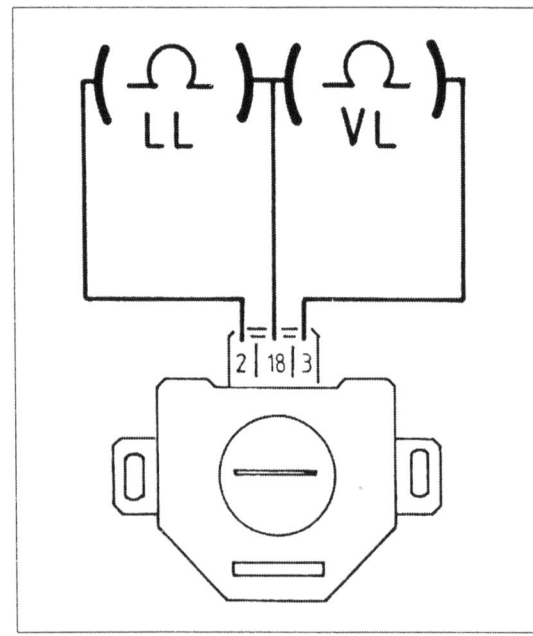

Bild 133
Schema Drosselklappenschalter

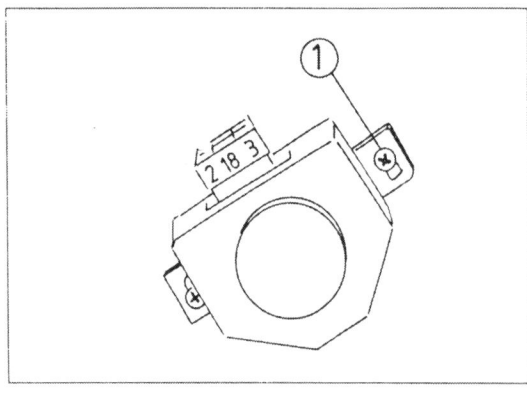

Bild 134
Drosselklappenschalter
1 Klemmschraube

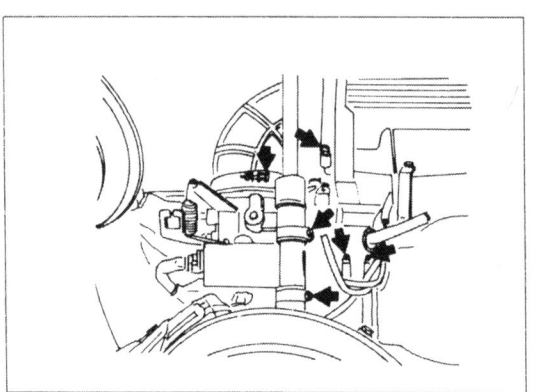

Bild 135
Schlauchschellen

3.1.7 Drosselklappenstutzen

Der Drosselklappenstutzen dient zur Regulierung der Motorleistung.
Die Drosselkappe wird durch einen Seilzug vom Gaspedal betätigt.
Auf der Drosselklappenwelle sitzt der Drosselklappenschalter. Bild 133 zeigt schematisch diesen Schalter.
Der Schalter ist wie folgt einzustellen:
Bei geschlossener Drosselklappe muss zwischen Klemme 2 und 18 0 Ohm anliegen.
Durch Lockern der Schrauben 1 in Bild 134 den Schalter so verdrehen, bis dieser Zustand vorliegt.
Nach der Einstellung die Drosselklappe öffnen.
Der Ohm-Wert muss sofort ansteigen.
Beim Loslassen des Pedals muss der Widerstandswert wieder 0 betragen.

3.1.8 Leerlaufsteller

Die Leerlaufdrehzahl wird durch den Leerlaufsteller ständig auf den korrekten Wert reguliert.
Der Leerlaufsteller befindet sich in der By-pass-Leitung, welche die Drosselklappe umgeht.
Das Leerlaufsystem besitzt keine Regulierschraube zur Einstellung der Drehzahl.
Sollte die Drehzahl im Leerlauf nicht mehr dem Sollwert entsprechen, überprüft man alle Anschlüsse der Luftzufuhr auf Falschluft (Bild 135).
Elektrische Prüfung:
Zwischen den Anschlüssen 1 und 3 muss ein Widerstand von 40 Ohm vorhanden sein.
Zwischen den Anschlüssen 1 und 2 / 2 und 3 muss der Wert 20 Ohm betragen (Bild 136).
Dynamische Prüfung:
Den Leerlaufsteller ausbauen, der Stecker bleibt angeschlossen.
Den Drehkolben 1 ganz öffnen oder schliessen.
Die Zündung einschalten.
Der Drehkolben muss eine Stellung einnehmen, die 50 % der Öffnung beträgt. Diese Stellung muss beibehalten werden.
Besteht der Leerlaufsteller dieser Prüfung nicht, ist er zu ersetzen.

3.1.9 Drosselklappenschalter-Leerlaufkontakt (Bild 137)

Der Leerlaufschalter wird über das Gasgestänge durch einen Schlepphebel betätigt.
Der Leerlaufschalter muss beim Betätigen bereits geschaltet haben, bevor über einen vorgegebenen Leerweg von ca. 1 mm die Drosselklappe öffnet.
Prüfung:
Den Motor starten und im Leerlauf drehen lassen.

Das Gasgestänge von Hand ca. 1 mm (Leerweg) langsam drücken, ohne dass die Drosselklappe öffnet.
Die Leerlaufdrehzahl muss sich ca. 500 U/min erhöhen und der Zündzeitpunkt auf früh gehen (ca. 12° vor OT).
Erfolgt keine Auswirkung, den Mikroschalter und dessen Einstellung prüfen.
2. Den Leerlaufschalter mit Durchgangsprüfer oder Ohm-Meter prüfen.
Die Steckverbindung des Schalters abziehen und das Messgerät schliessen.
Anzeige 0 Ohm.
Von Hand die Drosselklappe langsam öffnen (ca. 1,0 mm).
Anzeige 0 Ohm.
3. Leerlaufschalter einstellen
Den Schlepphebel nach unten drücken bis dieser am Drosselklappenhebel ansteht (Leerweg).
Die Drosselklappe darf noch nicht mitgenommen werden.
Abstand mit einer Fühlerlehre zwischen Schalter und Schlepphebel von 0,2 mm einstellen (Bild 138).

3.1.10 Drosselklappenschalter-Vollastschalter

Prüfung:
1. Den Motor starten und im Leerlauf drehen lassen.
Die Steckverbindung 9 am Vollastschalter (Bild 139) abziehen und mit einem Hilfskabel am Stekker Kontakte überbrücken.
Die Motordrehzahl muss abfallen.
Erfolgt keine Auswirkung, Leitungen nach Schaltplan prüfen.

2. Vollastschalter mit Durchgangsprüfer oder Ohmmeter prüfen.
Die Steckverbindung am Vollastschalter abziehen und das Messgerät anschliessen.
Anzeige: 0 Ohm (Schalter geöffnet).
Drosselklappe auf Vollast drehen; Anzeige 0 Ohm.

3. Vollastschalter erneuern.
Eine Einstellung des Schalters entfällt.
Beim Einbauen den Schalter in den Langlöchern und auf Linksanschlag drehen und die Befestigungsschrauben festziehen.

3.1.11 Temperaturfühler II (Motortemperatur)

Bild 140 zeigt den Temperaturfühler.
Prüfen:
1. Obere Steckverbindung im Motorraum links an

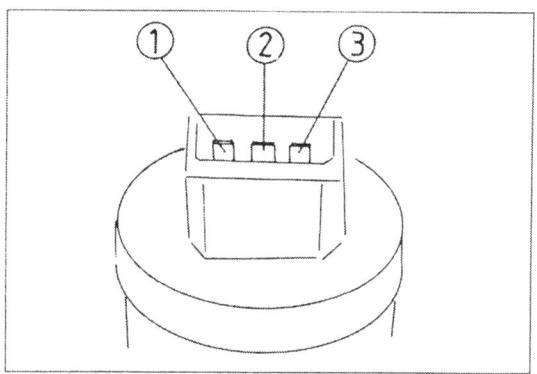

Bild 136
Anschlüsse Leerlaufsteller

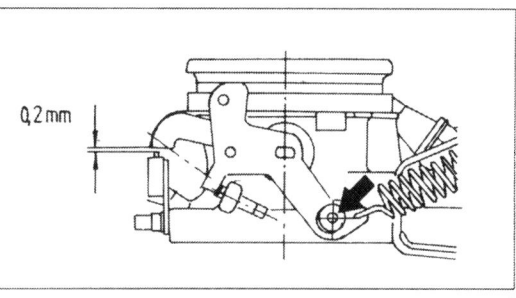

Bild 137
Drosselklappen Leerlaufkontakt

Bild 138
Leerlaufschalter einstellen

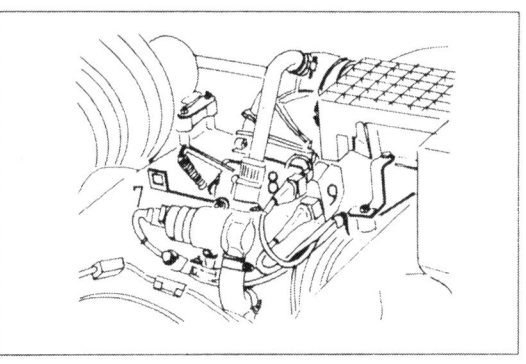

Bild 139
Drosselklappen Vollastschalter

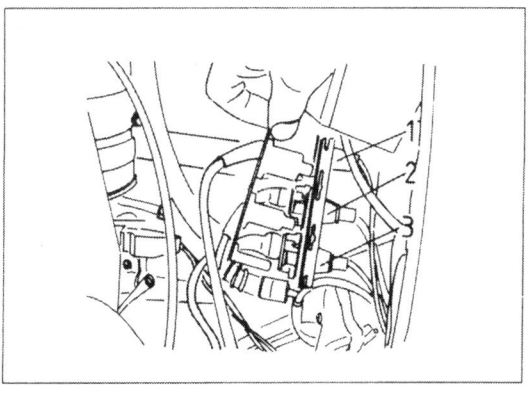

Bild 140
Temperaturfühler II

Bild 141
Zündspulenanschlüsse
1 Klemme
4 Hochspannungsanschluss
15 Klemme

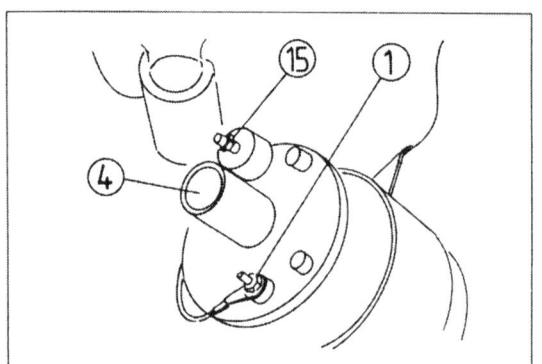

Bild 142
Teile des Zündsystems
1 Mehrfachstecker DME-Steuergerät
2 Mutter
3 Scheibe
4 Halter
5 Mutter
6 Scheibe
7 Steckverbindung
8 DME-Relais
9 Steckverbindung
10 Höhendosen
11 Schraube
12 Bezugsmarkengeber
13 Drehzahlgeber
14 Zylinderschraube
15 Scheibe
16 Halter
17 Tülle
18 Temperaturfühler II
19 Tülle
20 Arretierkamm
21 Steckverbindung
22 Steckverbindung DG
23 Steckverbindung BG
24 Schraube
25 Halter
26 Bezugsmarke
27 Zylinderschraube
28 OT-Geber
29 Schraube
30 Mutter
31 Prüfanschluss OT-Geber
32 Schelle
33 Schraube
34 Scheibe
35 Halter
36 Halter
37 Zylinderschraube
38 Halter
39 Halter
40 Zündleitung
41 Zündverteilerkappe
42 Verteilerläufer
43 Staubkappe
44 Mutter
45 Scheibe
46 Zündverteiler
47 Dichtring
48 Kerzenstecker
49 Zündkerze
50 Clip
51 Halter für Zündleitung
52 Zündspule
53 Zylinderschraube
54 Scheibe
55 Steckverbindung
56 Steckverbindung
57 Drosselklappenstutzen
58 O-Dichtring
59 Leerlaufschalter
60 Vollastschalter
61 Schraube
62 Steckverbindung Lambda-Sonde
63 Steckverbindung Heizung
64 Halter
65 Halter
66 Lambda-Sonde

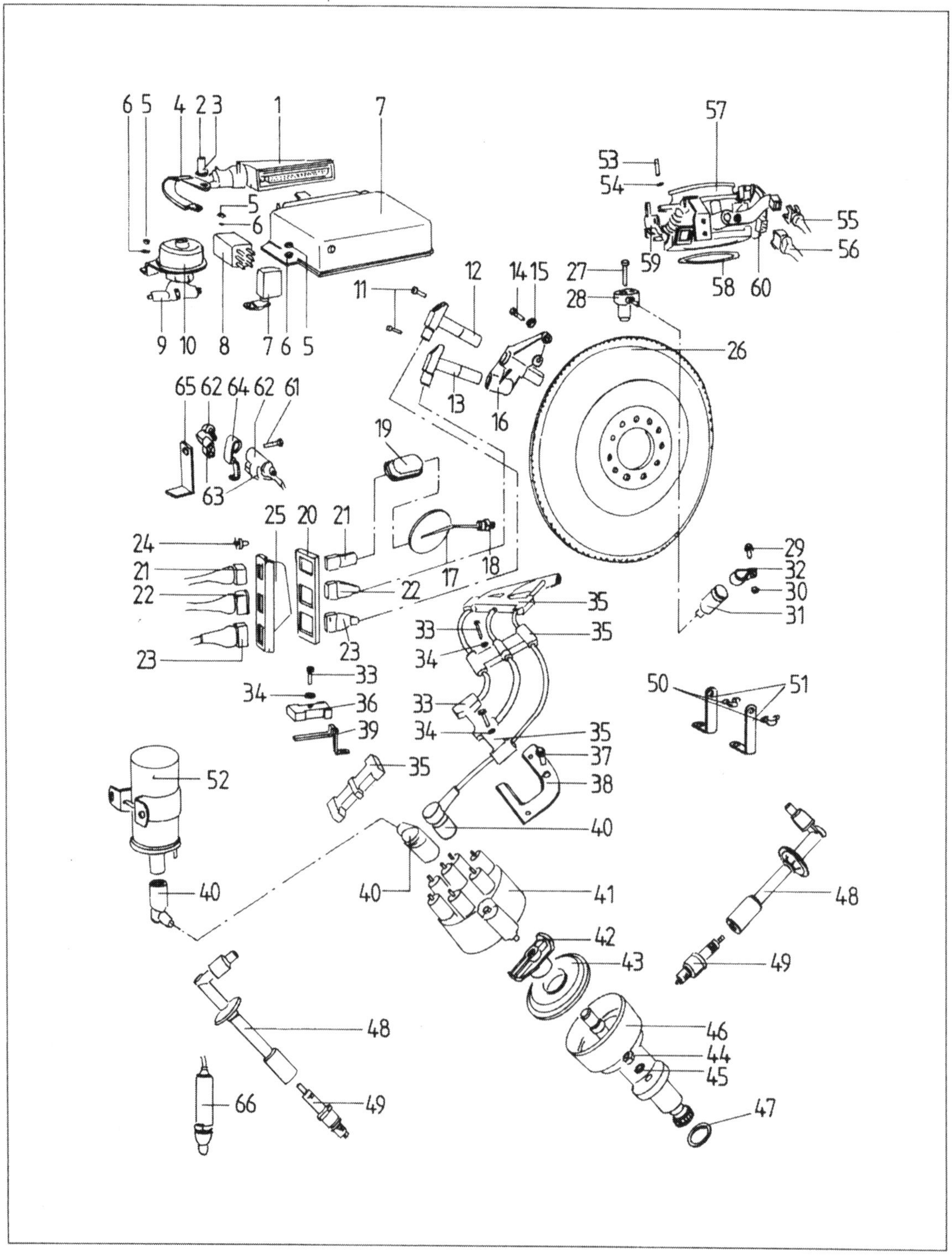

der Steckerleiste trennen (1).
Kontakte auf Sauberkeit prüfen.
2. An der motorseitigen Steckerhälfte ein Ohmmeter gegen Masse anschliessen.

Sollwert:
0° C	– 4,4 bis 6,8 kOhm
15 bis 30° C	– 1,4 bis 3,6 kOhm
40° C	– 1,0 bis 1,3 kOhm
80° C	250 bis 390 Ohm
100° C	160 bis 210 Ohm
130° C	90 Ohm

3.1.12 Fehlerbeseitigung am Teilsystem Einspritzung

An den einzelnen Komponenten dürfen nur die beschriebenen Arbeiten durchgeführt werden.
Ein schnelle, einwandfreie Diagnose der Fehler ist nur mit dem Bosch-Service-Tester möglich. Bei Defekten, die sich mit einfachen Mitteln nicht beseitigen lassen, die Porsche-Werkstätte oder den BOSCH-Dienst konsultieren.

3.2 Teilsystem Zündung

Das Zündsystem besteht aus dem Zündschloss, der Zündspule, dem Hochspannungsverteiler, den Zündleitungen und den Zündkerzen, dem Steuergerät und der Batterie.
Bild 141 zeigt den prinzipiellen Aufbau, Bild 142 die Teile des Motronic-Zündsystems.

3.2.1 Zündschloss

Mit dem Zündschloss wird das Teilsystem Zündung eingeschaltet.
Eine Prüfung beschränkt sich auf die Widerstandsmessung der Schaltkontakte. Der Wert soll annähernd 0 Ohm betragen.

3.2.2 Zündspule

In der Zündspule wird die Hochspannung (6 – 14 kV) zur Erzeugung der Zündfunktion hergestellt.
Die Prüfung umfasst:
Widerstand messen der Primärwicklung Klemme 1/15.
Sollwert 0,4 bis 0,7 Ohm.
Widerstand messen der Sekundärwicklung Klemme 15/4.
Sollwert 5,0 bis 8,7 kOhm (Bild 138).
Die Anschlussplatte auf Haarrisse und Brandspuren prüfen.
Den Verschlusszapfen auf Festsitz prüfen.
Die Zündspule (Bild 143) ist nicht reparierbar und im Schadensfall zu ersetzen.
Diese Arbeit darf nur bei ausgeschalteter Zündung erfolgen. Durch die auftretende Hochspannung besteht ansonsten Lebensgefahr.

3.2.3 Hochspannungsverteiler

Der Hochspannungsverteiler sitzt hinten, seitlich, am Kurbelgehäuse und wird direkt von der Kurbelwelle angetrieben.
Bei der Motronic-Zündung verteilt der Motor nur noch die Zündenergie und besitzt keine Verstellung mehr.
Am Verteiler sind keine Einstellarbeiten mehr notwendig.
Der Verteilerfinger ist auf Abbrand und Haarrisse zu prüfen. Dasselbe gilt für den Verteilerdeckel.
Zusätzlich ist die zentrale Kontaktkohle auf Verschleiss zu prüfen (Bild 144).
Defekte Teile sind auszuwechseln.

3.2.4 Zündleitungen, Zündkerzen

Die Zündleitungen führen den Zündkerzen die Zündenergie zur Bildung des Zündfunkens zu.
Die Zündleitungen benötigen keinen eigentlichen Unterhalt. Sie sind lediglich sauber und trocken zu halten.
Die Zündkerzenstecker weisen einen Widerstand von 3 Ohm zur Funkentstörung auf.
Bei Störungen an der Zündanlage ist dieser Widerstand zu prüfen.
Fehlerhafte Stecker sind gegen Originalteile zu ersetzen.
Die Zündkerzen sind in Intervallen von 10 000 km

Achtung:
Nur die angegebenen Zündkerzentypen dürfen eingebaut werden. Andere Kerzen führen zu einer Beschädigung des Motors.

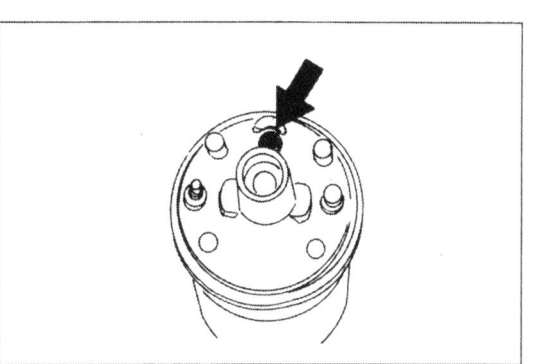

Bild 143
Zündspule

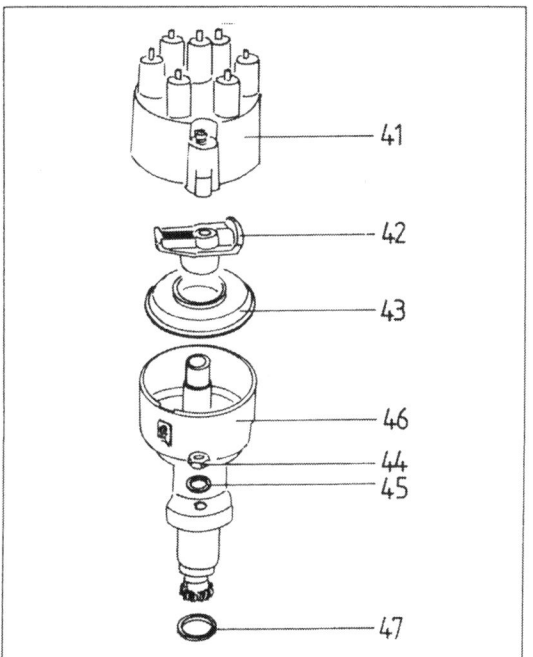

Bild 144
Zündverteiler

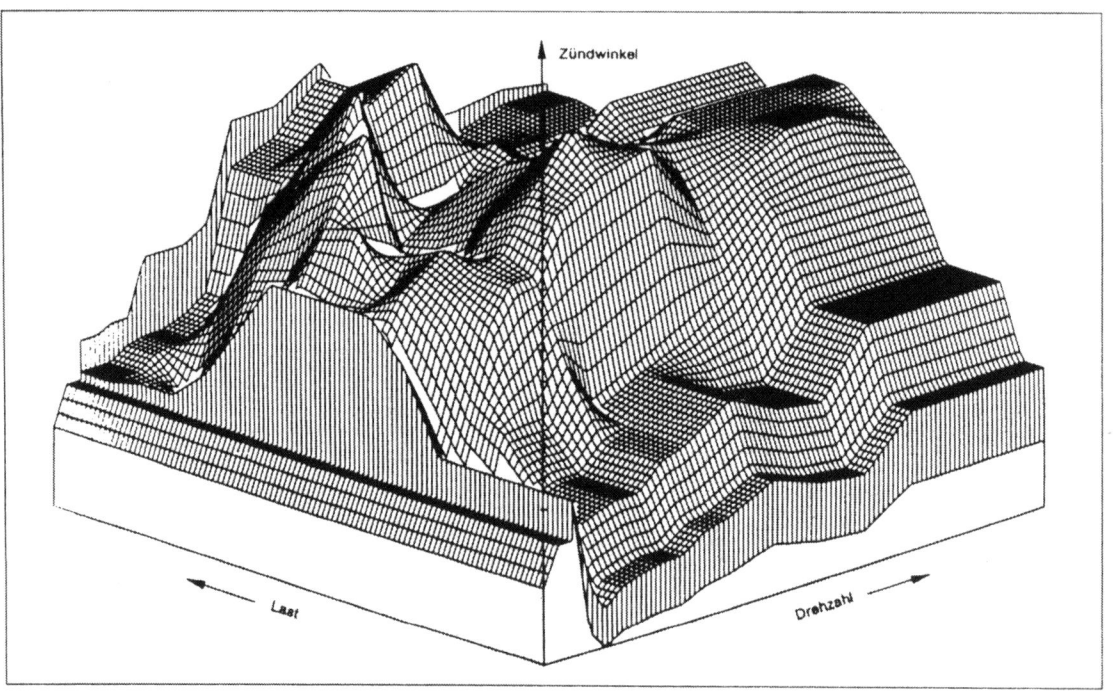

Bild 145
Kennfeld Zündsystem Motronic

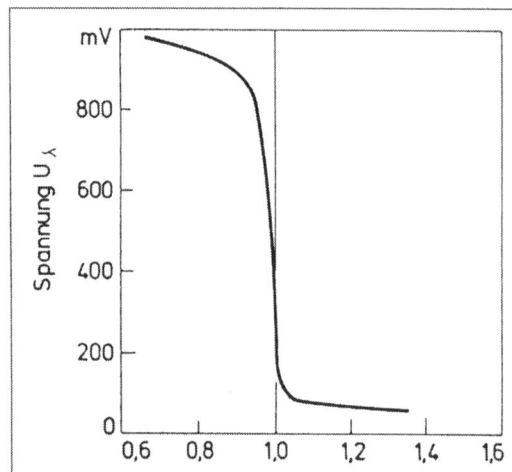

Bild 146
Kennlinie Lambda-Sonde

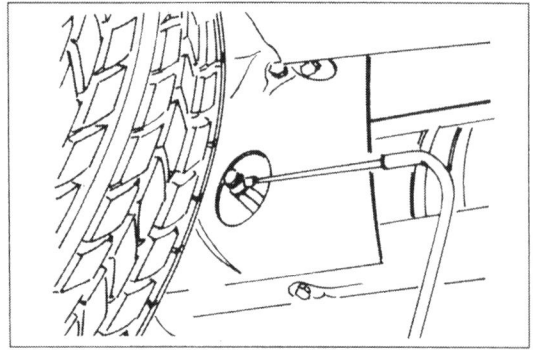

Bild 147
Entnahmeleitung anschliessen

zu ersetzen, unbesehen von deren Funktionstüchtigkeit.

Zündkerzentyp: BOSCH WR 4 CC
USA, Japan, Australien BOSCH WR 7 DC; Champion RN 7 YC

Elektrodenabstand: 0,7 mm

3.2.5 Steuergerät

Das Steuergerät ist als Mikrocomputer aufgebaut und steuert abhängig von Last, Drehzahl, Temperatur und Drosselklappenstellung den Zündwinkel.
Im Speicher des Steuergeräts ist das sogenannte Kennfeld programmiert. Dieses Kennfeld wird durch weitere Einflussgrössen wie Motortemperatur, Ansauglufttemperatur angepasst, sodass stets der optimale Zündwinkel vorhanden ist.
Bild 145 zeigt ein solches Kennfeld.
Am Steuergerät sind keine Reparatur- und Unterhaltsarbeiten durchführbar.
Beim Ersatz des Steuergeräts ist auf die absolut gleiche Identifikationsnummer zu achten.
Die Steuergeräte werden im Werk entsprechend dem Auslieferungsland programmiert.

3.3 Lambda-Regelung

Fahrzeuge mit Katalysator besitzen eine zusätzliche Regelung der Einspritzung und Zündung abhängig von der Abgaszusammensetzung.
Dadurch kann der Motor im Lambda-Bereich 0,8 bis 1,2 betrieben werden.
Bild 146 zeigt die Kennlinie einer Lambda-Sonde.
Kurzprüfung:
Prüfbedingungen: Motor betriebswarm; Leerlaufdrehzahl richtig eingestellt.
1. Die Abgasentnahmeleitung am Prüfanschluss des Katalysators anschliessen (Bild 147).
2. Abgastester anschliessen.
3. Die Steckverbindung zur Lambda-Sonde tren-

nen und den CO-Wert notieren (Bild 148).
4. Am Kraftstoffdruckregler die Unterdruckleitung abziehen und mit einem geeigneten Stopfen verschliessen (Bild 149).
Der CO-Wert muss nun ansteigen.
5. Die Steckverbindung an der Lambda-Sonde wieder aufstecken. Der CO-Wert muss sich auf den Sollwert 0,6 ± 0,2 % einregeln.
Erfolgt keine CO-Veränderung, liegt der Fehler an der Lambda-Sonde oder am DME-Steuergerät.

Prüfung des DME-Steuergeräts
1. Prüfbedingungen wie vorstehend.
2. An der Steckverbindung der Lambda-Sonde (Steckerhälfte zum Steuergerät) Klemme 1 kurzzeitig mittels Hilfskabel an Masse legen.
Der CO-Wert muss ansteigen.
Erfolgt keine Veränderung, Verbindung zum DME-Steuergerät Klemme 24 prüfen. Wenn erforderlich das Steuergerät ersetzen.

Prüfung der Lambda-Sonde
1. Prüfbedingungen wie vorstehend.
2. Die Steckverbindung der Lambda-Sonde trennen (Bild 148).
3. Voltmeter an Masse und Klemme 1 (Steckerhälfte zur Lambda-Sonde) anschliessen.
Die Spannung muss im Bereich von 0,1 bis 1,0 Volt liegen. Je nach Sauerstoffgehalt im Abgas.

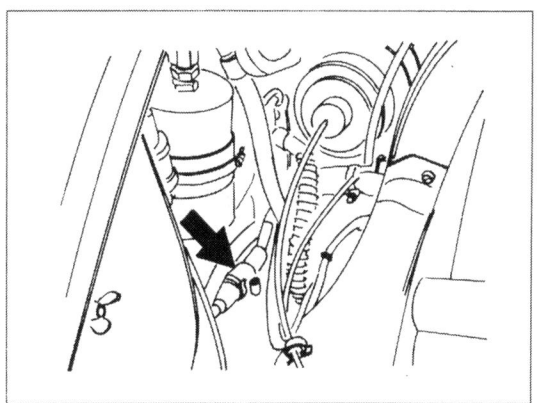

Bild 148
Steckverbindung zur Lambda-Sonde

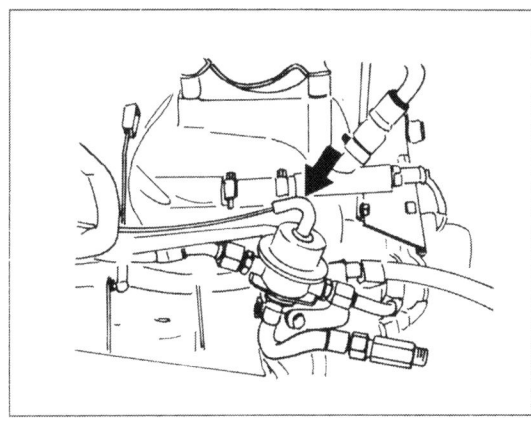

Bild 149
Druckregler-Motor ausgebaut

4 Auspuffanlage

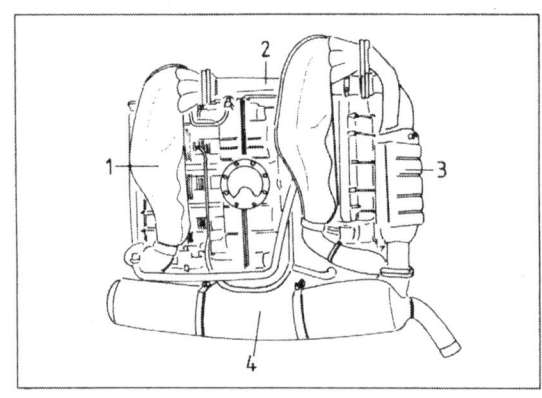

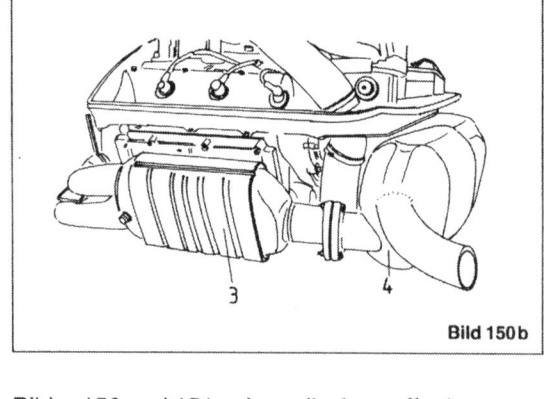

Bild 150a
Auspuffanlage
1 Wärmetauscher
2 Abgasleitung
3 Katalysator
4 Schalldämpfer

Bild 150b ▶
Auspuffanlage
3 Katalysator
4 Schalldämpfer

Bild 151
Teile der Auspuffanlage
1 Abgasschalldämpfer
1 a Auspuffblende
2 Dichtung
3 Sechskantschraube M8 × 40
3 a Scheibe 8.4
4 Mutter
5 Spannschelle
5 a Zylinderschraube M10 × 50
6 Vorschalldämpfer
13 Dichtung
14 Dichtung
15 Sechskantschraube M8 × 40
16 Mutter
17 Abgasleitung
18 Ausgleichstutzen
19 Klemmschelle
20 Sechskantschraube M6 × 40
21 Mutter
22 Stützscheibe
23 Dichtring
26 Wärmetauscher
27 Anschlussstutzen
28 Spannschelle
29 Heizschlauch
30 Schlauchschelle
31 Dichtung
32 Mutter
33 Mutter
34 Träger
35 Mutter
36 Federscheibe
37 Scheibe
38 Sechskantschraube M8 × 16

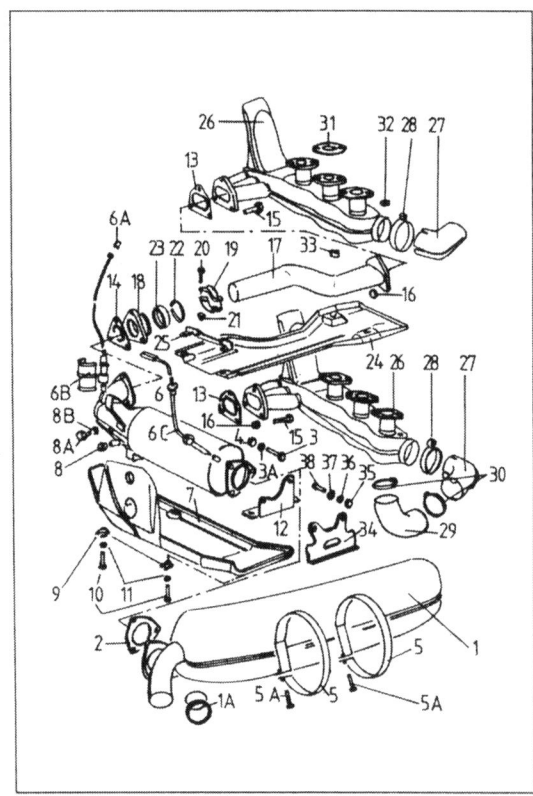

Bilder 150 und 151 zeigen die Auspuffanlage.
Die Auspuffanlage hat die Aufgabe die Verbrennungsabgase des Motors zum Wagenheck zu leiten und die Verbrennungsgeräusche auf die gesetzliche Norm zu reduzieren. Der eingebaute Katalysator reduziert die anfallenden Schadstoffe. Er wird durch die Lambda-Sonde über die Motorelektronik gesteuert. Zudem muss die Auspuffanlage einen Gegendruck erzeugen, der für die Funktion des Motors sehr wichtig ist.
Auf Grund dieser Aufgaben dürfen nur Originalersatzteile verwendet werden. Irgendwelche Fremdfabrikate erfüllen die Daten meist nicht. Die Auspuffanlage muss ab dem Auspuffkrümmer dicht sein.
Dies prüft man durch Verschliessen des Auspuffendes mittels Lappen, während der Motor im Leerlauf dreht. Dadurch steigt der Druck in der Anlage und lecke Stellen werden leicht gefunden.
Rohrverbindungen dichtet man mit Fire-Gum ab. Korrodierte Schalldämpfer und Rohre sind komplett zu ersetzen. Bei der Montage der Auspuffanlage ist darauf zu achten, dass sie nirgends anschlagen kann und durch Wärmestrahlung keine Teile beschädigt.

5 Kupplung

Die Einscheiben-Trockenkupplung ist mit dem Schwungrad verschraubt und verbindet den Motor mit dem Getriebe. Nach dem Abschrauben des Getriebe vom Motor ist die Kupplung zugänglich. Siehe Kapitel 2.1 Motor ein- und ausbauen.
Die Kupplung wird je nach Herstelljahr mechanisch oder hydraulisch betätigt.
Die Prüfung der Kupplung:
Mit dem betriebswarmen Wagen eine stark ansteigende Strasse aufwärts befahren.
In der Steigung den 5. Gang einlegen und beschleunigen.
Nimmt die Motordrehzahl ohne Erhöhung der Fahrtgeschwindigkeit zu, rutscht die Kupplung.
Für das Durchrutschen der Kupplung gibt es folgende Gründe:
- Die Kupplung ist verschlissen.
- Die Kupplung ist verölt, das heisst, der Motor oder das Getriebe sind undicht.
- Die Kupplungsdruckfeder ist lahm.

Bild 152 zeigt die Hauptteile der Kupplung.

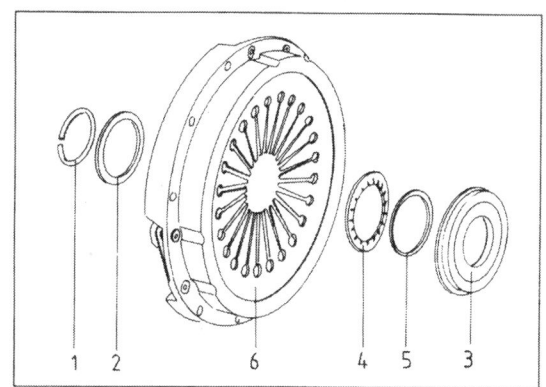

Bild 152
Teile der Kupplung
1 Sprengring
2 Anlaufscheibe
3 Ausrücklager
4 Federscheibe
5 Scheibe
6 Druckplatte

5.1 Die Kupplung aus- und einbauen

5.1.1 Ausbau

- Den Motor mit Getriebe ausbauen. Siehe Kapitel 2.1.
- Getriebe vom Motor abflanschen (Bild 153).
- Die Befestigungsschrauben der Kupplung gleichmässig lösen. Die Kupplung mit der Mitnehmerscheibe vom Schwungrad abnehmen. Weist das Schwungrad Riefen oder Brandstellen auf, muss es ebenfalls demontiert werden. Dazu das Werkzeug P 238 a verwenden.

5.1.2 Prüfen der Einzelteile

- Nadellager im Schwungrad.
- Kupplungsscheibe: Die Verzahnung kontrollieren. Die Kupplungsscheibe muss sich leicht und ohne Spiel auf der Antriebswelle des Getriebes verschieben lassen.
Die Vernietung, Federblech und Torsionselemente auf festen Sitz, Risse und Beschädigungen überprüfen.

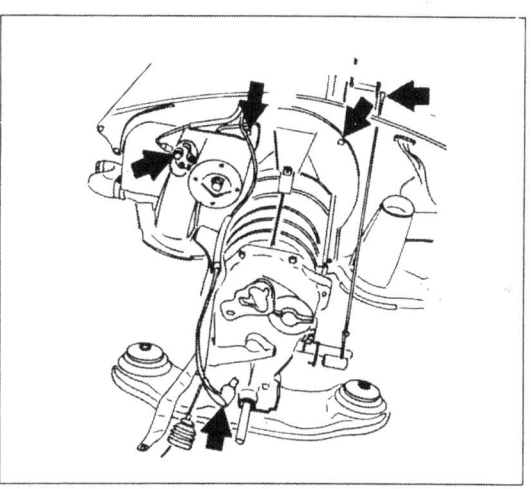

Bild 153
Getriebe abflanschen

Im Zweifelsfall die Kupplungsscheibe ersetzen.
Den Kupplungsbelag prüfen. Ist der Belag verölt, verbrannt, gerissen oder unregelmässig abgenützt, so ist die Kupplungsscheibe zu ersetzen.
Die Belagdicke der Scheibe überprüfen. Die Kupplungsscheibe mit aufgenietetem Belag ist neuwertig 8,1 mm dick. Die Verschleissgrenze liegt bei 6,3 mm. Die Masse beziehen sich auf die ungespannte Scheibe.
Achtung: Die Kupplungsbeläge sind einzeln nicht zu ersetzen. Immer die komplette Scheibe auswechseln.
Die Kupplungsscheibe auf Schlag prüfen. Der zulässige Schlag der Scheibe darf maximal 0,6 mm, 2 bis 3 mm vom Aussenrand gemessen, betragen.
- Kupplungsdruckplatte:
Eine Revision der Druckplatte ist nicht vorgesehen. Ist die Druckplatte verschlissen, muss sie ersetzt werden. Die Enden der Membranfeder auf

Verschleiss prüfen. Einlaufspuren bis 0,3 mm sind bedeutungslos. Die Reibfläche der Druckplatte auf Risse, Brandstellen und Verschleiss kontrollieren (Bild 154). Die Federverbindung zwischen Druckplatte und Deckel auf Risse untersuchen. Nietbefestigungen auf festen Sitz prüfen.

5.1.3 Einbau

- Die Reibflächen der Kupplung fettfrei reinigen.
- Die Mitnehmerscheibe mit dem Zentrierdorn P 370 auf dem Schwungrad zentrieren.
- Die Kupplung aufstecken und gleichmässig festschrauben. Die Schrauben sind mit 25 Nm festzuziehen.
- Die Gleitflächen der Kupplungsausrückung mit Mehrzweckfett, das mit MoS_2 versetzt ist, und die Verzahnung der Antriebswelle mit Optimoly HT schmieren.

Achtung:
An die Buchsen der Hebelwelle (Ausrückwelle) darf auf keinen Fall Fett mit MoS_2 gelangen.

- Das Getriebe am Motor anflanschen. Das Ausrücklager beim Anflanschen am Ausrücklager einhängen. Die richtige Lage durch Öffnungen am Getriebegehäuse kontrollieren. Die Befestigungsmuttern mit 45 Nm festziehen (Bild 155).
- Den Motor mit Getriebe einbauen. Kapitel 2.1 beachten.

5.2 Kupplungsbetätigung

5.2.1 Zerlegen

Zum Auswechseln von Hebelwelle, Lagerbuchsen und Ausrückhebel muss das Getriebe ausge-

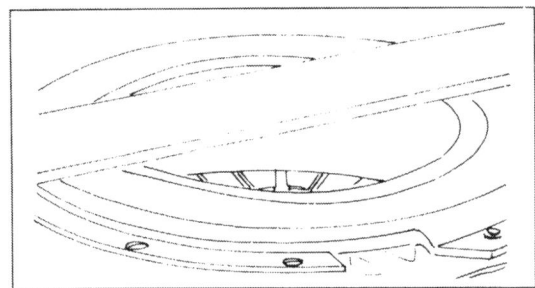

Bild 154
Druckplatte mit Lineal prüfen

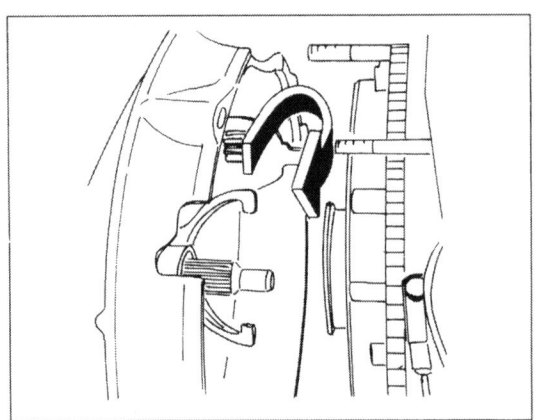

Bild 155
Getriebe anflanschen

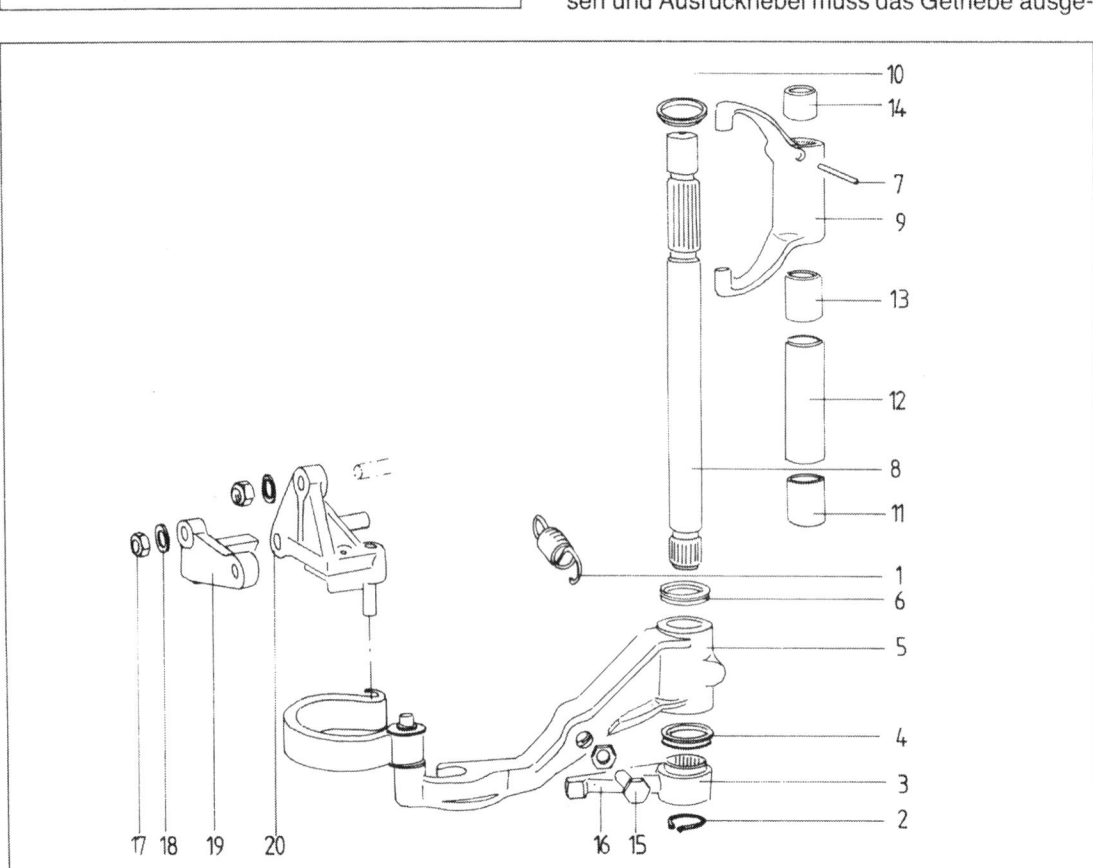

Bild 156
Teile der Kupplungsbetätigung
1 Zugfeder
2 Sicherungsring
3 Stellhebel
4 Dichtring
5 Ausrückhebel
6 Dichtring
7 Spannhülse
8 Hebelwelle
9 Ausrückgabel
10 Dichtring
11 Buchse
12 Schutzrohr
13 Buchse
14 Buchse
15 Stellschraube
16 Mutter
17 Mutter
18 Federscheibe
19 Halter
20 Lagerbock

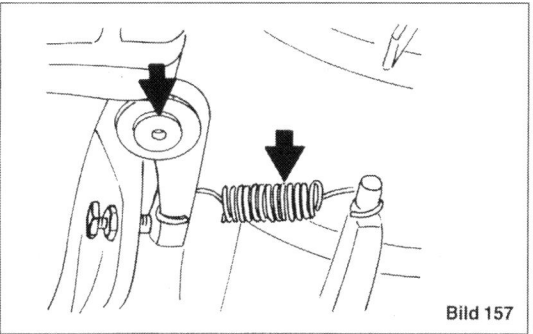

Bild 157

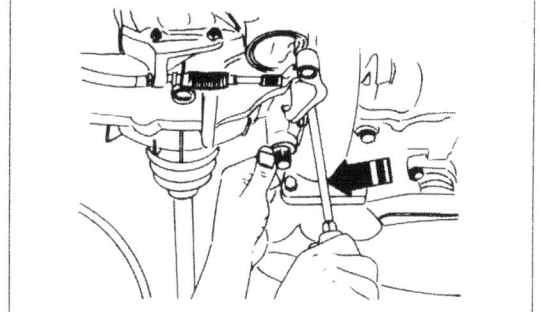

◀ **Bild 157**
Zugfeder, Sicherungsring demontieren

Bild 158
Ausrückhebel nach vorne demontieren

baut werden (Bild 156).
● Die Zugfeder für Stellhebel am Getriebe aushängen. Den Sicherungsring abnehmen und den Stellhebel von der Verzahnung abnehmen (Bild 157).
● Den Ausrückhebel mittels geeignetem Werkzeug nach vorne drücken und von der Hebelwelle nehmen.
Achtung:
Nach dem Überschreiten des Totpunktes streckt sich die Hilfsfeder und der Ausrückhebel schnappt nach vorn (Bild 158).
● Den Motor samt Getriebe ausbauen.
● Den Spannstift Ausrückgabel-Hebelwelle austreiben und die Hebelwelle herausnehmen.
Defekte Teile können nun ersetzt werden.

5.2.2 Zusammenbau

● Die neuen Büchsen für die Hebelwelle eintreiben (Bild 159). Die Büchsen mit Staburags NBU 12300 KB (Klüber) oder Mehrzweckfett ohne MoS_2 fetten. Für die Buchse 1 einen geeigneten Dorn, und für die Buchsen 2 das Sonderwerkzeug P 375 verwenden.
Achtung:
Bevor die äussere Buchse 2 vollständig eingetrieben wird, das Schutzrohr 3 montieren.
● Die Ausrückgabel und die Hebelwelle montieren. Den Spannstift eintreiben.
Bei der Montage die Dichtringe beachten.
● Die Leichtgängigkeit der Teile überprüfen.
● Motor und Getriebe gemäss Kapitel 2.1 einbauen.

5.3 Ausrücklager

Bild 160 zeigt das Ausrücklager.
Zum Ausbauen den Sprengring demontieren und das Drucklager abnehmen.
Kann der Sprengring nicht demontiert werden, muss die Druckplatte vorgespannt werden.
Die Druckplatte dazu so auf die Presse mit Unter-

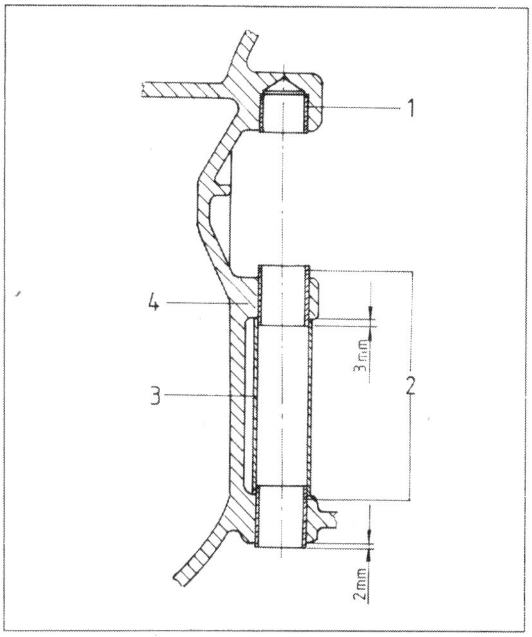

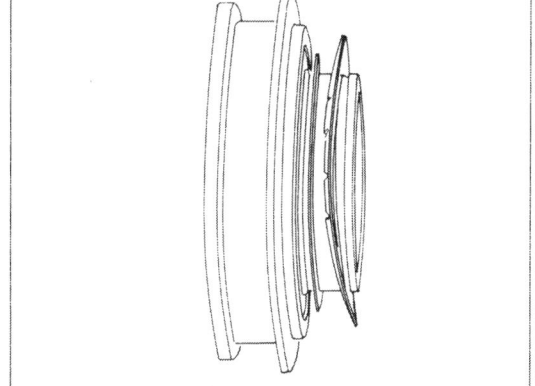

Bild 159
Lagerung der Hebelwelle
1 Lagerbuchse
2 Buchse für Hebelwelle
3 Schutzrohr
4 Getriebegehäuse

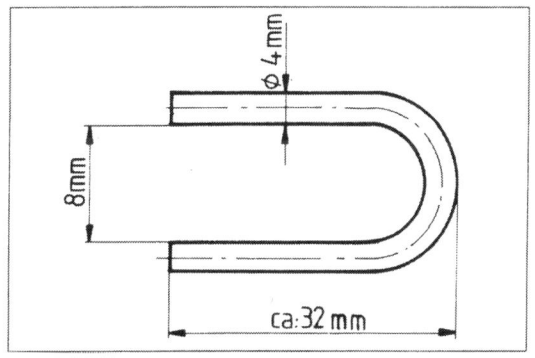

Bild 160
Ausrücklager

Bild 161
Drahtbügel

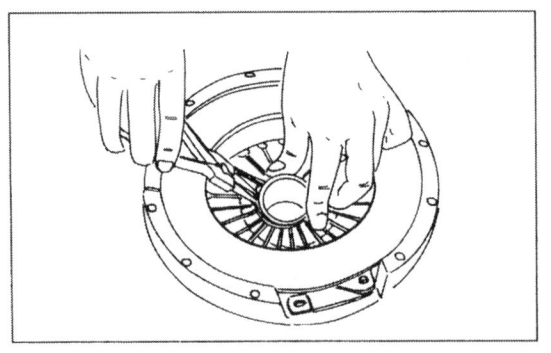

Bild 162
Seegerring abnehmen

lagen legen, dass das Drucklager nach unten ausfahren kann.
Die Druckplatte soweit vorspannen bis Drahtbügel gemäss Bild 161 unter die Fangbolzen geschoben werden können.
Die Druckplatte entspannen und auf der Presse wenden, damit die Druckplatte auf das Drucklager zu liegen kommt.
Die Druckplattee wiederum spannen bis der Sprengring des Lagers abgenommen werden kann (Bild 162).
Das Drucklager ersetzen.
Die Anlaufscheibe mit der Nut zum Sprengring auflegen und die Anlaufscheibe nach unten drücken.
Den Sprengring einsetzen.
Die vorgespannte Druckplatte vor der Montage entspannen und die Drahtbügel abnehmen.

6 Getriebe 915

Das Bild 163 zeigt die Einzelteile des Getriebes. Der Achsantrieb und das Schaltgetriebe sind in einem Gehäuse zusammengefasst. Beide Getriebeteile haben ein gemeinsames Ölniveau und werden vom selben Öl geschmiert.

Das Getriebe kann unabhängig vom Achsantrieb repariert oder revidiert werden, ausser der Ersatz der Abtriebswelle ist notwendig.

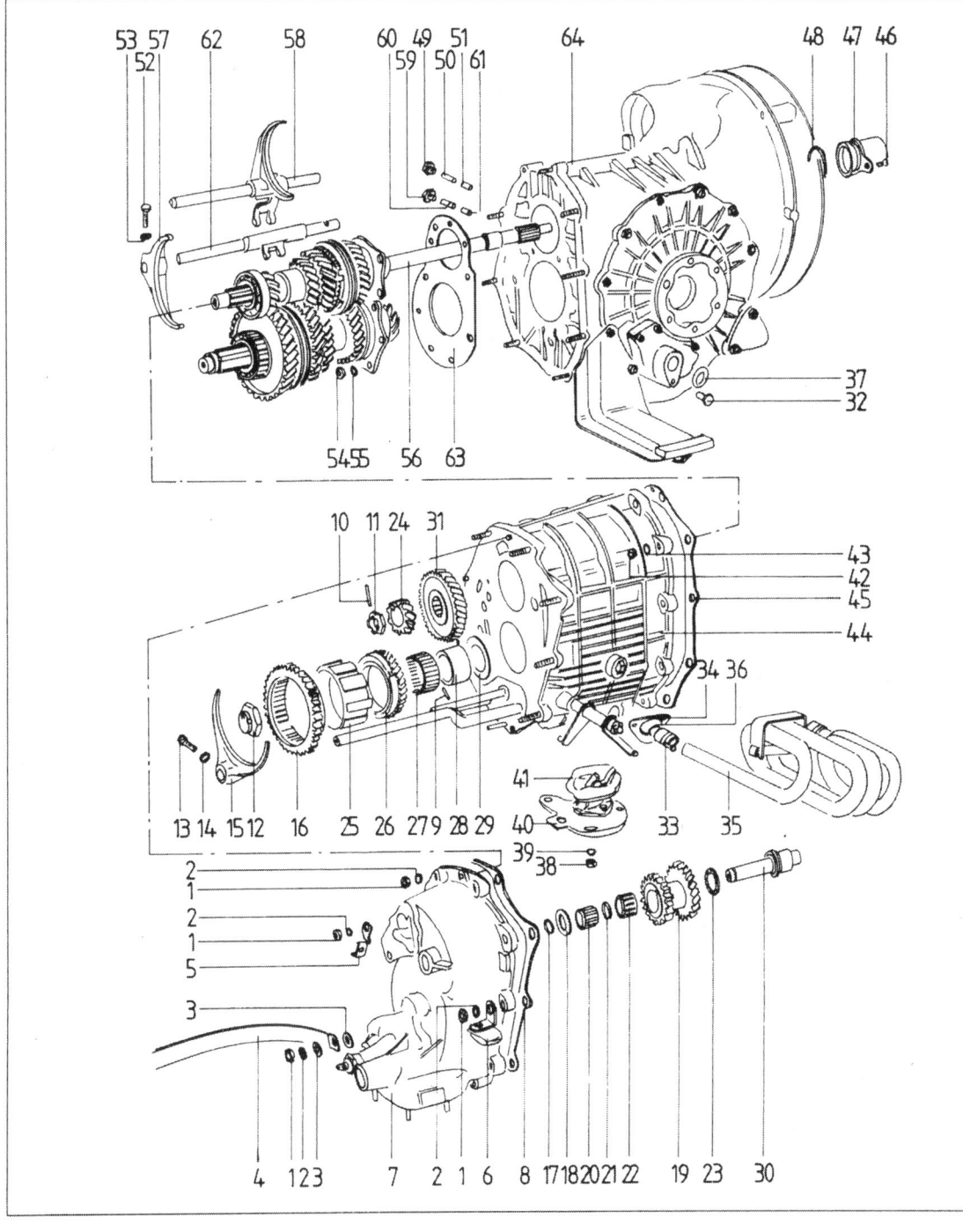

Bild 163
Einzelteile des Getriebes
1 Mutter
2 Federscheibe
3 U-Scheibe
4 Masseband
5 Halteblech
6 Haltewinkel
7 Vorderer Getriebedeckel
8 Dichtung
9 Spiralstift
10 Spiralstift
11 Kronenmutter
12 Bundmutter
13 Schraube
14 Federscheibe
15 Schaltgabel 5./R.-Gang
16 Schaltrad 5./R.-Gang
17 O-Dichtring
18 Anlaufscheibe
19 Rücklaufdoppelrad
20 Nadelkäfig
21 Zwischenring
22 Nadelkäfig
23 Axial-Käfig
24 Rückwärtsgang Rad I
25 Führungsmuffe
26 Losrad II 5. Gang
27 Nadelkäfig
28 Buchse
29 Anlaufscheibe
30 Bolzen
31 Festrad I 5. Gang
32 Schraube
33 Schraube
34 Halter
35 Kührohrschlange
36 O-Dichtring
37 O-Dichtring
38 Mutter
39 Federscheibe
40 Schaltdeckel mit Gabelstück
41 Dichtung
42 Mutter
43 Federscheibe
44 Rädergehäuse
45 Dichtung
46 Linsensenkschraube
47 Führungsrohr
48 O-Dichtring
49 Schraube
50 Feder
51 Sperrstück
52 Schraube
53 Federscheibe
54 Mutter
55 Federring
56 Radsatz
57 Schaltgabel 1./2.-Gang
58 Schaltstange und Schaltgabel 3./4.-Gang
59 Schraube
60 Feder
61 Sperrstück
62 Schaltstange 1./2.-Gang
63 Einstellscheibe
64 Getriebegehäuse

Das Öl des Getriebes wird durch eine seitlich angebrachte Kühlschlange gekühlt.

6.1 Aus- und Einbau des Getriebes

Zum Ausbau des Getriebes muss der Motor mitsamt Getriebe ausgebaut werden. Dazu das Kapitel 2.1 beiziehen.

6.2 Getriebe zerlegen und zusammenbauen

6.2.1 Zerlegen

● Das Getriebe mit dem Aufspannbock für den Motor aufnehmen.
● Den Umlenkhebel des Gasgestänges demontieren.
● Das Getriebeöl ablassen.
● Den hinteren Gehäusedeckel abschrauben.
● Die Antriebswelle gemäss Bild 164 blockieren. Dazu das Werkzeug P 37 a verwenden. Den 5. Gang einlegen.
● Die Kronenmutter der Antriebswelle, sowie die Bundmutter der Triebwelle lösen (Bild 165).
● Die Gangräder des 5. und des R-Gangs abnehmen und die Schaltgabel demontieren.
● Das Getriebegehäuse abschrauben.
● Die Verschlussschrauben Pos. 49 und 59 (Bild 163) abschrauben und die Federn und Arretierstücke entnehmen.

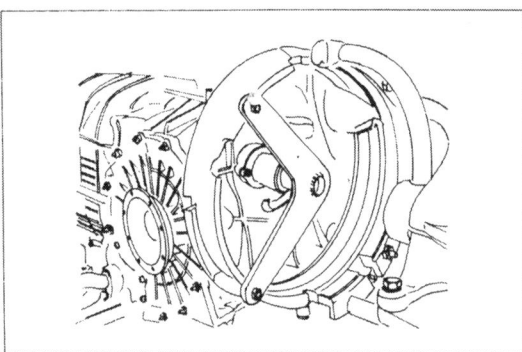

Bild 164
Antriebswelle blockieren

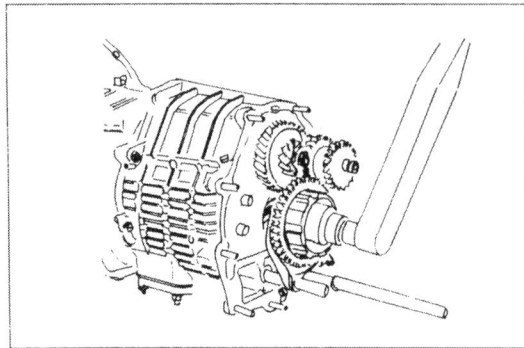

Bild 165
Bundmutter lösen

● Die Lagerdeckel der beiden Getriebewellen vom vorderen Gehäuseteil abschrauben.
● Die beiden Getriebewellen mitsamt den Schaltwellen abnehmen.
● Die Schaltgabeln mit den Schaltwellen von der Getriebewelle abnehmen.
● Die Sperrstücke der Schaltwellen aus dem Gehäuse nehmen.

6.2.2 Zusammenbauen

● Die beim Ausbau notierte Anzahl Einstellscheiben oder die bei der Einstellung ermittelten Einstellscheiben auf die Stiftschrauben des Getriebegehäuses schieben.
● Die Schaltstange für den 1. und 2. Gang einsetzen. Dazu das Sperrstück in Einbaulage bringen.
● Das Arretierstück und die Feder für den ersten Gang einsetzen.
● Die Verschlussschraube mit 17 Nm festziehen.
● Die Triebwelle mit der Schaltgabel 1./2. Gang soweit einsetzen, dass der Triebwellenkopf gerade in der Lagerbohrung des Getriebegehäuses aufliegt.
● Die Antriebswelle einsetzen und gemeinsam mit der Triebwelle bis zum Anschlag einschieben.
● Die Muttern der Spannplatten mit 24 Nm festziehen.
● Die Sechskantschraube der Schaltgabel 1./2. Gang leicht festziehen.
● Die Sechskantschraube der Schaltgabel 3./4. Gang herausdrehen. Beide Teile soweit nach hinten schieben, dass Schaltgabel und Schaltstange montiert werden können.
● Die Sechskantschraube der Schaltgabel einsetzen und leicht festziehen.
● Das Arretierstück und die Feder für den 3./4. Gang einsetzen.
● Die Verschlussschraube mit 17 Nm festziehen.
Schaltgabeln einstellen:
● Die Halteplatte P 260 a aufsetzen, die Gangräder des 5. Ganges, die Führungsmuffe, sowie das Rückwärtsgangrad montieren.
● Die Antriebswelle mit dem Werkzeug P 37 a blockieren.
● Den 5. Gang einlegen und die Bundmutter der Triebwelle mit 250 Nm festziehen.
● Die Schaltstange 1./2. Gang nach links (in Fahrtrichtung) bis zum Anschlag verdrehen, dann wieder ein Stück zurück, bis die nichtbearbeitete Innenfläche fast senkrecht steht.
Achtung:
Die Schaltstange beim Zurückdrehen nicht über die Mittelstellung drehen.
● Die Schaltmuffe über die Schaltgabel 1./2. Gang so einstellen, dass sie in Leerlaufstellung genau in der Mitte zwischen den Synchronringen steht. Die Sechskantmutter mit 25 Nm

- Die Schaltmuffe des 3./4. Ganges ebenso einstellen.
- Das Gabelklemmstück des 3./4. Ganges fluchtend und mit einem Spiel von 2 – 3 mm zum Gabelstück des 1./2. Ganges einstellen.

Achtung:
Das Gabelklemmstück 3./4. Gang darf nicht an der Schaltstange des 1./2. Ganges streifen oder aufliegen.
- Abweichungen der Einstellung sind nach durchgeführter Schaltkontrolle genau auszugleichen. Hiervon hängt die einwandfreie Funktion der Synchronisation ab.
- Die Halteplatte P 260 a entfernen.
- Die Rädergehäuse montieren und die Bundmutter der Triebwelle mit 250 Nm festziehen.
- Die Bundmutter sichern.
- Die Schaltgabel des 5./R-Gang einstellen. Das Rücklaufrad auf dem Bolzen ganz nach hinten schieben (gegen das Festrad des 5. Gang). Das Spiel zwischen Schaltrad und Rücklaufrad soll in dieser Stellung 1 mm betragen. Das Spiel der Schaltgabel ist zu beheben. Die Schaltgabel mit 25 Nm festziehen.
- Den Getriebedeckel aufsetzen und festziehen.

6.3 Das Rädergehäuse zerlegen

Die Teile des Rädergehäuses sind in Bild 166 gezeigt.
- Die Spiralstifte zur Gangsperrsicherung austreiben.
- Die Verschlussbolzen austreiben.

Achtung: Die Sperrteile sind federbelastet. Deshalb stets zuerst die Spiralstifte austreiben und dann die Verschlussbolzen demontieren.
- Das Rädergehäuse auf ca. 120° C erhitzen und die Lageraussenringe mit den Werkzeugen P 254 b und P 254 c auspressen (Bild 167). Zur Temperaturkontrolle Thermochromstifte von Faber-Castell verwenden.

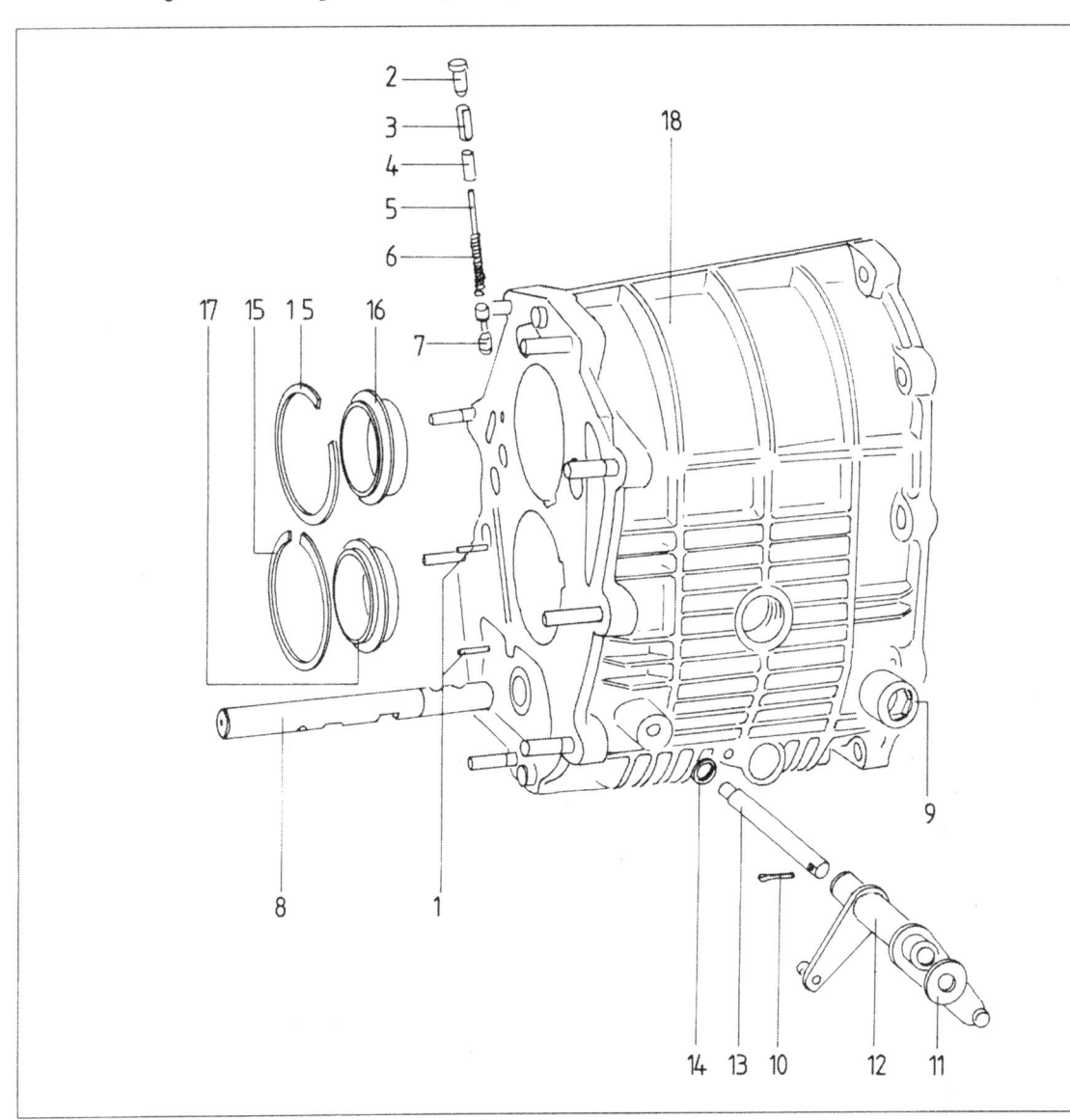

Bild 166
Teile des Rädergehäuses
1 Spiralstift
2 Verschlussbolzen
3 Sperrstück (kurz)
4 Hülse
5 Stift
6 Feder
7 Sperrstück (lang)
8 Schaltstange 5./R.-Gang
9 Verschlussschraube
10 Splint
11 Scheibe
12 Umlenkhebel
13 Bolzen für Umlenkhebel
14 Scheibe
15 Sprengring
16 Lager-Aussenring
17 Lager-Aussenring
18 Rädergehäuse

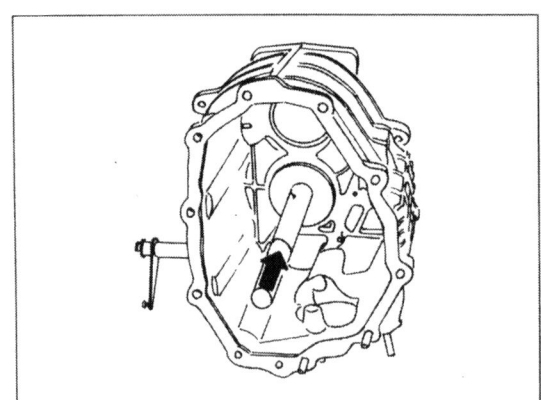

Bild 167
Aussenringe auspressen

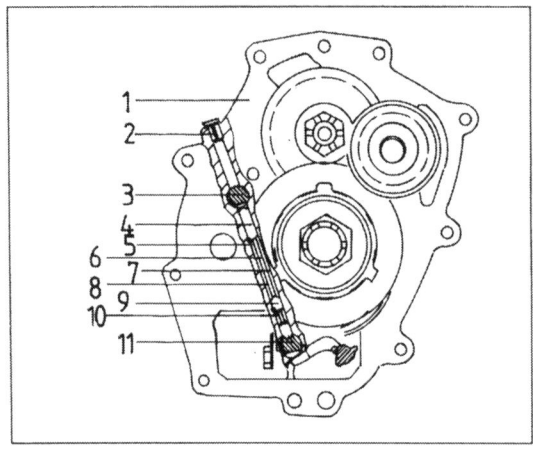

Bild 168
Anordnung der Sprengstücke
1 Rädergehäuse
2 Kerbnagel
3 Schaltstange 3./4. Gang
4 Sperrstück kurz
5 Spiralstift
6 Stift
7 Hülse
8 Feder
9 Sperrstück lang
10 Spiralstift
11 Schaltstange 5./R. Gang

6.4 Zusammenbau des Rädergehäuses

● Das Rädergehäuse auf 120° C erhitzen.
● Die Lageraussenringe mit den Demontagewerkzeugen einbauen.
Achtung: Die Ringe haben unterschiedliche Innendurchmesser. Der Lageraussenring mit dem grösseren Innendurchmesser gehört zur Triebwelle.
● Die Schaltstange für den 5. und den R-Gang einsetzen.
● Das Sperrstück (lang) einsetzen und den Spiralstift eintreiben.
● Die Feder und die Hülse der Sperre einsetzen, beides mit dem Werkzeug P 366 spannen und den zweiten Spiralstift eintreiben (Bild 168).
● Das kurze Sperrstück einlegen und den Verschlussbolzen montieren.

6.5 Das Getriebegehäuse zerlegen und zusammenbauen

Bild 169 zeigt die Teile des Getriebegehäuses.

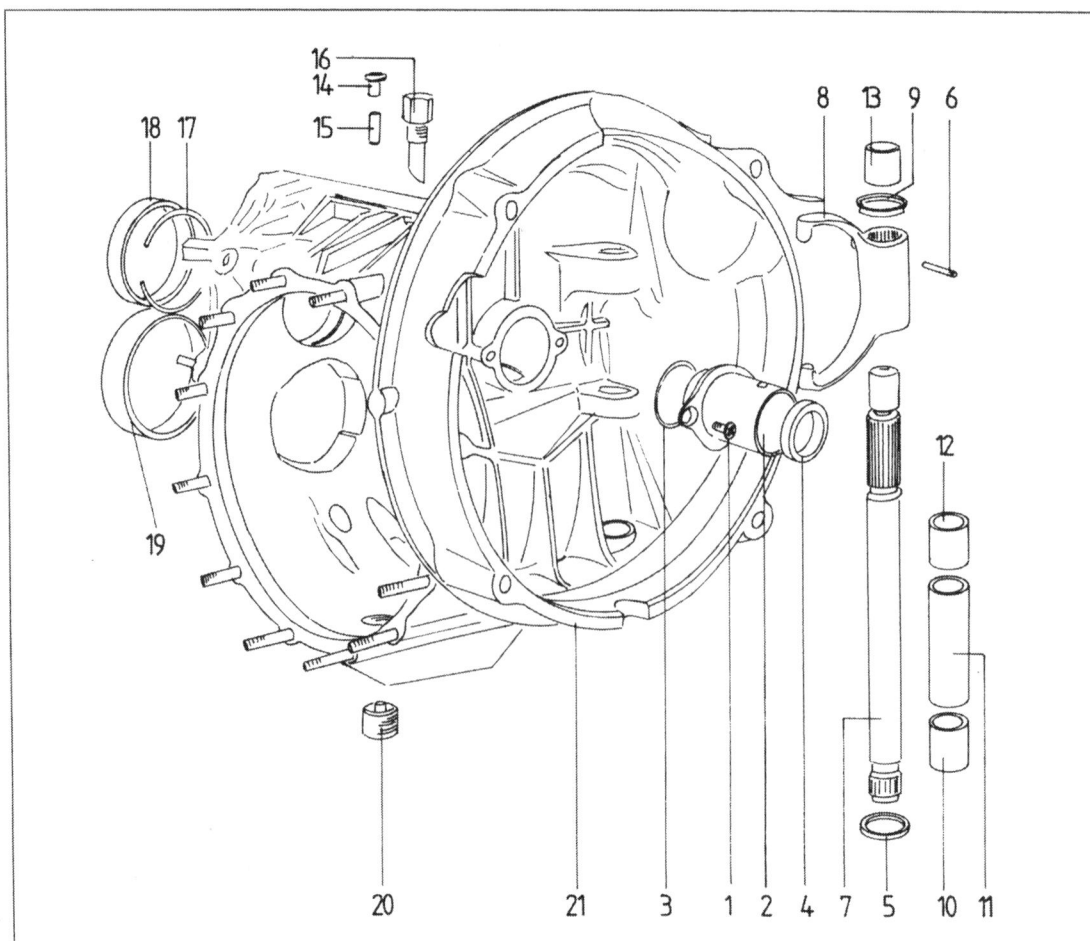

Bild 169
Teile des Getriebegehäuses
1 Linsensenkschraube
2 Führungsrohr
3 O-Dichtring
4 Dichtring
5 Dichtring
6 Spannhülse
7 Hebelwelle
8 Ausrückgabel
9 Dichtring
10 Buchse
11 Schutzrohr
12 Buchse
13 Buchse
14 Verschlussbolzen
15 Sperrstück
16 Entlüfter
17 Sprengring
18 Lageraussenring
19 Lageraussenring
20 Verschlussschraube
21 Getriebegehäuse

6.5.1 Zerlegen

● Die Buchsen der Hebelwelle mit dem Werkzeug P 375 austreiben (Bild 170).
● Den Sprengring des Antriebswellenlagers mittels kleinem Schraubenzieher entfernen.
● Das Getriebegehäuse auf ca. 120° C erhitzen. Zur Kontrolle der Temperatur Thermochromstifte von Faber-Castell verwenden.
● Die Lageraussenringe mit den Werkzeugen P 254 d und P 254 b demontieren (Bild 171).

6.5.2 Zusammenbau

● Das Gehäuse reinigen und auf Verschleiss prüfen. Insbesondere ist die Lagerbohrung im mittleren Steg zu kontrollieren. Werden Verschleiss oder Risse vorgefunden, muss das Gehäuse ersetzt werden.
● Den Sprengring des Antriebslagers in die Nut des Getriebegehäuses einsetzen.
● Das Getriebegehäuse auf ca. 120° C erhitzen und beide Lageraussenringe mit den Werkzeugen P 254 a und P 254 b eintreiben.
● Den Entlüfter lagerichtig einschrauben und mit 25 Nm festziehen (Bild 172).
Achtung: Die Bohrung im Sechskant muss in Fahrtrichtung weisen.
● Die Buchsen der Hebelwelle mit dem Werkzeug P 375 eintreiben (Bild 173).

6.6 Ölpumpe im Seitendeckel zerlegen und zusammenbauen

6.6.1 Zerlegen

● Den Pumpendeckel vom Seitendeckel des Getriebegehäuse abschrauben (Bild 174).
● Das Antriebsrad an der Innenseite des Seitendeckels abbauen. Dazu den Seegerring demontieren und die Scheibenfeder aus der Pumpenradwelle nehmen.
● Die beiden Pumpenräder ausbauen.
● Die freiwerdende Kugel mit Feder entnehmen.
● Die Lager der Lagerbuchsen für den Wiedereinbau zeichnen.
● Die Lagerbuchsen mit geeignetem Dorn aus dem Seitendeckel austreiben.
● Die Buchsen mit einem Innenauszieher, z.B. Kuko 12–14.5, aus dem Ölpumpendeckel herausziehen.
Achtung: Um Beschädigungen der Dichtfläche zu vermeiden, die Stützarme unterlegen (A in Bild 175).
Das Ölpumpengehäuse und den Deckel auf Verschleiss prüfen. Werden Riefen oder Fressstellen

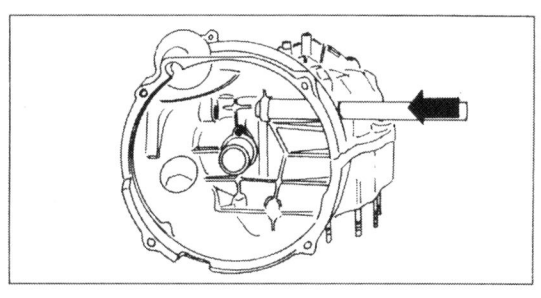

Bild 170
Büchsen austreiben

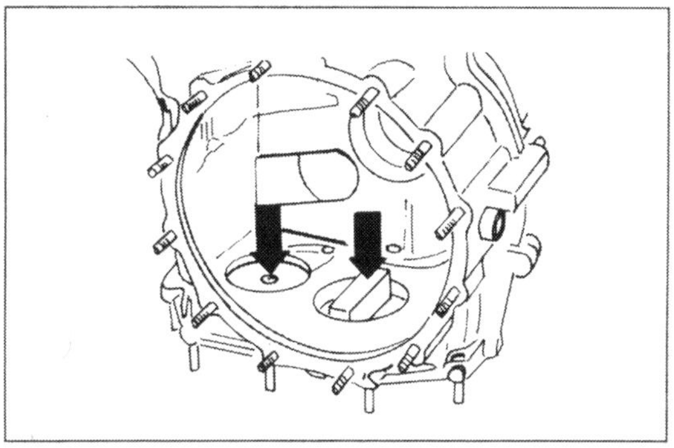

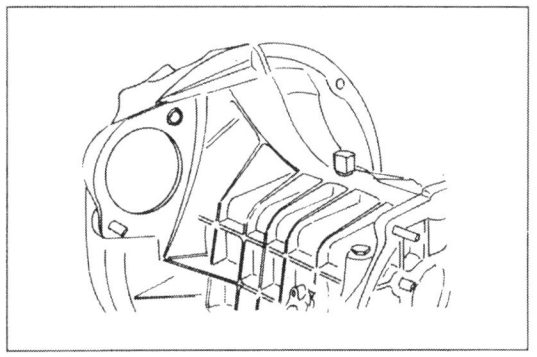

Bild 171
Lageraussenring austreiben

Bild 172
Entlüfter

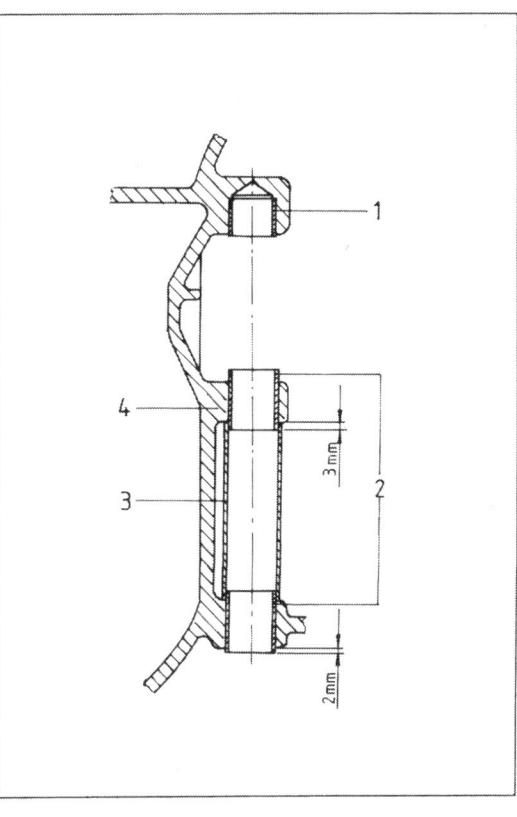

Bild 173
Büchsen der Hebelwelle
1 Lagerbuchse
2 Buchse für Hebelwelle
3 Schutzrohr
4 Getriebegehäuse

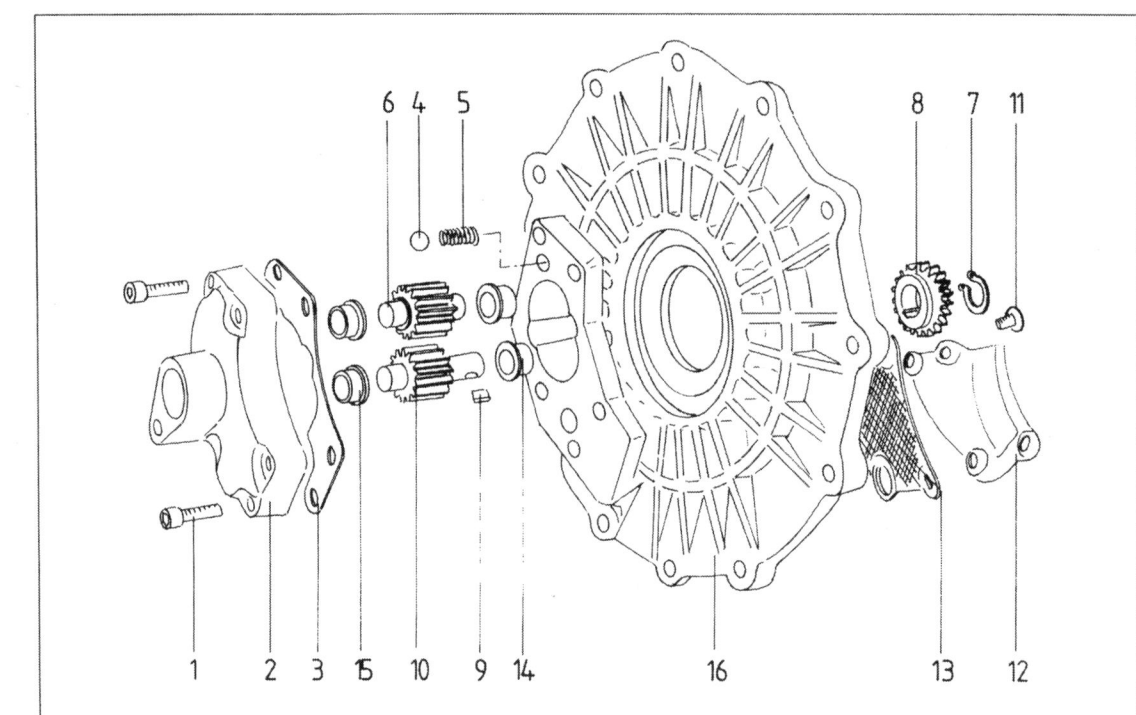

Bild 174
Seitendeckel mit Ölpumpe
1 Zylinderschraube
2 Deckel
3 Dichtung
4 Kugel
5 Druckfeder
6 Ölpumpenrad
7 Sicherungsring
8 Antriebsrad
9 Scheibenfeder
10 Ölpumpenrad
11 Senkschraube
12 Abschirmblech
13 Sieb
14 Lagerbuchse
15 Lagerbuchse
16 Seitlicher Getriebedeckel

Bild 175
Lagerbuchsen ausziehen

vorgefunden, müssen die entsprechenden Teile ersetzt werden.

6.6.2 Zusammenbau

● Die Buchsen lagerichtig bis zur Anlage mit dem Dorn P 361 einpressen (Bild 176).
● Die Buchsen in den Pumpendeckel ebenfalls lagerichtig mit dem Werkzeug P 361 eintreiben (Bild 177).
● Die Pumpenräder einsetzen, und den Deckel mit neuer Dichtung aufsetzen. Die Deckelschrauben sorgfältig, über Kreuz, mit 9 Nm festziehen.
● Die Leichtgängigkeit der Räder prüfen. Werden Klemmer festgestellt, der Ursache nachgehen. Sind die Klemmer durch entsprechende Montage nicht behebbar, muss die komplette Pumpe ersetzt werden.
● Das Antriebsrad mit der Scheibenfeder einbauen. Auf richtigen Sitz des Seegerrings achten.

6.7 Dichtring für Antriebswelle ersetzen

6.7.1 Ausbau

● Die beiden Linsensenkschrauben des Führungsrohrs losschrauben.

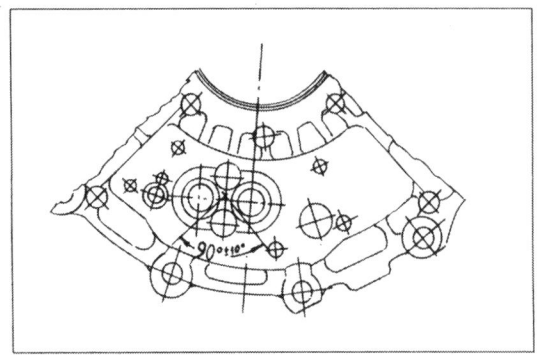

Bild 176
Einpressen der Lagerbuchsen in Seitendeckel

Bild 177 ▶
Einpressen der Lagerbuchsen in Pumpendeckel

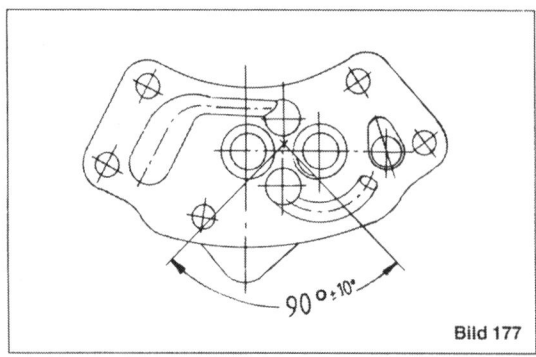

Bild 177

● Das Führungsrohr gemäss Bild 178 abziehen. Der Zughaken ist selbst anzufertigen.
● Den Dichtring mit dem Dorn P 381 aus dem Führungsrohr auspressen (Bild 179).

6.7.2 Einbau

● Den neuen Dichtring bis Anlage des Montagedorns einpressen. Die Dichtlippe des Dichtrings muss zum austretenden Öl weisen (Bild 180).
● Einen neuen O-Dichtring auf den Zentrierbund des Führungsrohrs montieren.
● Die Montagehülse P 382 auf die Verzahnung der Antriebswelle schieben.
● Die Dichtlippe des Dichtrings und den O-Dichtring leicht fetten.
● Das Führungsrohr lagerichtig aufsetzen und mit 9 Nm festschrauben.
● Die Montagehülse entfernen (Bild 181).
● Das Führungsrohr mit MoS$_2$ bestreichen.

6.8 Antriebswelle zerlegen und zusammenbauen

Bild 182 zeigt die Teile der Antriebswelle.

6.8.1 Zerlegen

● Die Halteplatte P 355 a in den Schraubstock einspannen.
● Die Antriebswelle aufstecken und die Bundmutter mit dem Werkzeug P 252 a lösen (Bild 183).
● Das Zylinderrollenlager auf der Presse von der Antriebswelle abpressen (Bild 184).
● Beim Abziehen der restlichen Teile müssen die Nadellager für den Wiedereinbau gezeichnet werden.
● Das Zylinderrollenlager mit Rohrstück von der Antriebswelle abpressen (Bild 185).

6.8.2 Zusammenbau

Alle Teile der Antriebswelle sind trocken zu montieren, damit kein Öl zwischen die Anlageflächen gelangen kann.
● Das kleine Zylinderrollenlager auf 120° C erhitzen. Die Temperatur mit Thermochromstifte von Faber-Castell kontrollieren.
● Das Lager aufpressen (Bild 186).
● Die Schaltteile, Zahnräder und Schaltmuffe zusammenstellen. Gelaufene Nadellager müssen wieder mit den «alten» Laufringen montiert werden.
● Das grosse Rollenlager ebenfalls auf 120° C erhitzen, (Temperaturkontrolle) und auf der

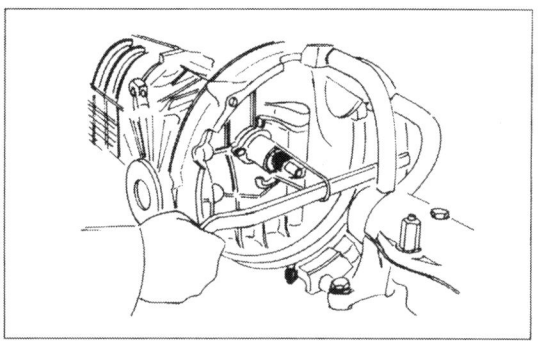
Bild 178
Führungsrohr montieren

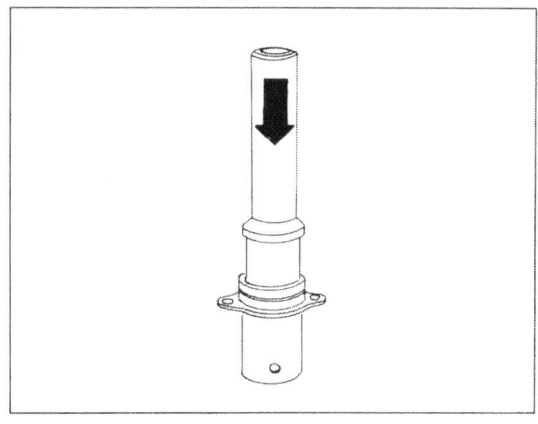
Bild 179
Dichtring auspressen

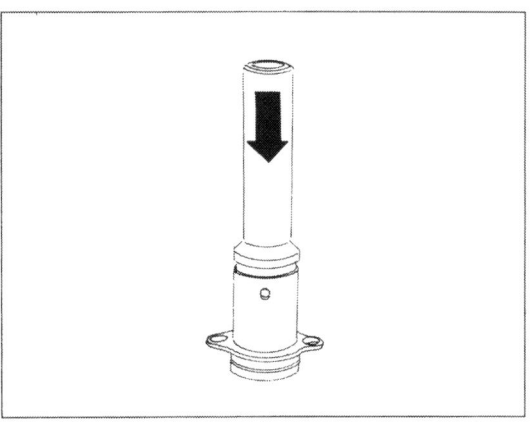
Bild 180
Dichtring einbauen

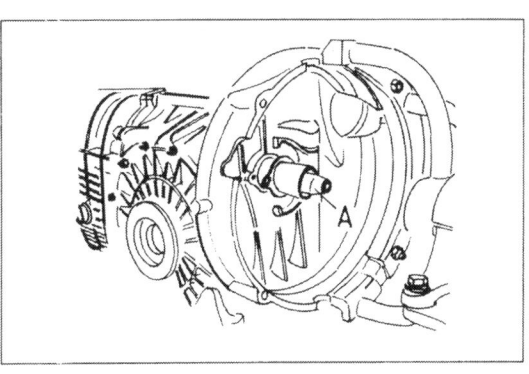
Bild 181
Montagehülse A

Presse aufpressen (Bild 187).
● Die Bundmutter aufdrehen und mit 230 Nm festziehen. Dazu das Werkzeug P 355 a und P 252 a verwenden.
● Die Bundmutter gemäss Bild 188 sichern.
Anschliessend ist die Antriebswelle auf Schlag zu prüfen, da durch den Anzug der Bundmutter im-

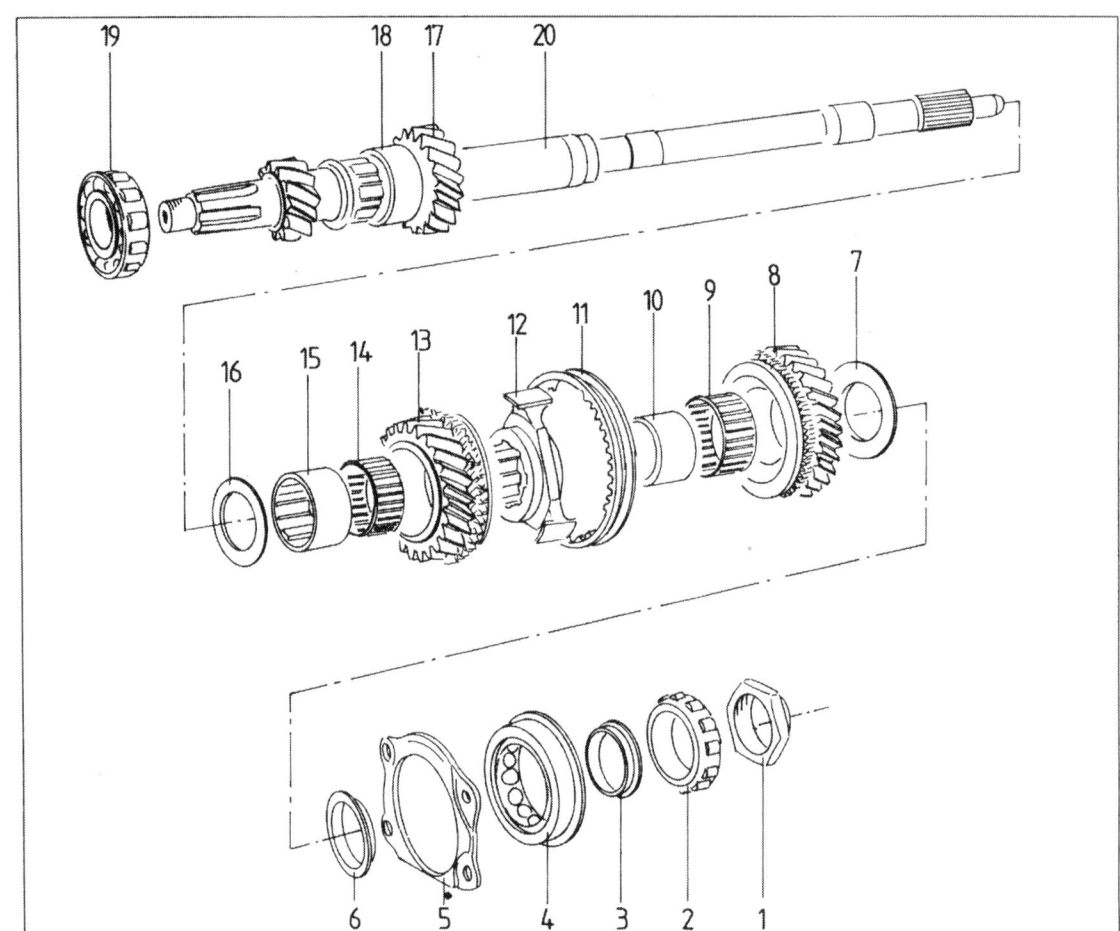

Bild 182
Teile der Antriebswelle
1 Bundmutter
2 Zylinderrollenlager
3 Lager-Innenring
4 Vierpunktlager
5 Spannplatte
6 Lager-Innenring
7 Anlaufscheibe
8 Losrad (4. Gang)
9 Nadelkäfig
10 Buchse
11 Schaltmuffe
12 Führungsmuffe
13 Losrad (3. Gang)
14 Nadelkäfig
15 Buchse
16 Anlaufscheibe
17 Festrad (2. Gang)
18 Distanzbuchse
19 Zylinderrollenlager
20 Antriebswelle

mer ein gewisser Schlag der Welle auftreten kann. Zur Prüfung die Aussenringe der Lager aus dem Getriebe- und Räderkasten entnehmen und aufstecken.

● Die Welle auf Prismen legen und den Schlag gemäss Bild 189 feststellen. Der Schlag darf max. 0,1 mm betragen. Bis zu einem Schlag von 0,3 mm darf die Welle auf einer Richtpresse gerichtet werden. Bei grösserem Schlag ist die Welle zu ersetzen.

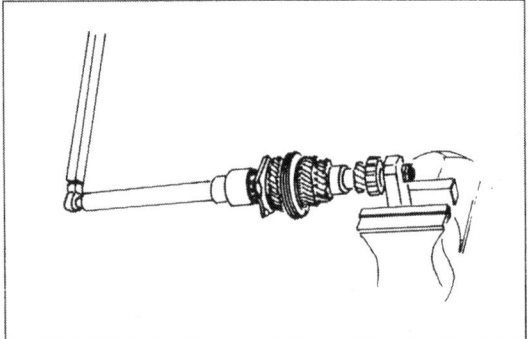

Bild 183
Bundmutter der Antriebswelle lösen

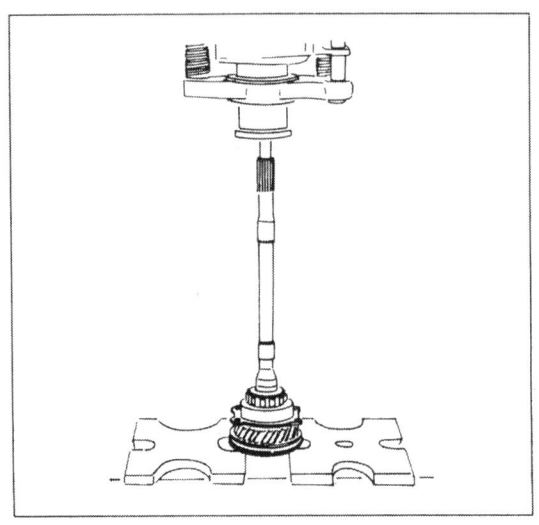

Bild 184
Zylinderrollenlager abpressen

Bild 185 ▶
Zylinderrollenlager-klein abpressen

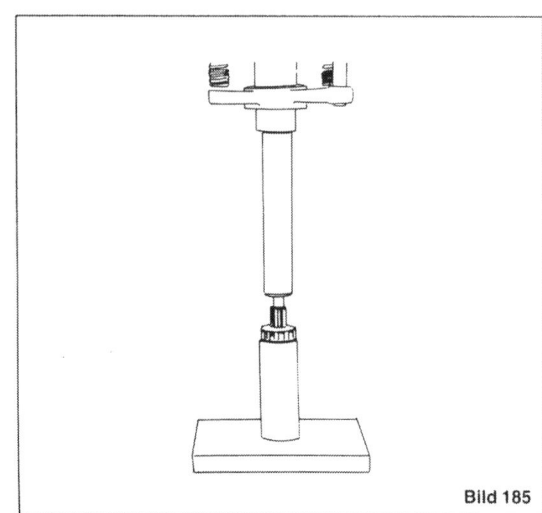

Bild 185

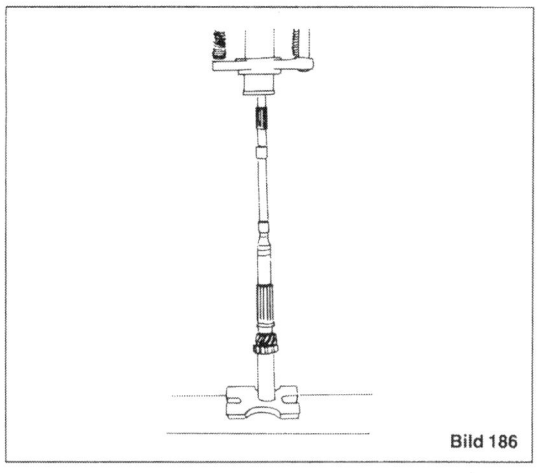
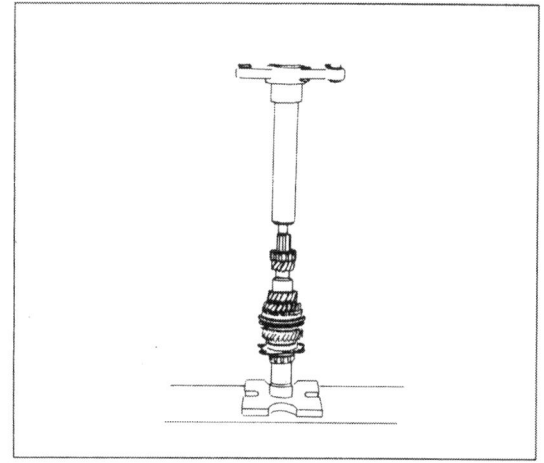

◀ **Bild 186**
Lager aufpressen

Bild 187
Lager-gross aufpressen

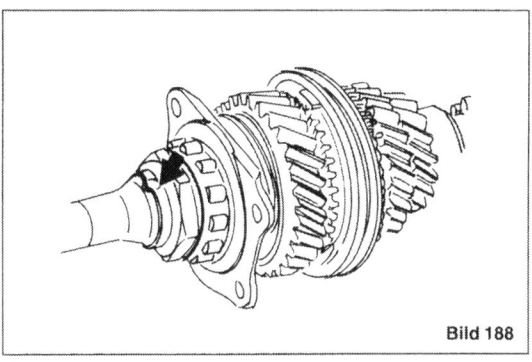
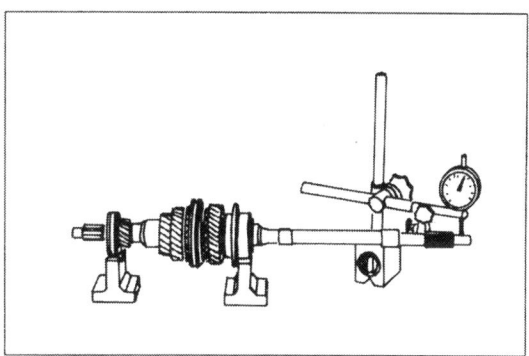

◀ **Bild 188**
Bundmutter sichern

Bild 189
Schlag prüfen

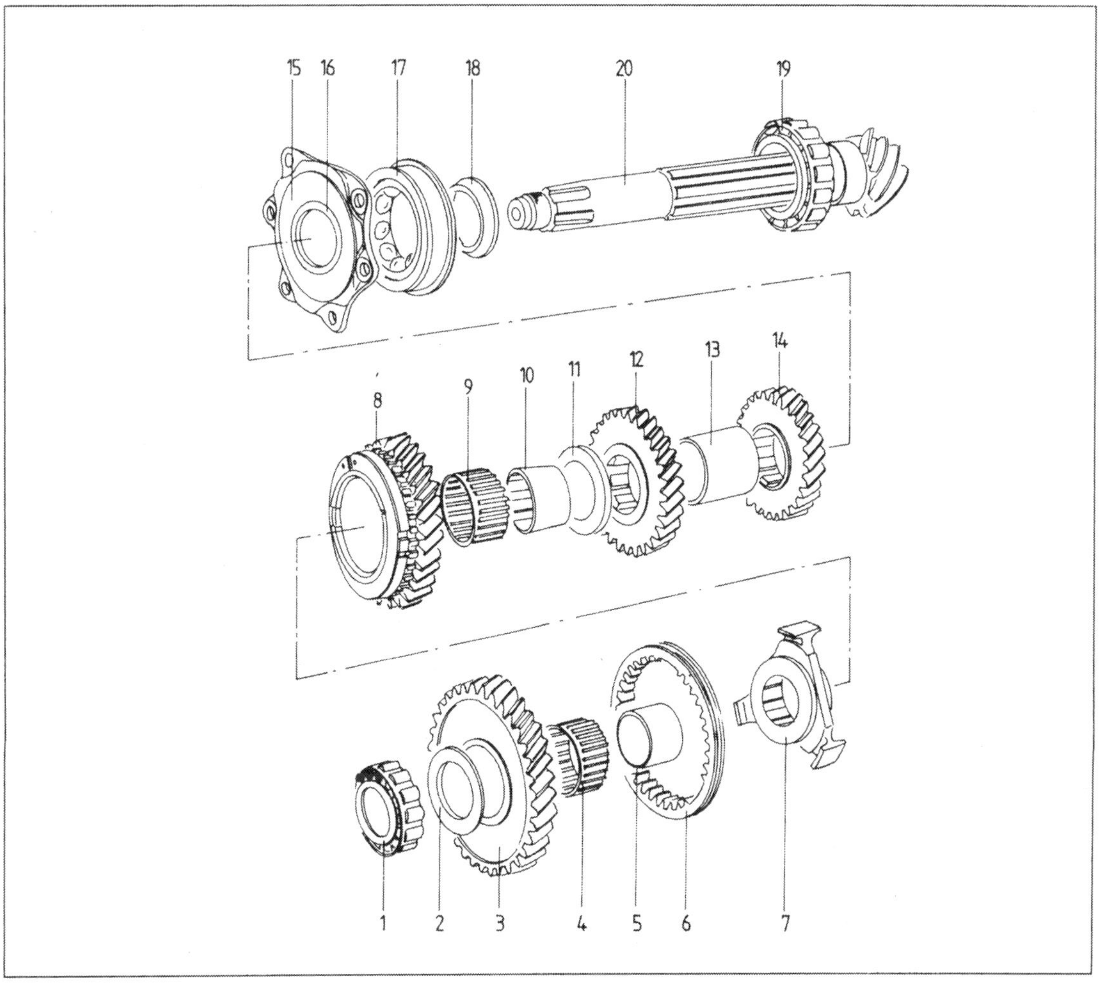

Bild 190
Teile der Triebwelle
1 Zylinderrollenlager
2 Anlaufscheibe
3 Losrad 1. Gang
4 Nadellager
5 Buchse
6 Schaltmuffe
7 Führungsmuffe
8 Losrad 2. Gang
9 Nadelkäfig
10 Buchse
11 Anlaufscheibe
12 Festrad 3. Gang
13 Distanzbuchse
14 Festrad 4. Gang
15 Spannplatte
16 Lagerinnenring
17 Vierpunktlager
18 Lagerinnenring
19 Zylinderrollenlager
20 Triebwelle

Bild 191
Triebwelle zerlegen

Bild 192 ▶
Rollenlager aufpressen

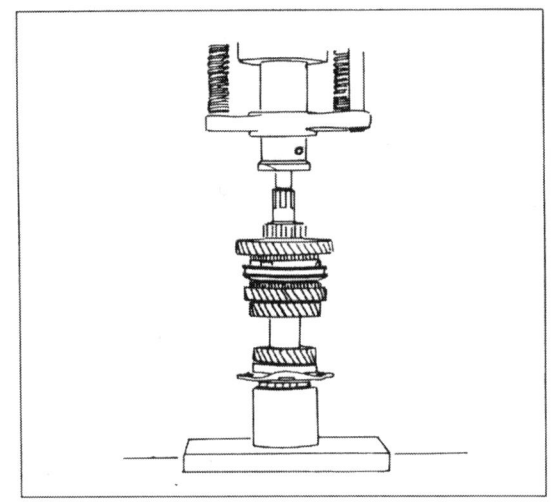

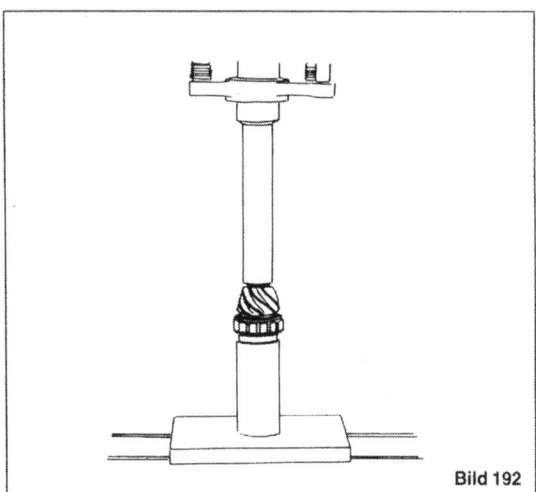

Bild 192

Bild 193
Einbaulage des Lagers

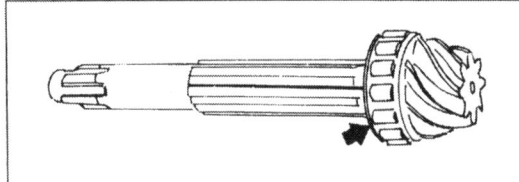

6.9 Triebwelle zerlegen und zusammenbauen

Bild 190 zeigt die Teile der Triebwelle.

6.9.1 Zerlegen

● Die Teile der Triebwelle mit dem Druckstempel VW 412 und der Führungshülse P 255 a von der Triebwelle pressen (Bild 191). Die Lage der Nadellager für den Wiedereinbau zeichnen.

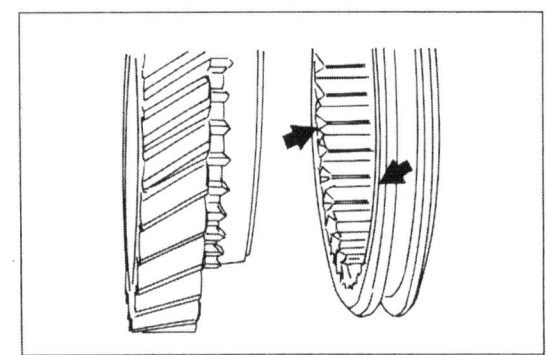

Bild 194
Einbaulage der Schaltmuffe

6.9.2 Zusammenbau

Alle Teile sind trocken zu montieren, damit kein Öl auf die Anlageflächen gelangen kann.
Die Triebwelle und das Tellerrad sind mit Paarungsnummern gekennzeichnet. Beim Zusammenbau beachten, sie müssen auf jeden Fall identisch sein.
● Das Zylinderrollenlager aufpressen (Bild 192). Achtung: Das Lager ist so zu montieren, dass der Bund des Käfigs zum Radsatz weist (Bild 193).
● Die asymmetrische Anspitzung und Freidrehung der 1./2. Gang-Schaltmuffe muss zum 1. Gangrad weisen (Bild 194).
● Die Teile der Triebwelle zusammenstellen und aufstecken.
● Das Zylinderrollenlager aufpressen. Dazu Werkzeug VW 401/VW 412 und VW 244 b verwenden (Bild 195).

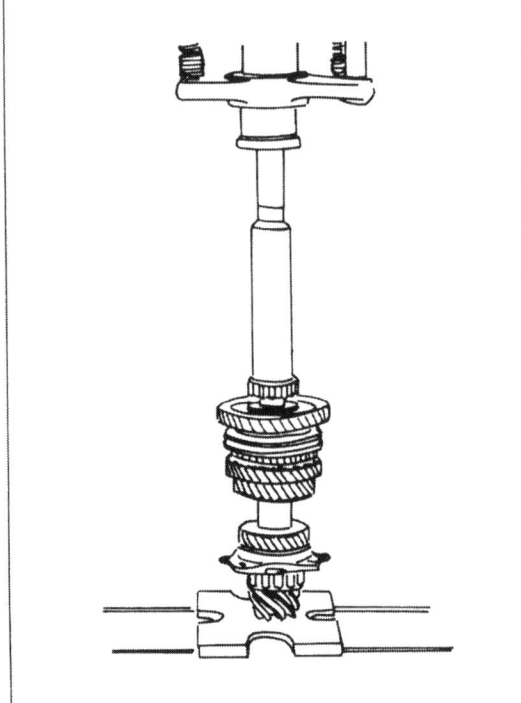

6.10 Synchronisierung zerlegen und zusammenbauen

6.10.1 Zerlegen

● Den Sicherungsring mittels kräftiger, passen-

Bild 195
Rollenlager aufpressen

der Seegerringzange abnehmen. Die Synchronteile mit den Sperrteilen herausnehmen (Bild 196).

6.10.2 Zusammenbau

● Die Sperrteile und die Synchronringe gemäss den Bildern 197 (Synchron 1. Gang), 198 (2. Gang) und 199 (3./4./5. Gang) in die Gangräder einsetzen.
Achtung: Die rauhe Oberfläche des Synchron-

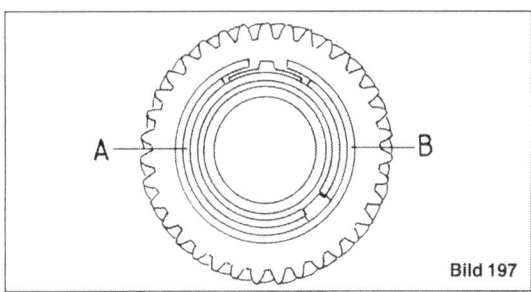
Bild 197

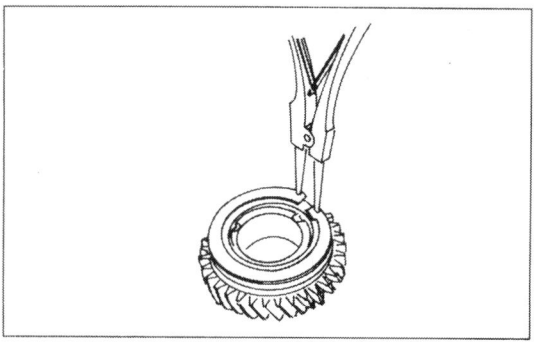

Bild 196
Sicherungsring abnehmen

◀ Bild 197
Synchronteile 1. Gang
A Asymmetrisches Doppelsperrband
B Synchronring mit Rille

Bild 198
Synchronteile 2. Gang
C Synchronring ohne Rille
D Symmetrisches Doppelsperrband

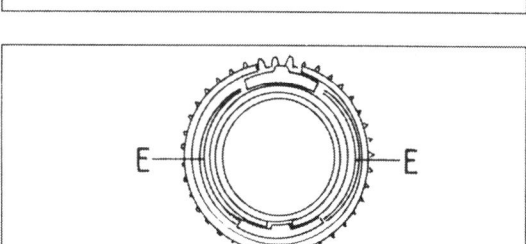

rings ist molybdängespritzt. Während des Schaltvorgangs werden die beiden Seiten des Synchronrings unterschiedlich beansprucht.
Der Synchronring sollte deshalb bei der Montage gedreht werden, dass die rauhe Seite zur Schaltmuffe weist.

● Sicherungsringe montieren. Die Ringe des 3./4./5. Ganges müssen so eingesetzt werden, dass die abgesetzte Seite zur Führungsmuffe weist (Bild 200).

6.10.3 Synchronisierung prüfen

Um eine einwandfreie Synchronisierung zu gewährleisten sind folgende Punkte zu beachten:

● Den eingebauten Synchronring mittels Mikrometer auf den Einbaudurchmesser prüfen (Bild 201). Folgende Durchmesser müssen vorhanden sein:

3./4./5. Gang   − 76,3 ± 0,18 mm
1./2. Gang   − 86,37 ± 0,17 mm

● Das Spiel zwischen Schaltgabeln und Schaltmuffen darf max. 0,5 mm betragen (Bild 202).

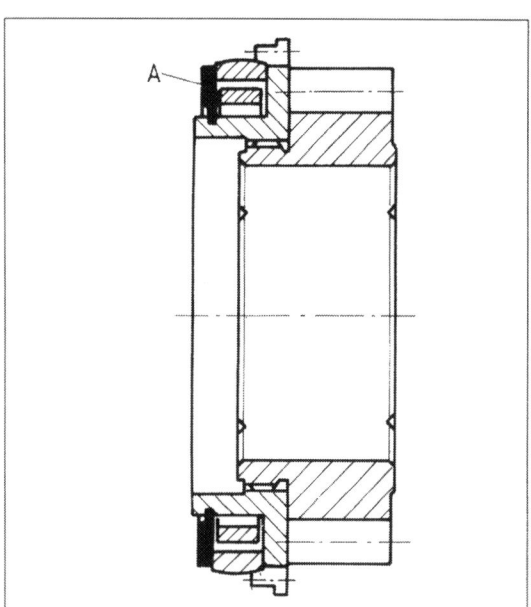

Bild 199
Synchronteile 3./4./5.-Gang
E Geteiltes Sperrband

Bild 200
Einbaulage Sicherungsring 3./4./5.-Gang

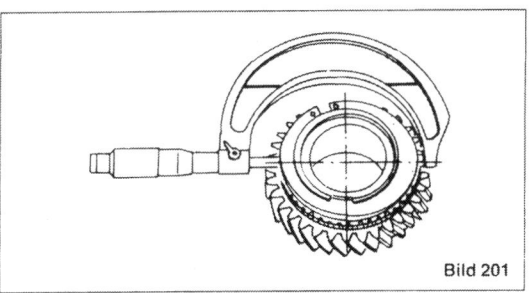
Bild 201

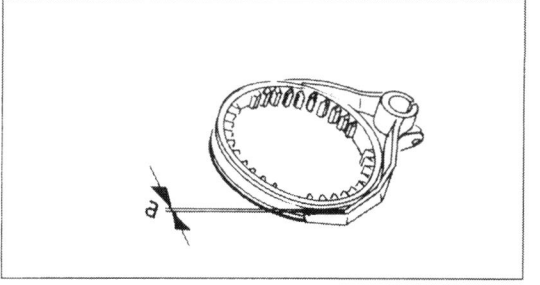

◀ Bild 201
Synchronring messen

Bild 202
Spiel Schalthebel

57

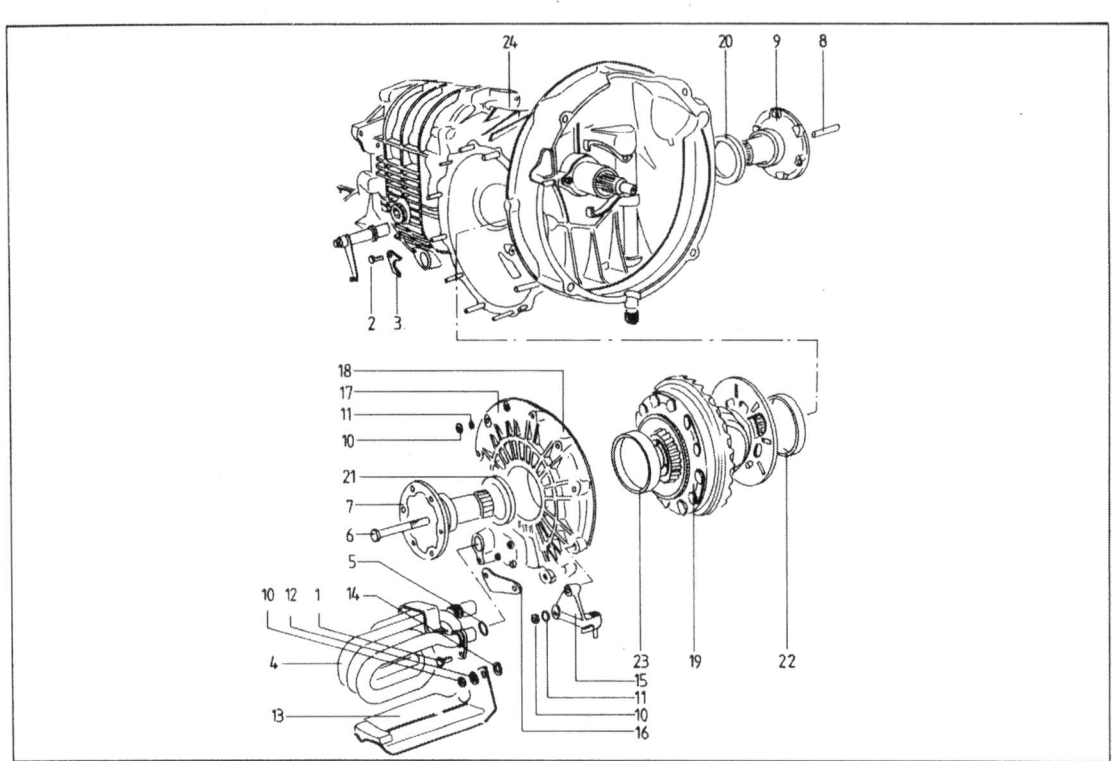

Bild 203
Ausgleichgetriebe
1 Schraube
2 Schraube
3 Halteblech
4 Kühlrohrschlange
5 Schraube
7 Gelenkflansch
8 Schraube
9 Gelenkflansch
10 Mutter
11 Federscheibe
12 U-Scheibe
13 Schutzblech
14 U-Scheibe
15 Lagerbock
16 Halter
17 seitlicher Getriebedeckel
18 O-Dichtring
19 Ausgleichgetriebe
20 Dichtring
21 Dichtring
22 Lageraussenring
23 Lageraussenring
24 Getriebegehäuse

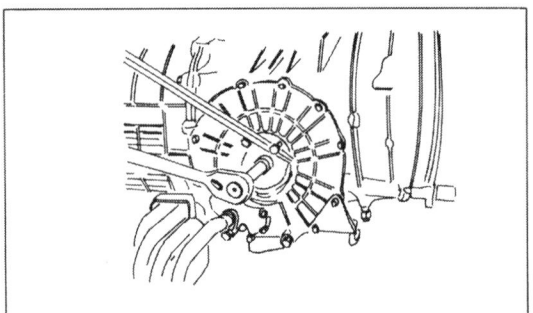

Bild 204
Gelenkflansch lösen

6.11 Ausgleichsgetriebe aus- und einbauen

Bild 203 zeigt die Einzelteile des Ausgleichsgetriebes.

6.11.1 Ausbau

● Die Befestigungsschraube des Glenkflansches herausschrauben (Bild 204).

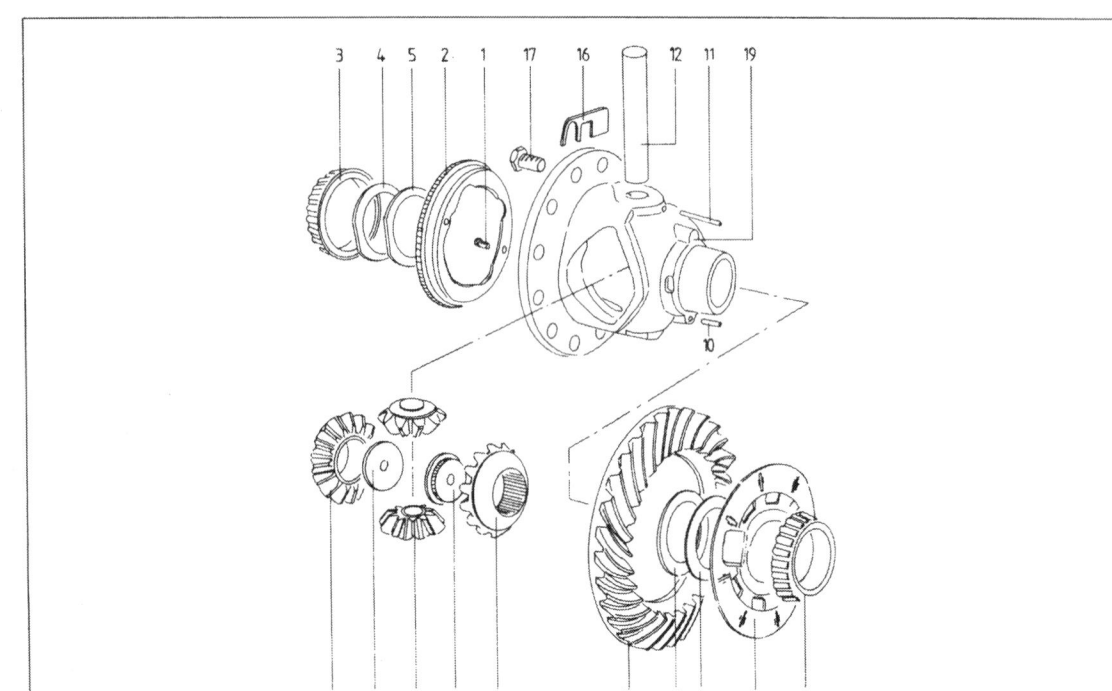

Bild 205
Ausgleichgetriebe
1 Zylinderschraube
2 Antriebsrad
3 Kegelrollenlager-Innenring
4 Einstellscheibe
5 Einstellring
6 Kegelrollenlager-Innenring
7 Magnetträgerscheibe
8 Einstellring
9 Einstellring
10 Spannhülse
11 Spiralstift
12 Bolzen
13 kleines Ausgleichkegelrad
14 grosses Ausgleichkegelrad
15 Gewindestück
16 Sicherungsblech
17 Schraube
18 Tellerrad
19 Gehäuse

- Den Flansch abnehmen.
- Die Ölkühlschlange demontieren.
- Den Seitendeckel abschrauben und abnehmen.
- Das Tellerrad mit dem Ausgleichgetriebe entnehmen.

6.11.2 Ausgleichgetriebe zerlegen (Bild 205)

- Die Kegelrollenlager mittels Abzieher abnehmen (Bild 206).
- Den Spiralstift (11) in Bild 205 austreiben.
- Die Achse der Ausgleichsgetriebe entnehmen.
- Die Ausgleichskegelräder drehen, bis sie entnommen werden können.
- Die Schrauben des Tellerrads entsichern und ausschrauben.
- Das Tellerrad vom Gehäuse abnehmen.

6.11.3 Zusammenbau

Der Zusammenbau erfolgt in umgekehrter Reihenfolge.

6.11.4 Sperrdifferential zerlegen (Bild 207)

- Die Innensechskantschrauben am Gehäusedeckel lösen und den Deckel abnehmen (Bild 208).
- Die Innenteile entnehmen und in der entsprechenden Reihenfolge ablegen.
- Alle Teile auf Verschleiss und Abnützung prüfen und falls erforderlich ersetzen.
- Gehäuse: Die Führungsnuten der Aussenlamellen und die Druckringe auf Verschleiss kontrollieren.
- Druckringe: Die Führungsnasen und die Anlaufflächen dürfen nur schwach eingelaufen sein. Sie dürfen keine Riefen aufweisen. Sie müssen sich im Gehäuse leicht verschieben lassen.
- Achskegelräder: Die Anlaufflächen für die Kegelräder dürfen nicht abgenutzt sein und die Innenlamellen müssen sich leicht auf der Verzahnung der Kegelräder bewegen lassen.
- Lamellen: Die Innen- und Aussenlamellen auf Verschleiss prüfen. Die Führungsnasen der Aussenlamellen sowie die Verzahnung der Innenlamellen dürfen nicht ausgeschlagen sein.

Alle Gleitflächen der Lamellen, der Druckringe und der Differentialachsen vor der Montage mit Hypoidöl-Getriebe-Öl SAE 90 einölen.
Die Anlaufscheiben so einlegen, dass die Haltenase in die Bohrung im Gehäuse bzw. im Deckel einrastet. Zur leichteren Montage wird empfohlen die Scheiben mit etwas Fett festzukleben.
Die übrigen Teile gemäss Bild 207 einsetzen.

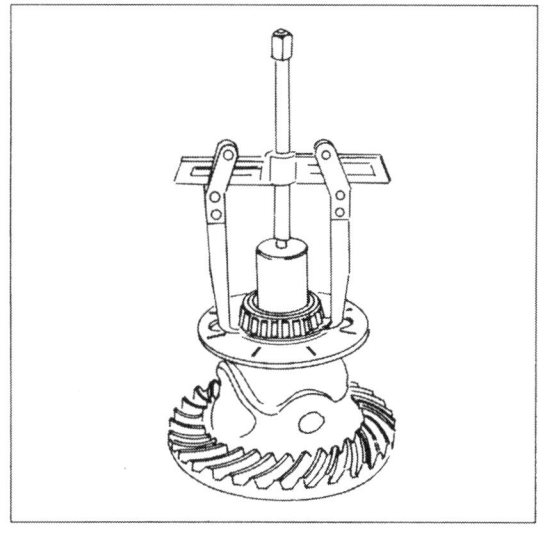

Bild 206
Kegelrollenlager abnehmen

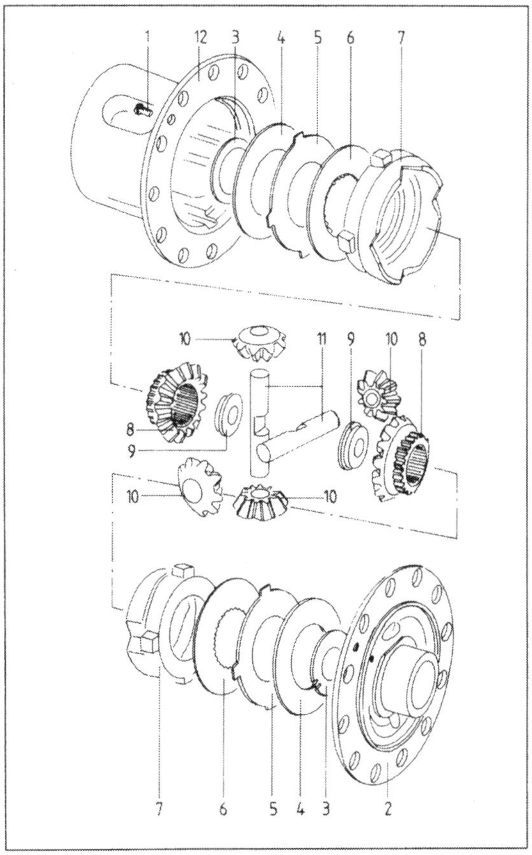

Bild 207
Sperrdifferential
1 Zylinderschraube
2 Gehäusedeckel
3 Anlaufscheibe
4 Tellerfeder
5 Aussenlamelle
6 Innenlamelle
7 Druckring
8 Achskegelrad
9 Gewindescheibe
10 Kegelritzel
11 Differentialachse
12 Differentialgehäuse

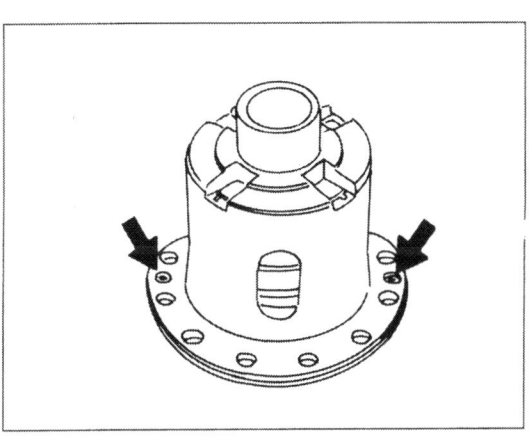

Bild 208
Befestigungsschrauben

Bild 209
Einbaulage der Tellerfedern
1 Tellerfeder
2 Aussenlamelle
3 Innenlamelle
4 Anlaufscheibe

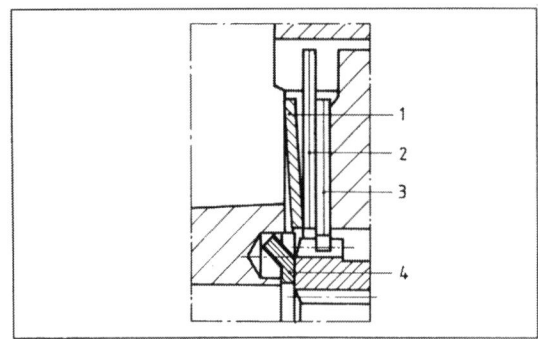

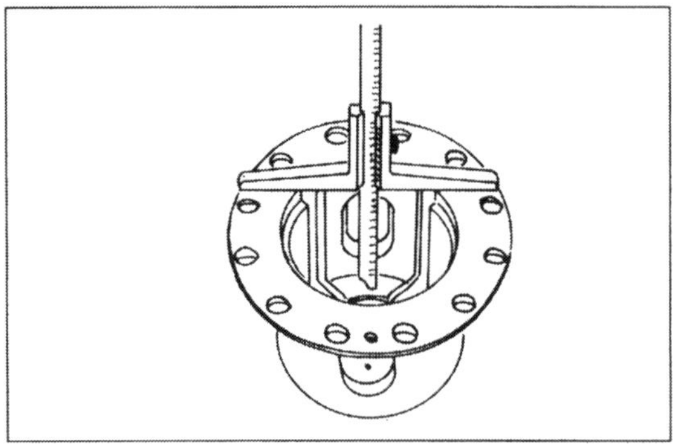

Bild 210
Gehäusetiefe messen

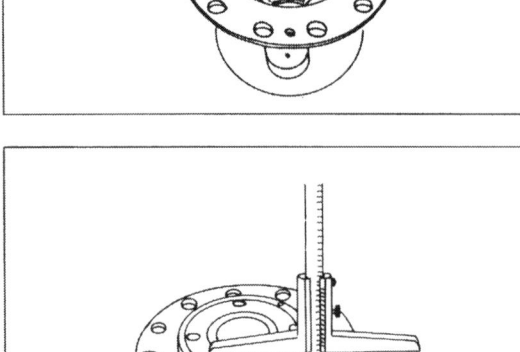

Bild 211
Deckel ausmessen

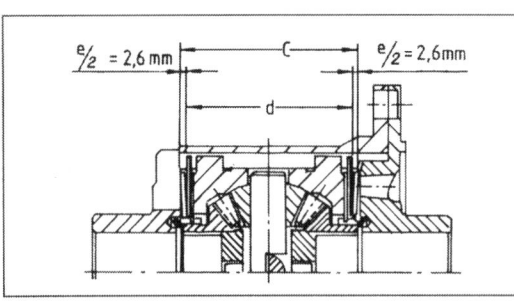

Bild 212
Mass e ermitteln

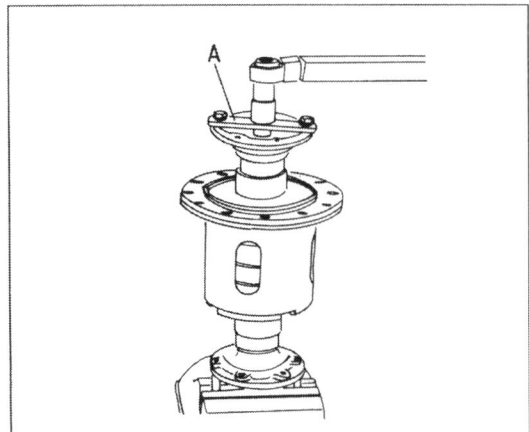

Bild 213
Durchdrehmoment ermitteln

Achtung: Die Tellerfedern müssen so eingebaut werden, dass die Wölbung nach innen zum Lamellenpaket weist (Bild 209).
Bei Verwendung neuer Lamellen, ist die Dicke des Paketes neu zu bestimmen.
● Die Gehäusetiefe (a) mittels Tiefenmass ermitteln.
Beispiel: a — 95,5 mm (Bild 210).
● Das Mass (b) am Deckel ermitteln.
Beispiel: b = 13,8 mm (Bild 211).
● Die lichte Weite (c) des Gehäuse ermitteln.
c = a − b
Beispiel
a = 95,5 mm
b = 13,8 mm
c = 81,7 mm

● Die Dicke des Lamellenpakets (Mass d) ermitteln (mit Aussenlamellen 2,0 mm dick, ohne Tellerfedern). Dazu das Paket auf eine geschliffene Platte legen und mit dem Tiefenmass die Pakethöhe messen.
Beispiel: d — 76,50 mm.
● Die Pakethöhe (d) muss 5,2 mm geringer sein als die Gehäusetiefe.
Beispiel:
c = 81,7 mm
d = 76,5 mm
e = 5,2 mm

Die Pakethöhe ist mit dünneren oder dickern Scheiben soweit anzupassen, bis die Differenz (e) von 5,20 mm vorhanden ist (Bild 212).
Es stehen Aussenlamellen von 1,9, 2,0 und 2,1 mm zur Verfügung.
● Nach dem Zusammenbau das Durchdrehmoment bei einem festgehaltenen und einem angetriebenen Achskegel messen. Dazu einen Flansch mit zwei Schrauben in den Schraubstock spannen und das Sperrdifferential aufsetzen. Den zweiten Flansch mit einem Selbstbau-Verbindungsstück einsetzen. Mit dem Drehmomentschlüssel den Flansch oben durchdrehen. Der Drehmomentschlüssel muss ein Moment von 10 bis 35 Nm anzeigen (Bild 213).
Wird das vorgeschriebene Durchdrehmoment mit den dicksten Aussenlamellen nicht erreicht, sind die Innenlamellen verschlissen und müssen ersetzt werden.

6.12 Einstellung des Triebsatzes

Bei der Einstellung des Triebsatzes ist folgender Arbeitsablauf einzuhalten:
● Gesamtscheibendicke «Sges» (S1 und S2) für die vorschriftsmässige Vorspannung der Kegelrollenlager/Ausgleichgetriebe ermitteln.

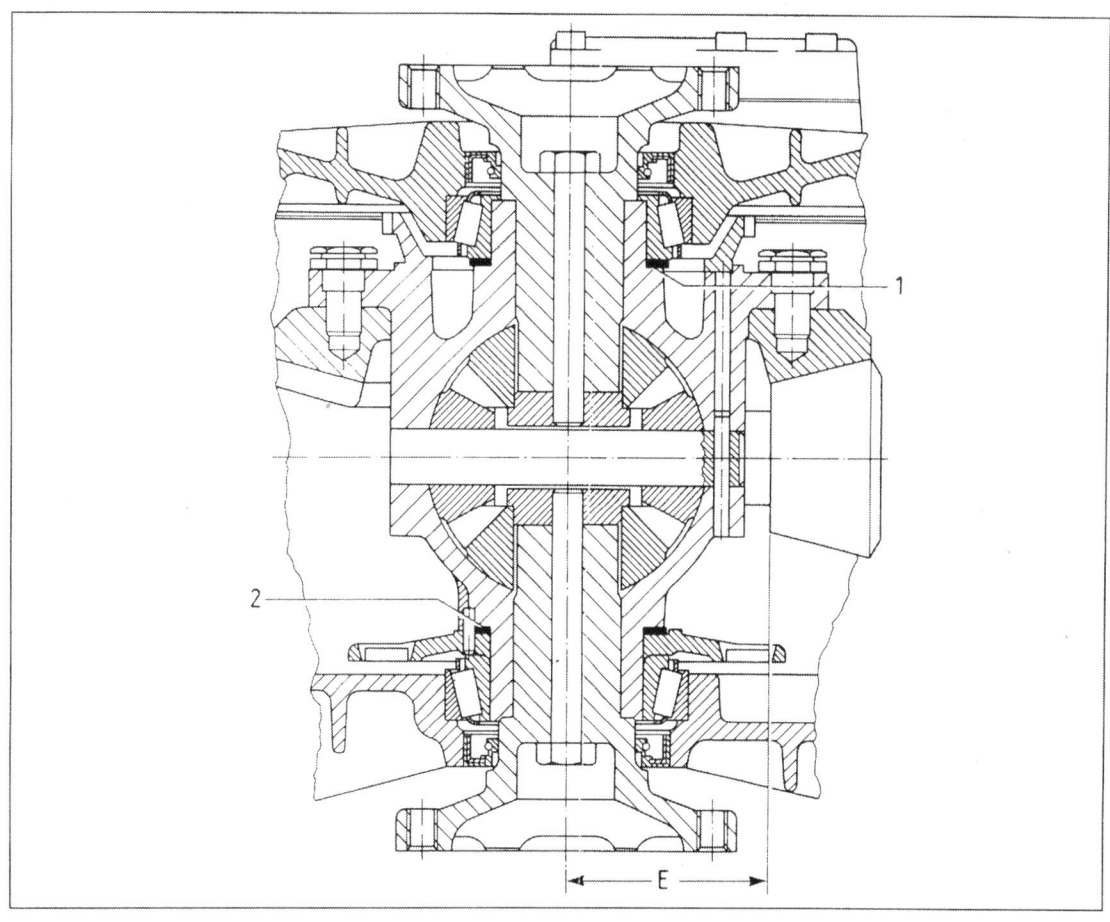

Bild 214
Schnitt durch Achsantrieb
1 Distanzring S1
2 Distanzring S2
E Einstellmass

- Scheibendicke «S3» ermitteln.
- Gesamtscheibendicke «Sges» in S1 und S2 aufteilen, dass zwischen Tellerrad und Triebwelle das vorgeschriebene Verdrehflankenspiel vorhanden ist (Bild 214).

Der Einstellvorgang soll die auf der Prüfmaschine ermittelten Werte im Einbauzustand reproduzieren.

Bei der Montage ist grösstmögliche Sauberkeit und Genauigkeit notwendig.

Eine Neueinstellung des Triebsatzes ist nur notwendig, wenn Teile des Triebsatzes (Radsatz, Lager, Gehäuse oder Ausgleichsgehäuse) ersetzt worden sind.

Einstellung

Im Werk wird auf der Prüfmaschine der Mass R_0 ermittelt und die Abweichung r auf der Stirnseite des Kegelrads eingraviert. Zur Unterscheidung von früheren Triebsätzen, bei denen das Abmass «r» + oder − sein konnte, ist bei diesem Triebwellensatz dem Wert «r» auf dem Kopf der Triebwelle ein grosses «N» vorgesetzt. Jedes Triebwellenpaar wird mit einer Paarungsnummer versehen und darf nur gemeinsam ausgewechselt werden (Bild 215).

Ab 1985 werden Triebsätze verbaut, bei denen nicht das Abmass «r» (N), sondern die Angabe E (z. B. E 66.48) eingraviert ist.

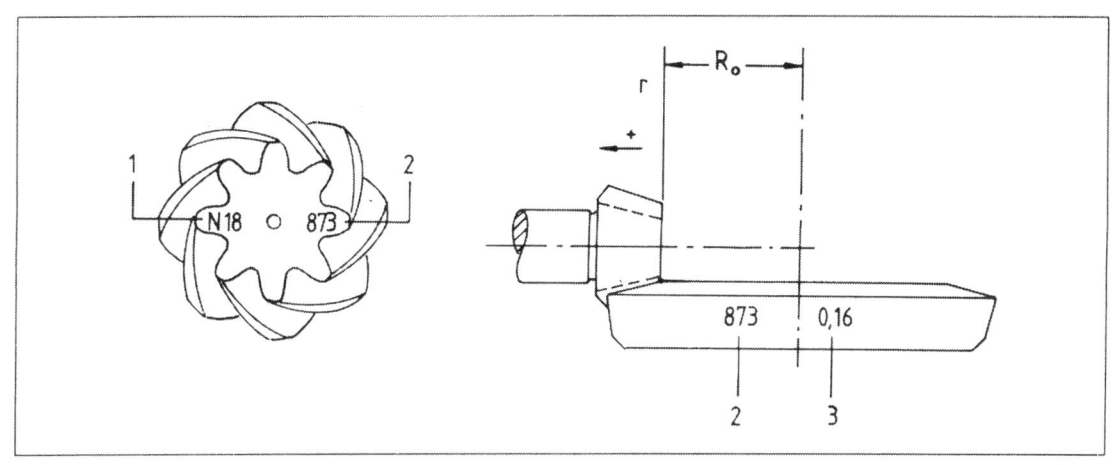

Bild 215
Kennzeichnung und Grundmasse des Triebsatzes
R_0 Konstruktionsmass (66.3 mm)
r Abmass von R_0 angegeben in 1/100 mm
1 Abmass r
2 Paarungsnummer
3 Flankenspiel

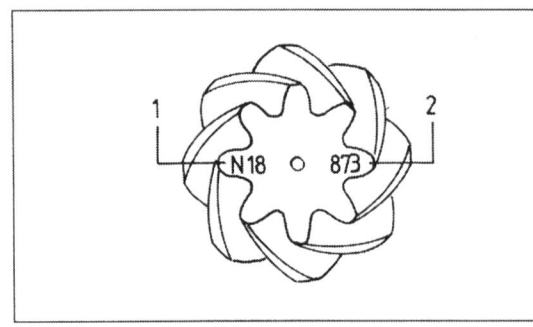

Bild 216
Neue Bezeichnungen
R_0 Konstruktionsmass (66,30 mm)
r Abmass r
1 Einstellmass (R_0 + r) z.B. 66.48 mm
2 Paarungsnummer
3 Flankenspiel z.B. 0,16 mm

Da dieser Wert E dem Einstellmass E(R_0 + r) entspricht, muss bei diesen Triebsätzen das Einstellmass nicht ermittelt werden (Bild 216).

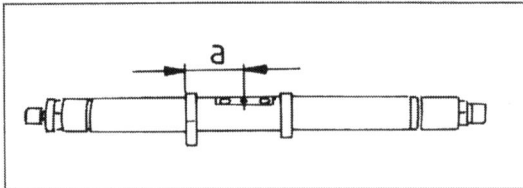

Bild 217
Werte auf Stirnseite
1 Abmass «r» in 1/100 mm
2 Paarungsnummer

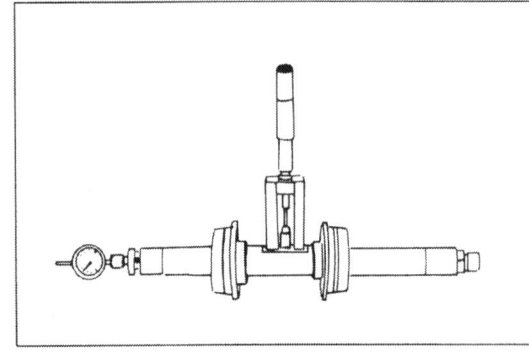

Bild 218
Mass a an Messdorn einstellen
a ca 52 mm

Bild 219
Universalmessdorn

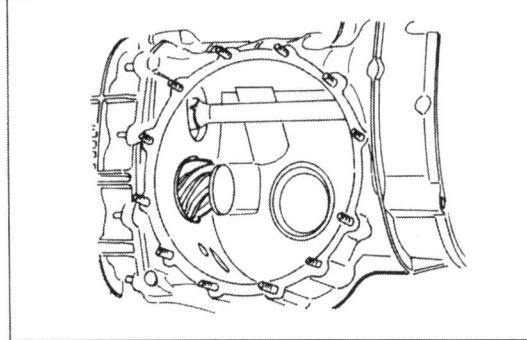

Bild 220
Endmassplatte auflegen

6.12.1 Triebwelle

Das Einstellmass E muss aus dem feststehenden Konstruktionsmass «R_0» 1 des Abmasses «r», das auf der Stirnseite des Triebwellen-Stirnseite steht, errechnet werden (Bild 217).
R_0 beträgt 66,3 mm.
Beispiel:
Auf der Triebwellen-Stirnseite steht das Abmass «r» N18

R_0	= Konstruktionsmass	66,30 mm
r	= Abmass	+ 0,18 mm
E	= Einstellmass	66,48 mm

Bei Triebsätzen mit der Angabe E entfällt diese Berechnung.
● Den Radsatz ohne Schaltgabeln und ohne Einstellscheiben montieren.
● Die Sechskantmuttern der Spannplatten mit 24 Nm anziehen.
Achtung: Die Bundmutter der Triebwelle muss unbedingt vor der Messung mit dem vorgeschriebenen Anzugsmoment festgezogen werden. Dazu das Rädergehäuse mit zwei Muttern befestigen. Das Los-Rad des 5. Gangs sowie die Führungsmuffe montieren. Antriebswelle mit Haltebügel P37a blockieren, den 5. Gang einlegen und die Bundmutter mit 250 Nm festziehen.
● Auf satten Sitz der Kegelrollenlager-Aussenringe achten.
● Den Stellring des Universalmessdorns VW 385/1 auf das Mass a einstellen (Bild 218). Das Mass a beträgt 52,0 mm.
● Die Zentrierscheiben VW 385/4 auf den Messdorn schieben, den Messstössel VW 385/14 mit Messuhrverlängerung VW 385/53 (14 mm) einschrauben. Den verstellbaren Stellring bis zum Anschlag zurückdrehen.
● Den Universal-Einstellmeister VW 385/30 auf das Einstellmass (z.B. 66,48 mm) einstellen und auf den Messdorn setzen. Die Messuhr (3 mm Messbereich) mit 1 mm Vorspann auf Null stellen (Bild 219).
● Nach der Einstellung der Messuhr den Einstellmeister abnehmen.

- Die Endmassplatte VW 385/17 auf den Trieblingskopf auflegen (Bild 220).
- Den Messdorn in das Getriebegehäuse einsetzen. Die Messuhrverlängerung muss im Bereich der Endmassplatte liegen (Bild 221).
- Den Seitendeckel des Getriebegehäuse ohne O-Ring aufsetzen und über Kreuz mit 4 Muttern befestigen.
- Die zweite Zentrierscheibe mit der Spindel soweit nach aussen ziehen, dass sich der Messdorn gerade noch drehen lässt.
- Den Messdorn sorgfältig drehen bis die Messuhrverlängerung senkrecht zur Stirnseite des Triebwellenkopfs steht. In diesem Moment erreicht der Zeiger der Messuhr seinen maximalen Ausschlag (Umkehrpunkt), bei dem die Messuhr abzulesen ist (Bild 222).

Ermittlung des Messwerts:
Der gemessene Wert weicht im Uhrzeigersinn von dem eingestellten Mass ab (der kleine Zeiger der Messuhr steht zwischen 1 und 2) d.h. bei Einstellung der Messuhr mit 1 mm Vorspannung ist der von 1.0 abweichende Wert als Scheibendicke S3 beizulegen.

Beispiel:
Steht der kleine Zeiger der Messuhr zwischen 1 und 2 und der grosse Zeiger zeigt 0,37 mm an, so ist (bei 1 mm Messuhrvorspannung) 0,37 mm als Scheibendicke beizulegen.
Wobei immer auf die nächsten 0,05 mm abgerundet werden soll (z.B. 0,37 auf 0,35).

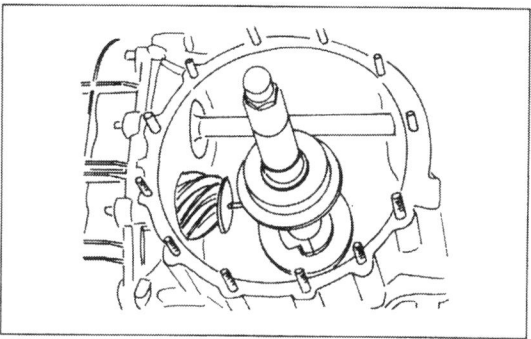

Bild 221
Messdorn einsetzen

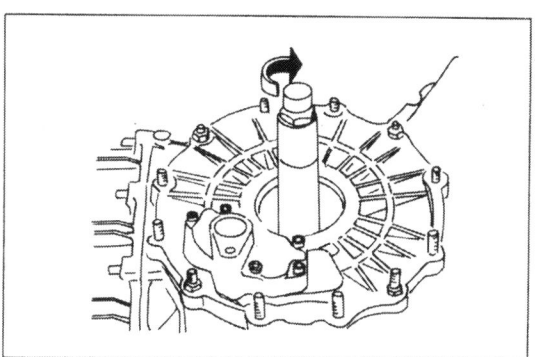

Bild 222
Messwert ermitteln

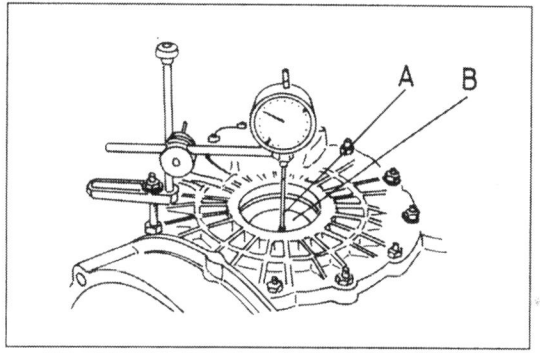

Bild 223
Messuhr anbauen

6.12.2 Tellerrad einstellen

Gesamtscheibendicke «Sges» (S1 + S2) ermitteln.
Zur Ermittlung der Vorspannung der Kegelrollenlager am Ausgleichsgetriebe muss die Triebwelle ausgebaut sein.
- Darauf achten, dass die Lageraussenringe der Kegelrollenlager im Getriebegehäuse bzw. Getriebedeckel gut aufsitzen.
- Auf dem Ausgleichsgetriebe beidseits einen 2,5 mm starken Distanzring zwischen Gehäuse und Lagerinnenring montieren.
- Das Ausgleichsgetriebe in das Gehäuse einsetzen und mehrfach durchdrehen.
- Den seitlichen Deckel ohne O-Ring einbauen und alle Muttern mit 24 Nm festschrauben.
- Die Endmassplatte VW 385/17 auf den Bund des Ausgleichsgetriebe legen.
- Den Universalmessuhrhalter VW 387 mit Messuhr und Verlängerung am Gehäuse befestigen und mit 2 mm Vorspannung auf Null stellen (Bild 223).
- Das Ausgleichsgetriebe auf- und abbewegen, Den Messwert ablesen und notieren.
Achtung: Beim Messvorgang das Getriebe nicht drehen, ansonsten das Messergebnis verfälscht wird.
- «Sges» (Beigelegte Scheibendicke + Messergebnis + Vorspannung der Kegelrollenlager) errechnen.

Beispiel:
Beigelegte Scheibendicke	5,00 mm
Messergebnis	0,75 mm
Vorspannung (fester Wert)	0,40 mm
Sges	6,15 mm

- Das Ausgleichsgetriebe wieder ausbauen.
- Beide Kegelrollenlager vom Ausgleichsgetriebe abziehen.
- Die ermittelte Scheibendicke «Sges» wie folgt verteilen: Als Ausgangspunkt für die spätere Einstellung des Flankenspiels wird der Distanzring S1 um 0,2 mm dünner gewählt.

Beispiel:
Gesamtscheibendicke der Distanzringe S1 + S2 = 6,15 mm
Dicke des Distanzrings S1

Achtung:
Den Seitendeckel von Hand aufsetzen, keine Gewalt anwenden, ansonsten die Endmassplatte herunterfällt. Den Deckel durch gleichmässiges Festziehen in seine Endlage bringen.

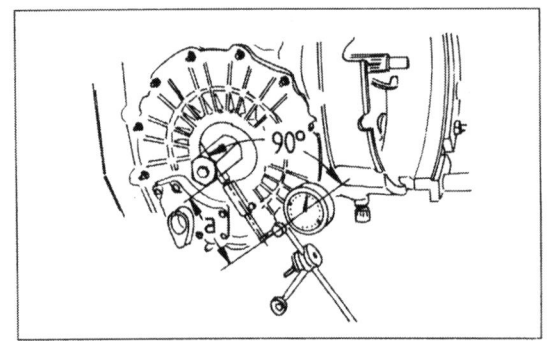

Bild 224
Messanordnung für Verdrehflankenspiel

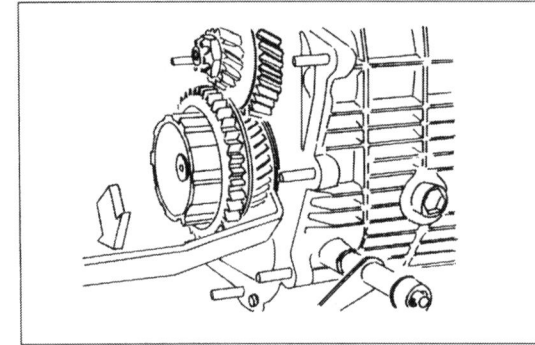

Bild 225 a
Selbstbauhaken

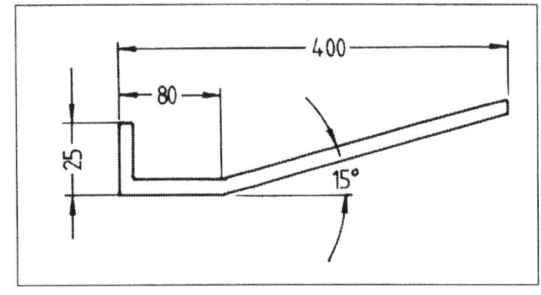

Bild 225 b
Selbstbauhaken

$$6{,}15\ mm : 2 = 3{,}075\ mm$$
$$-0{,}20$$
$$S1 = 2{,}875\ mm$$

Dicke des Distanzrings S2
$$6{,}15\ mm : 2 = 3{,}075\ mm$$
$$+0{,}20$$
$$3{,}275\ mm$$

Die Distanzringe stehen in Dicken von 1,6 bis 3,1 mm in einer Abstufung von 0,1 mm zur Verfügung. Eine Beilagscheibe von 0,25 mm Dicke erlaubt die Abstufung der Ringdicke in Abständen von 0,05 mm.

Die errechneten Ringdicken sind so auf einlegbare Masse abzurunden, dass die Gesamtscheibendicke S1 und S2 nicht verändert wird.
Beispiel:
Errechnete Ringdicken
S1 + S2 = 2,875 + 3,275 = 6,15 mm
Abgerundete Ringdicken
S1 + S2 = 2,85 + 3,30 = 6,15 mm
Die Einstellscheiben an mehreren Stellen mit dem Mikrometer nachmessen. Zulässige Massabweichungen 0,02 mm. Die Scheiben ausserdem auf Grate und Beschädigungen prüfen.

6.12.3 Verdrehflankenspiel einstellen

Das einzustellende Flankenspiel ist am Tellerrand eingraviert.
● Den Radsatz unter Verwendung der bei der Triebwelleneinstellung ermittelten Einstellscheiben S3 montieren.
Achtung: Die Bundmutter der Triebwelle muss vor der Messung unbedingt mit 250 Nm festgezogen werden.
● Das Ausgleichsgetriebe mit Kegelrollenlager und den ermittelten Distanzringen S1 und S2 ins Gehäuse einsetzen.
● Den seitlichen Getriebedeckel aufsetzen (ohne O-Ring) und alle Muttern mit 23 Nm festziehen.
Achtung: Beim Anziehen muss darauf geachtet werden, dass immer ein Verdrehflankenspiel vorhanden ist. Der Radsatz darf keinesfalls zum Klemmen kommen.
● Den Messhebel VW 388 mit der Einstellvorrichtung VW 521/4 verschrauben und die Hebellänge mit dem Messstössel 9196 über der grossen Sechskantfläche 94 mm bis Oberkante Kugel einstellen.
● Einstellvorrichtung mit Klemmbuchse (Sonderwerkzeug 9145) in das Ausgleichsgetriebe einsetzen und festklemmen.
● Das Ausgleichsgetriebe in beide Richtungen mehrmals durchdrehen, damit sich die Kegelrollenlager setzen.
● Den Universal-Messuhrhalter mit planer Verlängerung so montieren, dass ein rechter Winkel zwischen Messuhrachse und Hebel entsteht (Bild 224).
● Das Tellerrad vorsichtig am Sechskant bis zum Anschlag verdrehen und die Messuhr auf Null stellen. Dann das Tellerrad bis zum Anschlag zurückdrehen und das Verdrehflankenspiel ablesen. Den Wert notieren.
Achtung: Bei der Messung muss unbedingt die Triebwelle festgehalten werden. Dazu einen Selbstbauhaken zwischen Getriebegehäuse und Losrad 5. Gang klemmen (Bild 225).
● Das Tellerrad um 90° weiterdrehen und die Messung wiederholen.
● Alle 90° die Messung wiederholen. Die Werte dürfen um nicht mehr als 0,05 mm untereinander abweichen.
Das eingravierte Flankenspiel kann bis 0,05 mm unterschritten werden. Ein grösseres Flankenspiel ist nicht zulässig.

7 Getriebe 950

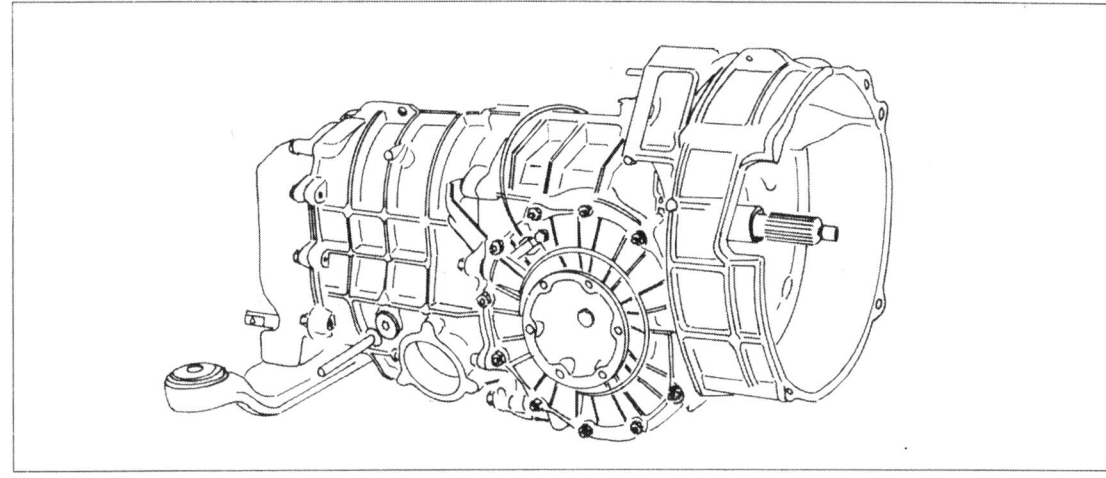

Bild 226
Getriebe 950

Das Getriebe 950 (Bild 226) wurde gegenüber dem Typ 915 geändert, in dem die Getriebeölkühlung entfällt, die internen Schaltungsteile und die Synchronisierungen modifiziert wurden.
Dieses Getriebe wird ab Jahrgang 1986 verwendet.
Der Grundaufbau des Getriebes wurde beibehalten.
Die Einstellung des Triebsatzes blieb identisch. Lediglich die Messbasis zur Messung des Verdrehflankenspiels wurde von 94 mm auf 80 mm geändert.
Der nachfolgende Beschrieb beschränkt sich deshalb auf das Zerlegen und Montieren des Räderkastens.

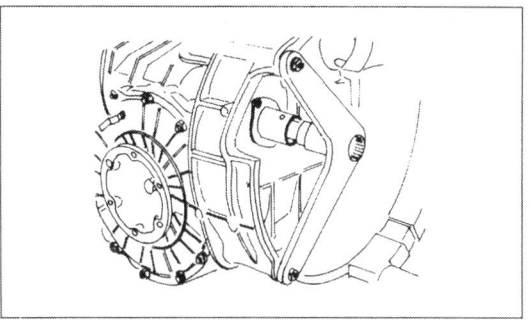

Bild 227
Antriebswelle blockieren

7.1 Aus- und Einbau des Räderkastens

7.1.1 Ausbau

Bild 228
Bundmuttern

Aus Gründen der Montageerleichterung wird nicht der komplette Radsatz ausgebaut, sondern die Triebwelle im eingebauten Zustand teilzerlegt.
● Die Antriebswelle mit dem Werkzeug 9253 blockieren und den 5. Gang einlegen (Bild 227).
● Das Getriebeöl ablassen.
● Den hinteren Gehäusedeckel abschrauben.
● Die Bundmutter der Trieb- und Antriebswelle abschrauben (Bild 228).
● Den Lagerinnenring für das Antriebswellen-Zy-

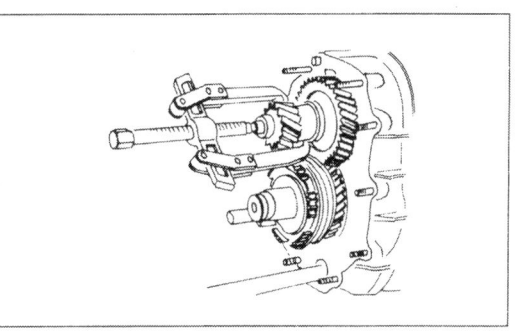

Bild 229
Rückwärtsgangrad abziehen

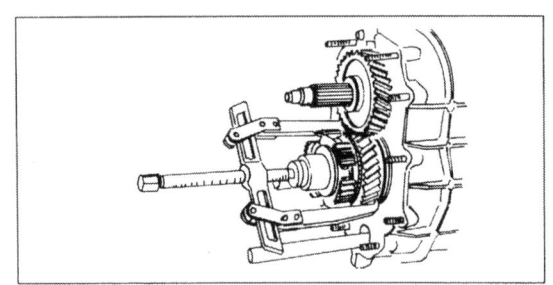

Bild 230
Gangrad 5. Gang abziehen

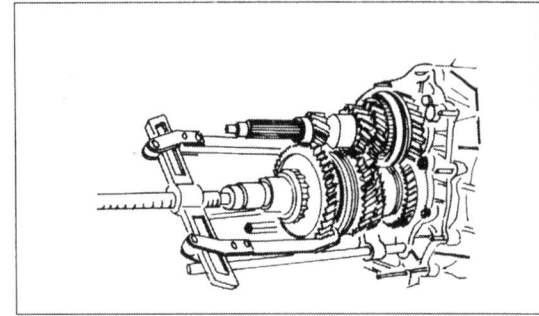

Bild 231
Triebwelle zerlegen

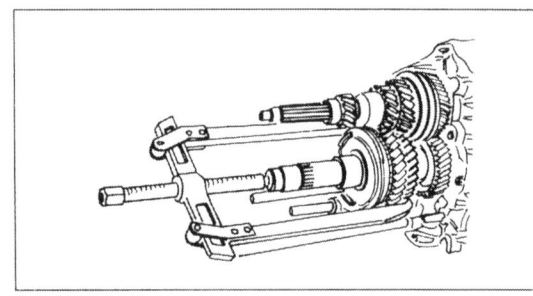

Bild 232
Triebwelle zerlegen

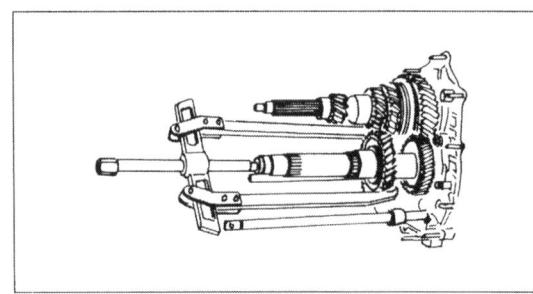

Bild 233
Triebwelle zerlegen

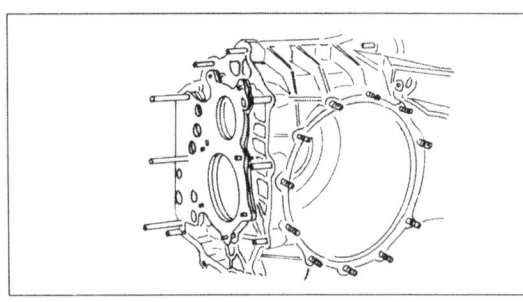

Bild 234
Gehäuse

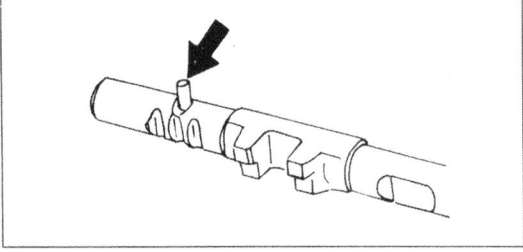

Bild 235
Sperrstift einsetzen

linderrollenlager abziehen (Bild 229).
● Die Buchse des Rückwärtsgang-Nadellagers mit geeignetem Abzieher abziehen. Dazu wenn erforderlich die Klauen des Abziehers nacharbeiten, oder mittels zweier Montierhebel das Gangrad des 5. Gangs einige Millimeter nach vorne drücken (Bild 230).
● Das 5. Gangrad von der Antriebswelle abnehmen.
● Das Gehäuse des Räderkasten abschrauben und abnehmen.
● Die Triebwelle mittels geeignetem Abzieher zerlegen (Bilder 231, 232 und 233).
● Die Schaltgabeln laufend abnehmen.
● Die Spannplatte demontieren.
● Die Distanzscheiben zur Triebsatzeinstellung (S 3) abnehmen und deren Stärken notieren.
● Beide Getriebewellen entnehmen.

7.1.2 Zusammenbau

● Die beim Zerlegen notierte Anzahl Einstellscheiben S3, oder die bei der Einstellung der Triebwelle ermittelten Einstellscheiben auf den Stiftschrauben des Gehäuses plazieren (Bild 234).
● Den kleinen Sperrstift mit etwas Fett in die Schaltstange des 5./R-Gangs einsetzen. Die Schaltstange in die Spannplatte montieren (Bild 235).
● Bild 236 zeigt die Einbaulage der Sperrstücke der Schaltwellen.
● Den vormontierten Radsatz mit der Innenschaltstange einbauen. Die Spannplatte mit 23 Nm festziehen (Bild 237).
● Die Triebwelle komplettieren. Siehe vorstehendes Kapitel.
● Die verstiftete Schaltgabel/Schaltstange gemeinsam mit kompletter Führungsmuffe einbauen (Bild 238). Dazu muss die federbelastete Rastierbuchse mit einem ca. 50 mm langen Führungsbolzen von 16 mm Durchmesser (Selbstbau) in Einbaulage gebracht werden (Bild 239). Bei eingebautem Ausgleichs-Getriebe kann auch eine Blattlehre von 0,20 bis 0,25 mm verwendet werden.
● Das Rädergehäuse montieren.
● Die 5 Gang-Räder montieren.
● Die Schaltmuffe des 5. Gangs zusammen mit der Schaltgabel aufstecken (Bild 240).
● Das Rückwärtsgangrad montieren.
● Die beiden Bundmuttern aufdrehen und festziehen.
● Die Bundmuttern sichern (Bild 241).
● Die Schaltgabel des 5. und R-Gangs einstellen. Dabei ist die Schaltmuffe so zu stellen, dass sie genau mittig steht (Bild 242).
● Den Getriebedeckel aufsetzen und festziehen.

7.2 Dichtring der Antriebswelle ersetzen

7.2.1 Ausbau

- Das Führungsrohr des Ausrücklagers der Kupplung ausbauen.
- Das Sonderwerkzeug 9251 satt in den Dichtring eindrehen (Bild 243).
- Durch Eindrehen der Sechskantschraube den Dichtring herausziehen.

Achtung: Ist bei der Demontage die Spiralfeder vom Dichtring gesprungen, diesen mit einem Drahthaken von der Antriebswelle nehmen.

7.2.2 Einbau

- Die Montagehülse 9255 auf die Verzahnung der Antriebswelle schieben (Bild 244).
- Den Dichtring auf der Dichtlippenseite mit Fett «Silubrin Grease S» von Klüber füllen.
- Den Dichtring mit dem Dorn 9356 bis zur Anlage eintreiben.

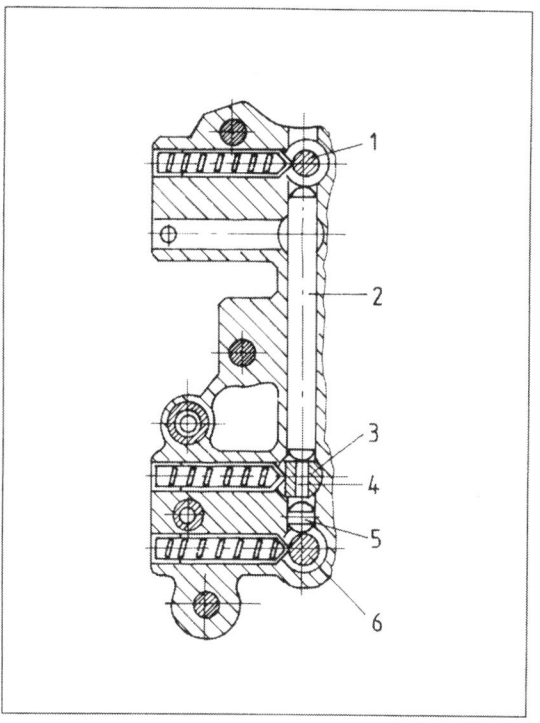

Bild 236
Lage der Sperrstücke
1 Schaltstange 3./4. Gang
2 Sperrstück
3 Schaltstange 5./R.-Gang
4 Sperrstift
5 Sperrstück
6 Schaltstange 1./2. Gang

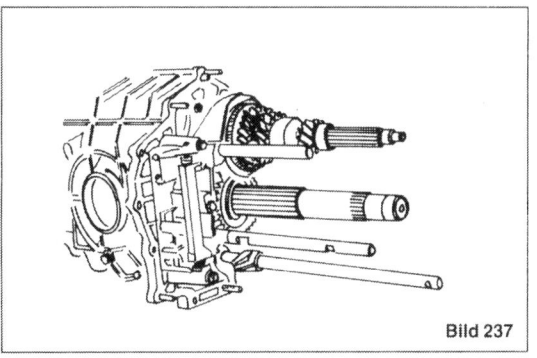

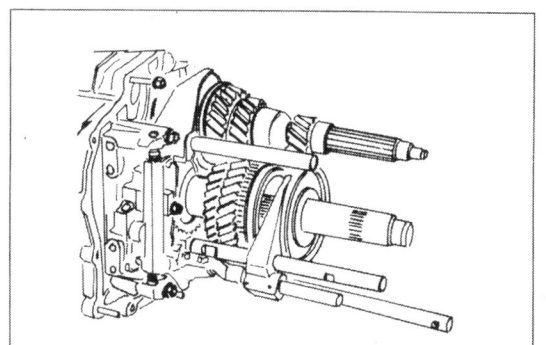

Bild 237
Radsatz mit Spannplatte montieren

Bild 238
Schaltgabel/Schaltstange einbauen

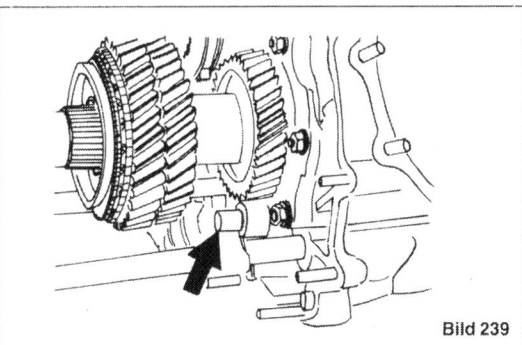

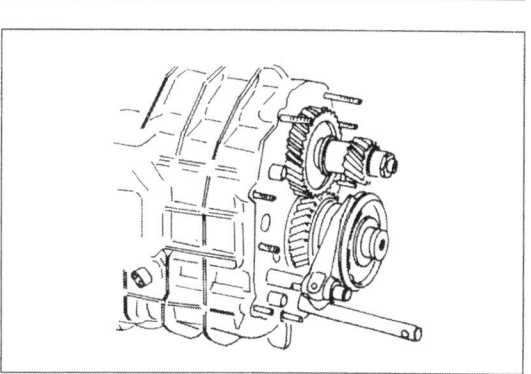

Bild 239
Rastrierbuchse einbauen

Bild 240
Schaltgabel 5. Gang einbauen

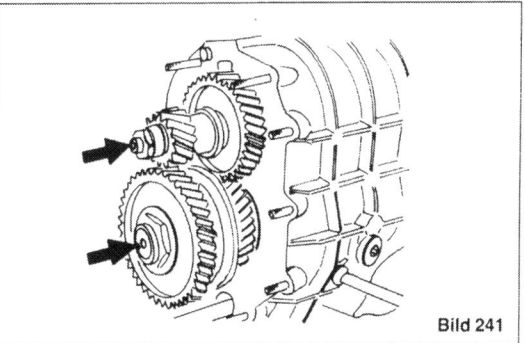

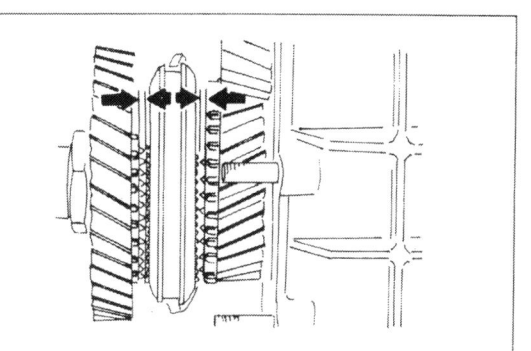

Bild 241
Bundmutter festziehen und sichern

Bild 242
Schaltgabel 5. Gang einstellen

Bild 243
Sonderwerkzeug eindrehen

Bild 244 ▶
Montagehülse aufschieben

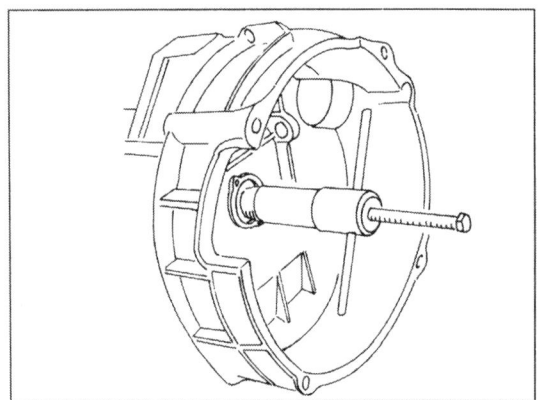
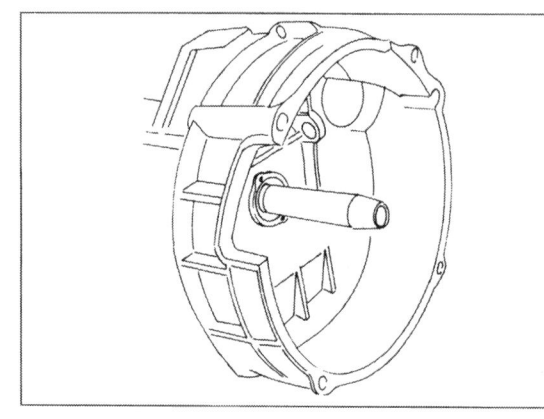

- Das Führungsrohr einbauen und mit 10 Nm festziehen.
- Das Führungsrohr mit MoS$_2$ Fett dünn bestreichen.
- Die Montagehülse entfernen.

7.3 Spannplatte zerlegen und zusammenbauen

Das Zerlegen ist aus dem Bild 245 ersichtlich. Folgende Punkte sind speziell zu beachten:

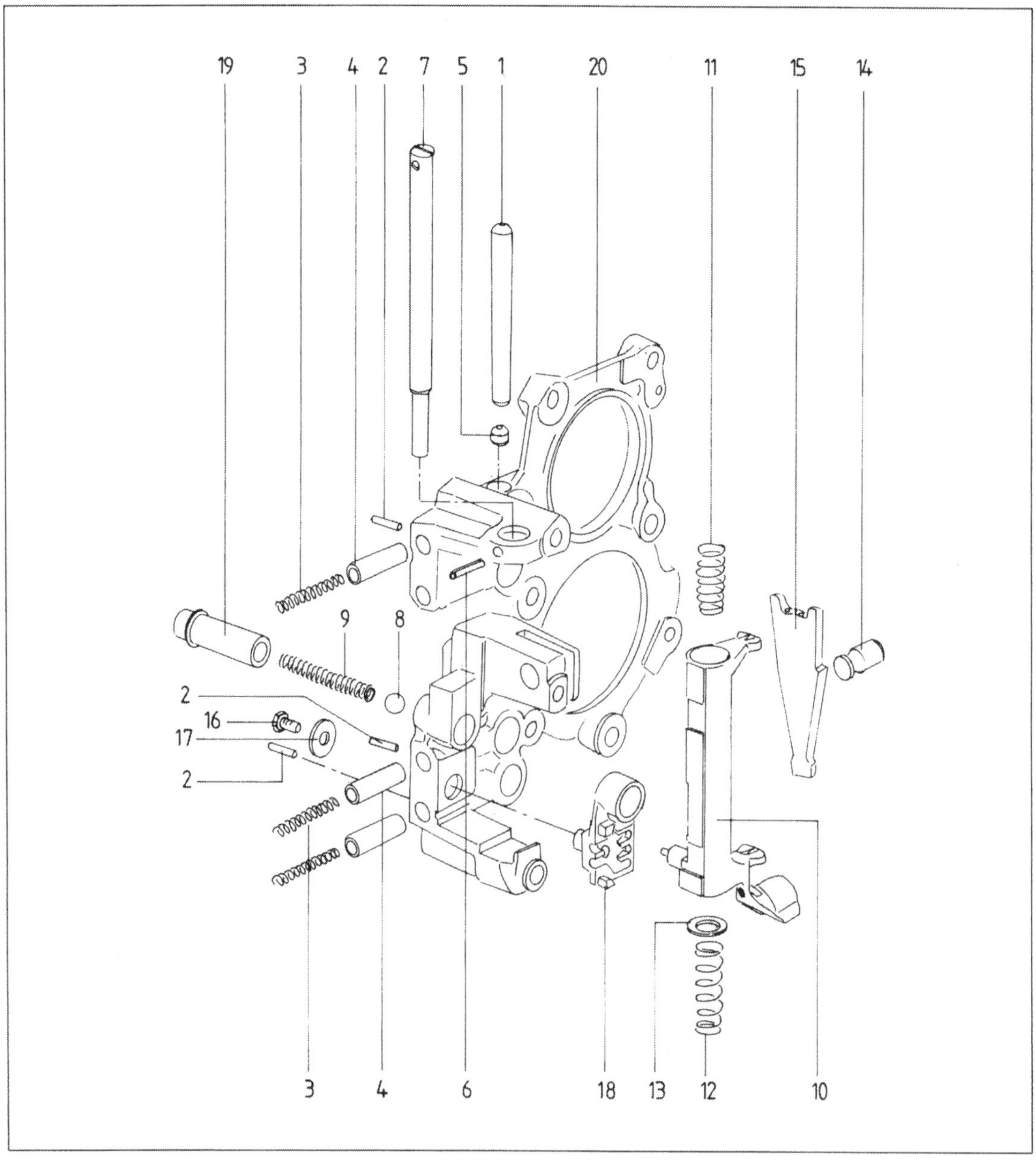

Bild 245
Teile der Spannplatte
1 Sperrstück
2 Zylinderstift
3 Druckfeder
4 Sperrbuchse
5 Sperrstück
6 Spannstift
7 Lagerwelle
8 Kugel
9 Druckfeder
10 Umlenkhebel
11 Druckfeder 1-32.8
12 Druckfeder 1-44.9
13 Passscheibe
14 Bolzen
15 Umlenkhebel
16 Schraube
17 U-Scheibe
18 Schaltkulisse
19 Passhülse mit Sprengring
20 Spannplatte

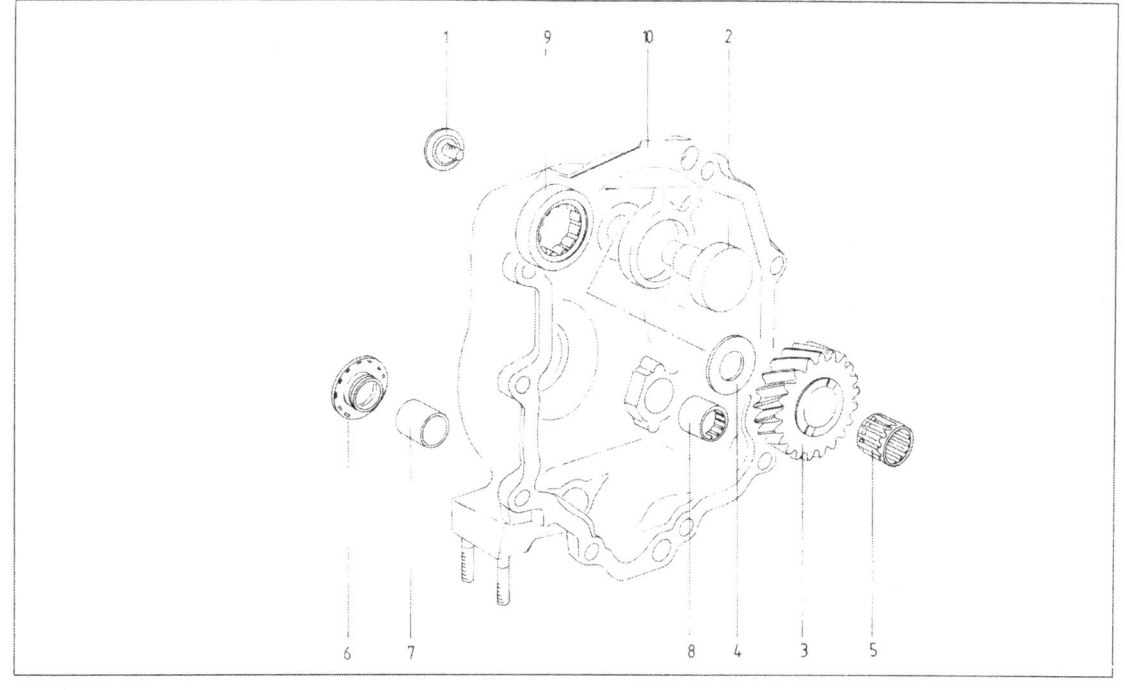

Bild 246
Teile des Getriebedeckels
1 Schraube
2 Bolzen
3 Rücklaufrad II
4 Anlaufscheibe
5 Nadelkranz
6 Wellendichtring
7 Kugelhülse (lang)
8 Kugelhülse (kurz)
9 Zylinderrollenlager
10 Getriebedeckel

● Bei eingebauter Schaltstange ist die Feder (3) gespannt.
● Die Druckfedern (11/12) sind für den Wiedereinbau zu zeichnen.
● Die Passhülse mit Sprengring (19) ist mit einem geeigneten Dorn auszupressen.
Beim Zusammenbau sind die folgenden Punkte zu beachten:
● Die Lagerwelle (7) lagerichtig einsetzen, und mittel 8 mm-Dorn zur Spannplattenbohrung zentrieren.
● Die Druckfeder (11) hat folgende Dimensionen L_u 32,8 + 0,5 mm; Drahtdicke 1,60 mm.
● Die Druckfeder (12) hat folgende Dimensionen L_u 44,9 + 0,5 mm; Drahtdicke 1,25 mm.
● Den Bolzen (14) lagerichtig einsetzen und mit Steckdorn zur Spannplattenbohrung fixieren.
● Die Sechskantschraube (16) mit 10 Nm festziehen.
● Die Passhülse mit entsprechendem Dorn bis zur Anlage einpressen.

7.4 Getriebedeckel zerlegen und zusammenbauen

Der Aufbau des Getriebedeckels ist aus Bild 246 ersichtlich.
Folgendes ist beim Zerlegen zu beachten:
● Den Wellendichtring (6) mit zwei Schraubenziehern herausheben.
● Die Kugelhülse (7) mit geeignetem Innenauszieher (Schrem 14–20) herausziehen.
● Die Kugelhülse mit dem Innenauszieher (Schrem 14–20) herausziehen.

● Das Zylinderrollenlager (8) mit dem Innenauszieher Kukko 21/4 herausziehen.

Zusammenbau:
● Die Sechskantschraube (1) mit 23 Nm festziehen – Den Bolzen (2) lagerichtig einsetzen.
● Die Wellendichtung (6) mit Silubrin Greas S von Klüber füllen. Die Dichtlippe muss zum Öl weisen.
● Die Kugelhülse (7) mit Werkzeug 9254 einpressen.
● Die Kugelhülse (8) mit dem Dorn 9254 einpressen.
● Das Zylinderrollenlager (9) mit dem Werkzeug VW 484 einpressen (Bild 247 a/b).
● Aus Bild 247 b ist die Lage der Hülsen ersichtlich.

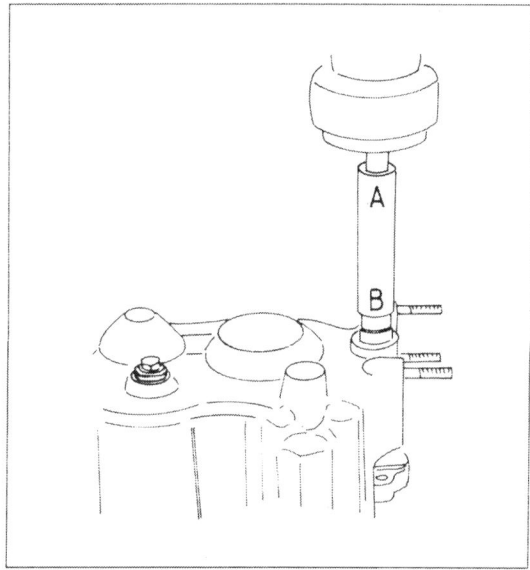

Bild 247a
Kugelhülsen einpressen
1 Kugelhülse offen
2 Kugelhülse
3 Deckel

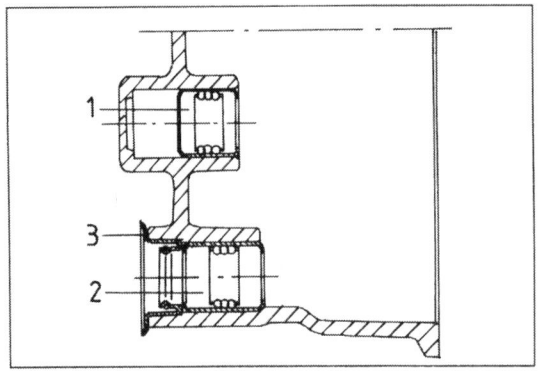

Bild 247b
Kugelhülsen einpressen
1 Kugelhülse offen
2 Kugelhülse
3 Deckel

7.5 Das Rädergehäuse zerlegen und zusammenbauen

Bild 248 zeigt die Teile des Räderkastens.

7.5.1 Zerlegen

● Den Sicherungsring (7) mit einem Schraubenzieher heraushebeln.
● Zum Ausbau des Zylinderrollenlagers (8) das Gehäuse auf 120° C erhitzen. Zum Ausbau die Werkzeuge P 245 und P 254 b verwenden.
● Den Sicherungsring (10) mit einem Schraubenzieher herausnehmen.
● Den Lagerring (11) mit den Werkzeugen P 254 und P 354 a von innen nach aussen herauspressen.
● Die Kugelhülsen (13) mit einem Dorn herauspressen.

7.5.2 Zusammenbau

● Die Verschlussschraube (1) mit 30 Nm festziehen.
● Den Dichtring (2) ersetzen.
● Den Bolzen (3) mit Loctite 640 einschrauben und mit 23 Nm festziehen.
● Das Ölleitrohr (5) lagerichtig einsetzen.
● Den O-Dichtring (6) ersetzen.
● Zum Einbau des Zylinderrollenlagers (8) das Gehäuse auf 120° C erhitzen und mit den Werkzeugen P 254 und P 254 b das Lager einpressen.
● Den Lageraussenring (11) mit dem Werkzeug P 254 und 254 a einpressen.
● Die Kugelhülsen (13) ersetzen und die neuen mit dem Dorn 9254 bündig einpressen.

7.6 Getriebegehäuse zerlegen und zusammenbauen

Bild 249 zeigt die Teile des Getriebegehäuses und die nachfolgenden Arbeiten werden anhand dieses Bildes ausgeführt.

7.6.1 Zerlegen

● Die Kugelhülse (14) mit dem Innenauszieher Schrem 14–20 herausziehen.
● Die Kugelhülse (15) mit dem Auszieher Schrem 14–20 demontieren.

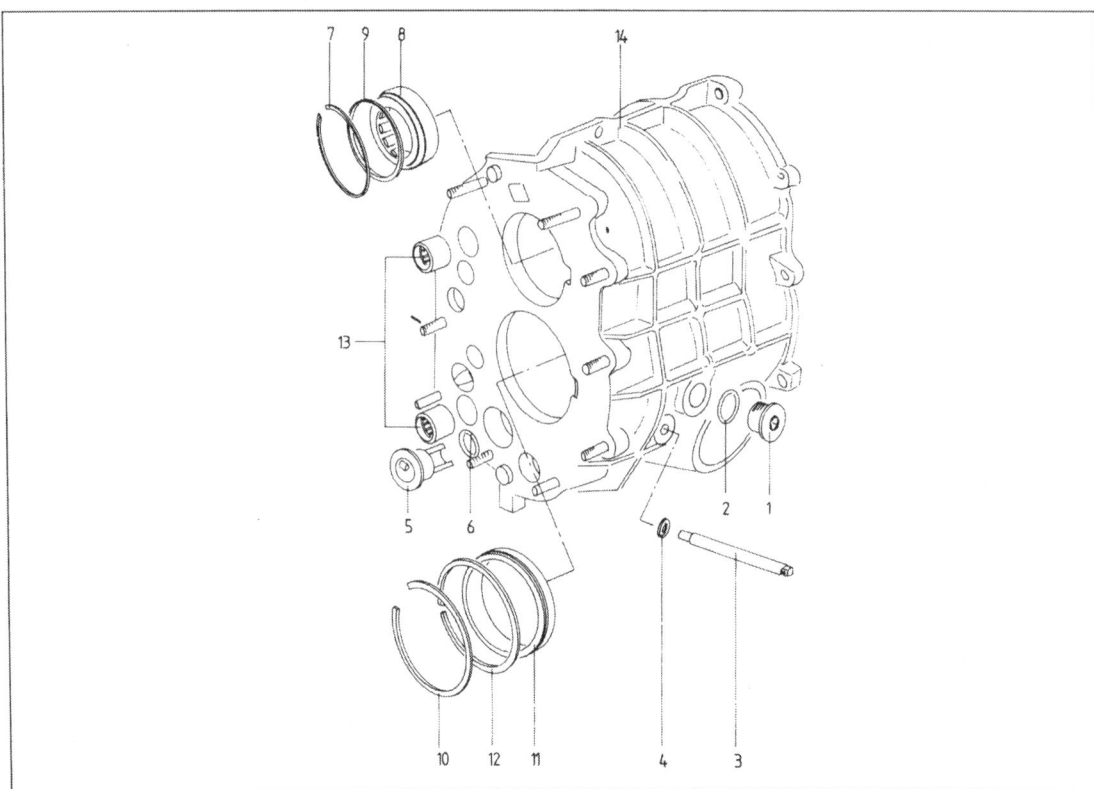

Bild 248
Teile der Räderkasten
1 Verschlusschraube
2 Dichtring
3 Bolzen
4 Scheibe
5 Ölleitrohr
6 O-Dichtring
7 Sicherungsring
8 Zylinderrollenlager
9 Sprengring
10 Sicherungsring
11 Lageraussenring
12 Sprengring
13 Kugelhülse
14 Rädergehäuse

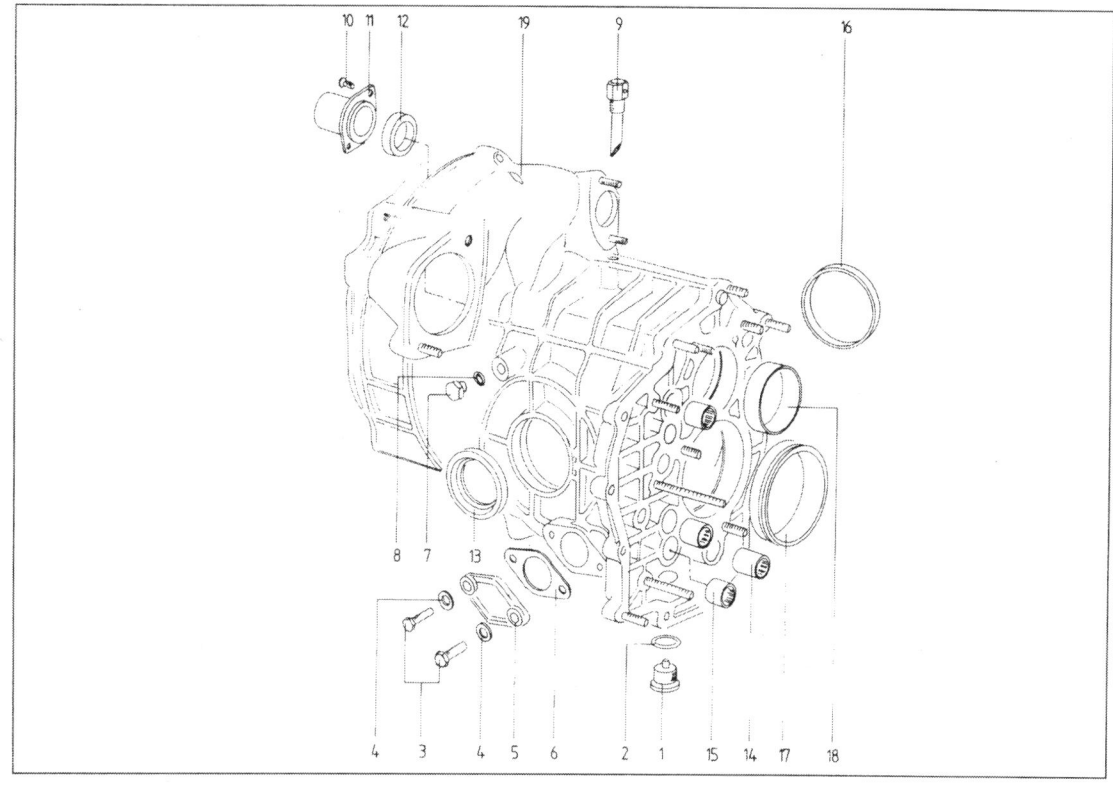

Bild 249
Teile des Getriebegehäuses
1 Verschlussschraube
2 Dichtring
3 Schraube
4 U-Scheibe
5 Flansch
6 Dichtung
8 Dichtring
9 Entlüfter
10 Linsenschraube
11 Führungsrohr
12 Wellendichtring
13 Wellendichtring
14 Kugelhülse
15 Kugelhülse
16 Lageraussenring
17 Lageraussenring
18 Lageraussenring
19 Getriebegehäuse

● Den Lageraussenring (16) mit einem Dorn austreiben. Dazu das Gehäuse auf 120° C erhitzen.
● Den Lageraussenring (17) mit einem Dorn auspressen. Das Gehäuse dazu auf 120° C erhitzen.
● Den Lageraussenring (18) mit dem Auszieher Schrem 50–60 herausziehen. Das Gehäuse auf 120° C erhitzen.

7.6.2 Zusammenbau

● Die Verschlussschraube (1) reinigen und mit 30 Nm festziehen.
● Den Dichtring (2) ersetzen.
● Die Sechskantschraube (3) mit 23 Nm festziehen.

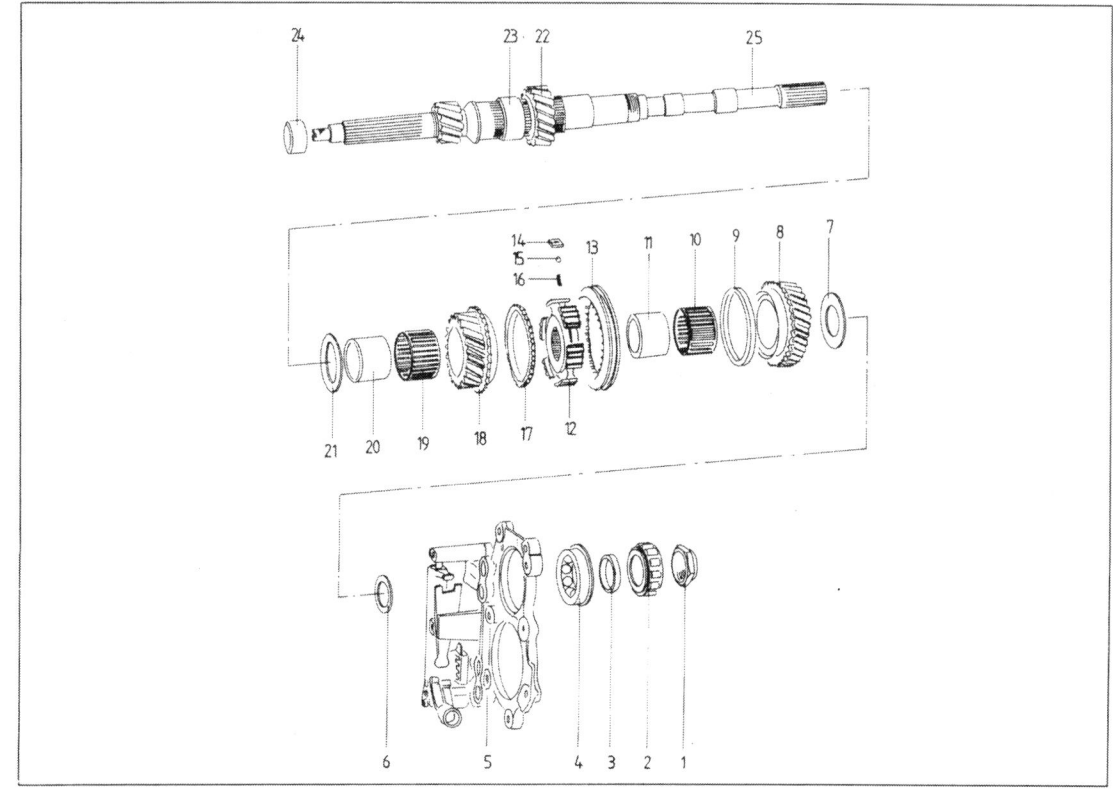

Bild 250
Teile des Wechselgetriebes
1 Bundmutter
2 Zylinderrollenlager
3 Lagerinnenring
4 Vierpunktlager
5 Spannplatte
6 Lagerinnenring
7 Anlaufscheibe
8 Losrad (4. Gang)
9 Synchronring
10 Nadelkranz
11 Innenring
12 Führungsmuffe
13 Schaltmuffe
14 Mitnehmersteine
15 Kugel
16 Feder
17 Synchronring
18 Losrad (3. Gang)
19 Nadelkranz
20 Innenring
21 Anlaufscheibe (1,85 mm dick)
22 Festrad (2. Gang)
23 Distanzbuchse
24 Zylinderrollenlager-Innenring
25 Antriebswelle

● Die Dichtung (6) ersetzen.
● Die Verschlussschraube (7) mit 23 Nm festziehen.
● Den Dichtring (8) ersetzen.
● Den Entlüfter (9) mit 35 Nm anziehen und dabei die Einbaulage – Entlüfterloch in Fahrtrichtung weisend – einhalten.
● Die Befestigungsschrauben (10) mit 10 Nm anziehen.
● Den Wellendichtring (12) erst nach Montage des Radsatzes einbauen.
● Den Dichtring (13) mit dem Werkzeug 9252 bis zur Anlage eintreiben. Den Dichtring bei der Lippe mit Fett Silubrin Grease S von Klüber füllen. Die Lippe muss zum Öl weisen.
● Die Kugelhülse (14) mit dem Werkzeug 9254 bündig einpressen.
● Die Kugelhülse (15) mit dem Werkzeug 9254 bündig einpressen.
● Den Lageraussenring (16) bei 120° C Gehäusetemperatur einpressen.
● Den Lageraussenring (17) bei 120° C Gehäusetemperatur mit dem Druckstück VW 204b bis zur Anlage einpressen.
● Den Lageraussenring (18) bei 120° C Gehäusetemperatur mit dem Werkzeug P 254 und 254 b bis zur Anlage einpressen.

7.7 Antriebswelle zerlegen und zusammenbauen

Bild 250 zeigt die Teile des Wechselgetriebes.

7.7.1 Zerlegen

● Die Bundmutter (1) mit den Werkzeugen 9177 und 9105 lösen (Bild 251).
● Das Zylinderrollenlager mit der Trennvorrichtung Kukko 17–1 abpressen (Bild 252).
● Den Lagerinnenring (3) mit der Trennvorrichtung Kukko 17–1 abpressen (Bild 253).
● Den Lagerinnenring (6) mit der Trennvorrichtung Kukko 17–1 abpressen.
● Den Synchronring (9) für den Wiedereinbau zeichnen.
● Den Nadelkranz (10) für den Wiedereinbau zeichnen.
● Die Führungsmuffe (12) zusammen mit der Schaltmuffe abnehmen.
Achtung: Die federbelasteten Synchronteile können herausspringen.
● Den Synchronring (17) für den Wiedereinbau zeichnen.
● Den Nadelkranz (19) für den Wiedereinbau zeichnen.
● Den Innenring (24) mit der Trennvorrichtung Kukko 17–1 abpressen.

7.7.2 Zusammenbau

● Die Bundmutter (1) mit den Werkzeugen 9177 und 9105 auf 250 Nm festziehen. Die Bundmutter sichern.
● Das Zylinderrollenlager (2) auf 120° C erhitzen und aufpressen.
● Den Lagerinnenring (3) auf 120° C erhitzen und aufpressen.
● Spannplatte (5): langes Sperrstück einsetzen, verstiftete Schaltstange/Schaltgabel 3./4. Gang in die Schaltmuffe schieben und die Spannplatte montieren. Die Lage der Sperrstücke beachten (siehe Bild 236).
● Den Lagerinnenring (6) auf 120° C erhitzen und aufpressen.

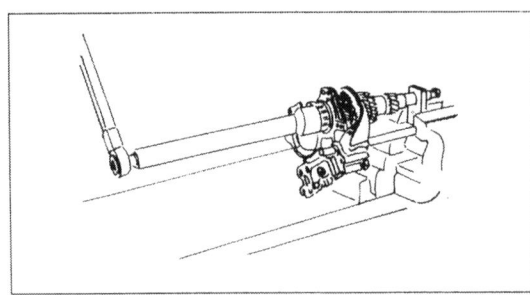

Bild 251
Bundmutter lösen

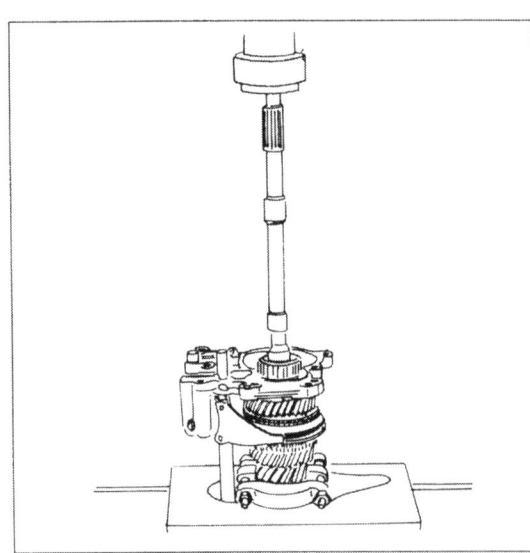

Bild 252
Teile mit Kukko 17-1 Abpressen

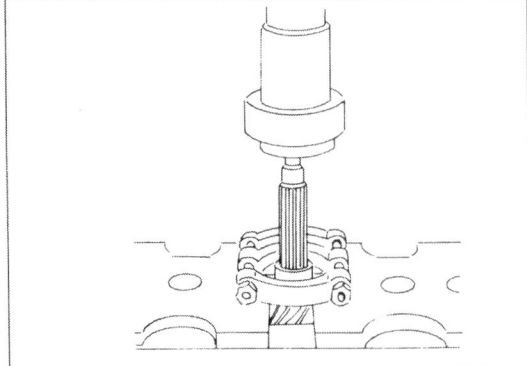

Bild 253
Lagerinnenring abpressen

- Anlaufscheibe (7) – die grosse, plangeschliffene Seite weist zum Nadelkranz.
- Losrad (8) nur paarweise ersetzen.
- Den Synchronring (9) auf Verschleiss prüfen und mit zugehörigem Gangrad lagerichtig (Noppen zu den Mitnehmersteinen) montieren.
- Den Nadelkranz (10) mit dem zugehörigen Gangrad aufsetzen.
- Den Innenring (11) auf 120° C erhitzen und aufpressen.
- Die Führungsmuffe (12) zusammen mit den zugehörigen Synchronteilen aufschieben.
- Schaltmuffe (13) siehe (12).
- Die Mitnehmersteine (14) lagerichtig einlegen (Bild 254).
- Feder (16) – ungespannte Länge 11,8 + 0,2 mm Drahtdicke 0,8 mm.
Achtung: nicht vertauschen mit Federn des 1. und 2. Gang.
- Synchronring (17) auf Verschleiss prüfen und mit zugehörigem Gangrad lagerichtig (Noppen zu den Mitnehmersteinen) montieren (Bild 255). Das Mass A beträgt neuwertig min. 0,9 mm; Verschleissgrenze 0,6 – 0,7 mm.
- Losrad (18) nur paarweise ersetzen.
- Den Nadelkranz (19) mit zugehörigem Gangrad aufsetzen.
- Den Innenring (20) auf 120° C erhitzen und aufpressen.
- Das Festrad (22) nur paarweise ersetzen. Der Bund weist zur Distanzbuchse.
- Das Zylinderrollenlager auf 120° C erhitzen und aufpressen (Bild 256).

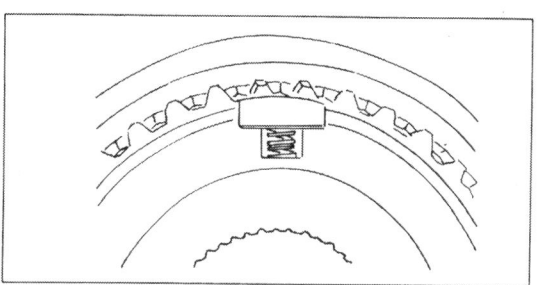

Bild 254
Einbaulage der Mitnehmersteine

Bild 255
Synchronringe auf Verschleiss prüfen

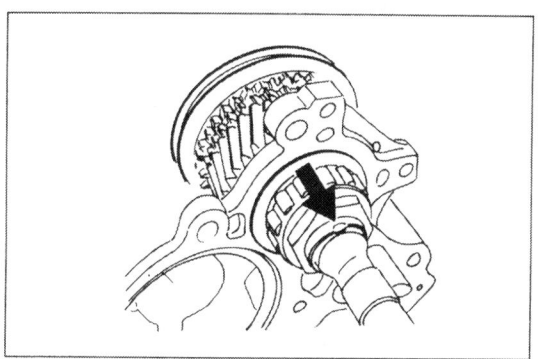

Bild 256
Bundmutter sichern

7.8 Triebwelle zerlegen und zusammenbauen

Bild 257 zeigt die Teile der Triebwelle.

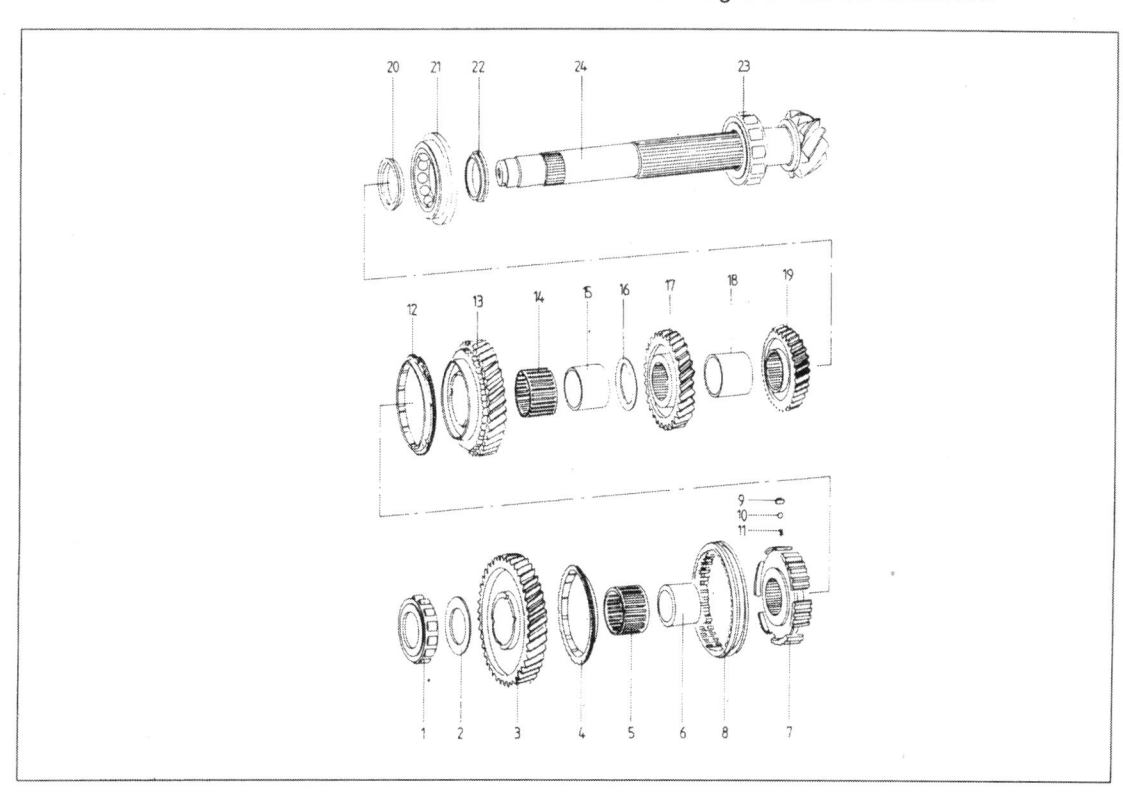

Bild 257
Teile der Triebwelle
1 Zylinderrollenlager
2 Anlaufscheibe 3,0 mm
3 Losrad 1. Gang
4 Synchronring
5 Nadelkranz
6 Innenring
7 Führungsmuffe
8 Schaltmuffe
9 Mitnehmerstein (mit Führungsnase)
10 Kugel
11 Feder
12 Synchronring
13 Losrad 2. Gang
14 Nadelkranz
15 Innenring
16 Anlaufscheibe 1,4 mm
17 Festrad 3. Gang
18 Distanzbuchse
19 Festrad 4. Gang
20 Lagerinnenring
21 Vierpunktlager
22 Lagerinnenring
23 Zylinderrollenlager
24 Triebwelle

7.8.1 Zerlegen

● Den Synchronring (4) für den Wiedereinbau zeichnen.
● Den Nadelkranz (5) für den Wiedereinbau zeichnen.

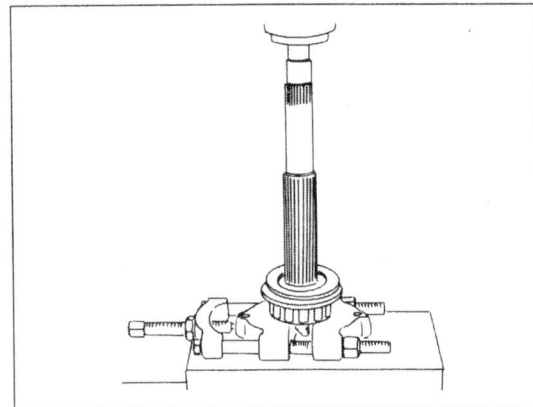

Bild 258
Zylinderrollenlager abpressen

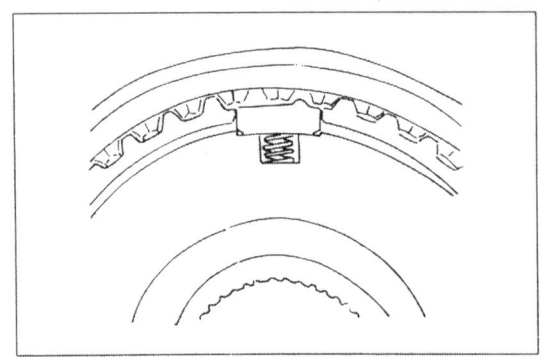

Bild 259
Einbaulage Mitnehmerstein

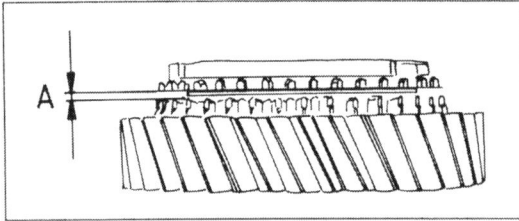

Bild 260
Synchronring prüfen

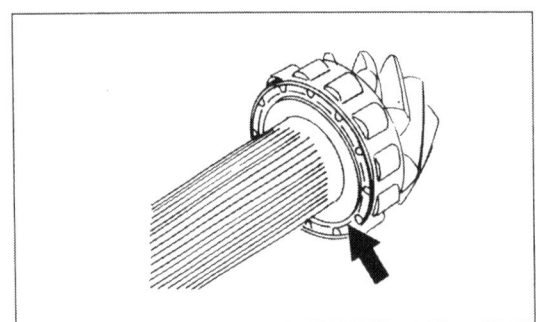

Bild 261
Einbaulage des Lagers

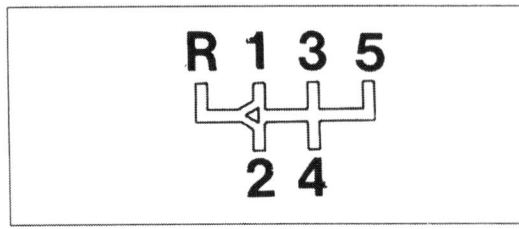

Bild 262
Schaltschema

● Den Innenring (6) für den Wiedereinbau zeichnen.
● Die Führungsmuffe (7) zusammen mit den Synchronteilen abnehmen.
● Schaltmuffe (8) siehe (7).
Achtung: Die federbelasteten Teile können herausspringen.
● Die Feder (11) für den Wiedereinbau zeichnen.
● Den Synchronring (12) für den Wiedereinbau zeichnen.
● Den Nadelkranz (14) für den Wiedereinbau zeichnen.
● Den Innenring (15) mit der Trennvorrichtung Kukko 15–17 abpressen.
● Den Lagerinnenring (20) mit der Trennvorrichtung Kukko 15–17 abpressen.
● Den Lagerinnenring (22) mit der Trennvorrichtung Kukko 15–17 abpressen.
● Das Zylinderrollenlager (23) mit der Trennvorrichtung Kukko 15–17 abpressen (Bild 258).
Achtung: Die Positionen 1 bis 18 werden im eingebauten Zustand der Triebwelle demontiert.

7.8.2 Zusammenbau

Alle Teile der Triebwelle sind trocken zu montieren, damit kein Öl auf die Anlageflächen gelangen kann.
● Das Zylinderrollenlager (1) auf 120° C erhitzen zum Einbau.
● Anlaufscheibe (2) – die Scheibendicke von 3,00 mm unbedingt beachten.
● Losrad (3) nur paarweise ersetzen.
● Synchronring (4) auf Verschleiss prüfen und mit dem zugehörigen Gangrad lagerichtig (Noppen zu den Mitnehmersteinen) einbauen.
● Den Nadelkranz (5) mit dem zugehörigen Gangrad aufsetzen.
● Den Innenring (6) auf 120° C erhitzen und aufpressen.
● Die Führungsmuffe (7) zusammen mit den Synchronteilen aufschieben.
● Schaltmuffe (8) siehe (7).

Achtung: federbelastete Teile können herausspringen.
● Die Mitnehmersteine (9) nicht mit dem Stein des 3. bis 5. Gang und R-Gang vertauschen (Bild 259).
● Feder (11) – ungespannte Länge 10,7 ± 0,2 mm Drahtdicke 0,9 mm nicht vertauschen mit der Feder des 3.–5. und R-Gangs.
● Synchronring (12) auf Verschleiss prüfen und mit zugehörigem Gangrad lagerichtig (Noppen zu den Mitnehmersteinen) montieren (Bild 260). Einbaumass neuwertig min. 1,1 mm; Verschleissgrenze 0,6 bis 0,7 mm.
● Losrad (13) nur paarweise ersetzen.

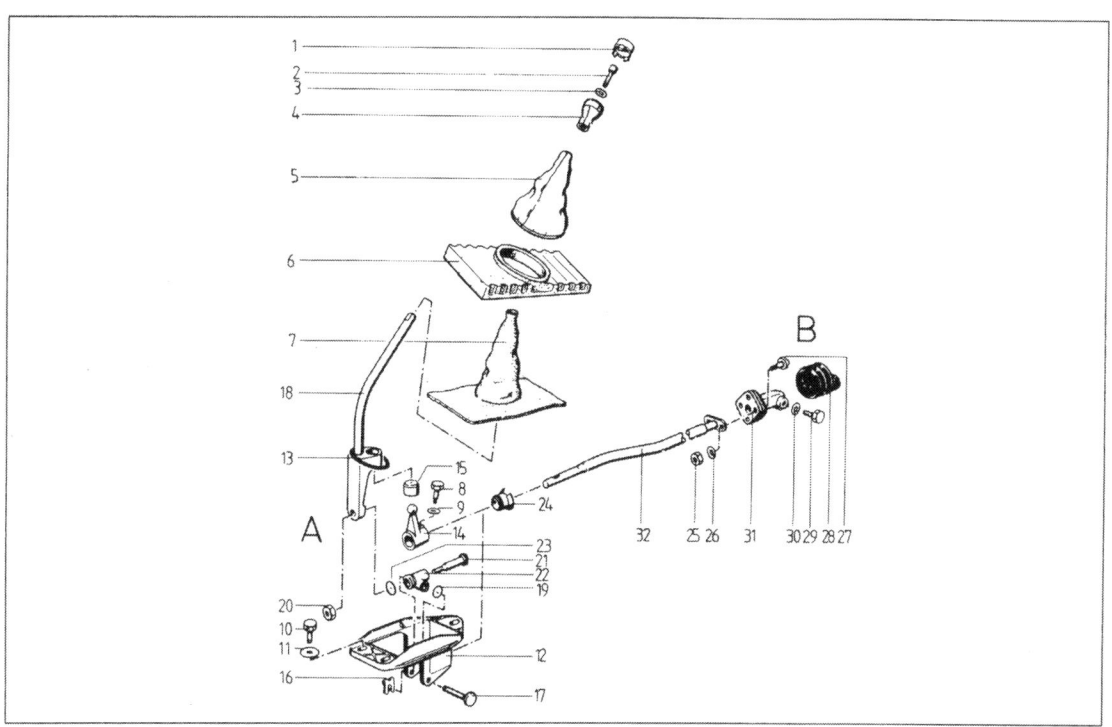

Bild 263
Teile des Schaltgestänge Getriebe 950
1 Symbolkappe
2 Zylinderschraube
3 Scheibe
4 Schaltknopf
5 Lederstulpe
6 Stütze für Lederstulpe
7 Innenstulpe
8 Pass-Schraube
9 Scheibe
10 Schraube
11 Scheibe
12 Schaltbock
13 Gummiring
14 Schaltstangenkopf
15 Kugelpfanne
16 Sicherung
17 Lagerbolzen
18 Schalthebel
19 O-Dichtring
20 Sechskantmutter
21 Gewindebolzen
22 Schalthebellager
23 O-Dichtring
24 Gleitring
25 Mutter
26 Scheibe
27 Spezialschraube
28 Dichtstulpe mit O-Dichtring
29 Pass-Schraube
30 Scheibe
31 Lagerkörper mit Gummischeibe
32 Schaltstange ab 28. 8. 1986 mit Isolierschlauch überzogen

● Den Nadelkranz (14) mit dem zugehörigen Gangrad aufschieben.
● Den Innenring 615) mit dem zugehörigen Gangrad montieren.
● Das Festrad (17) nur paarweise ersetzen, grosser Bund weist zur Anlaufscheibe.
● Das Festrad (19) nur paarweise ersetzen, der grosse Bund weist zum Vierpunktlager.
● Den Lagerinnenring (20) auf 120° C erhitzen und aufpressen.
● Den Lagerinnenring (22) auf 120° C erhitzen und aufpressen.
● Das Zylinderrollenlager (23) auf 120° C erhitzen und mit dem Werkzeug VW 519 lagerichtig aufpressen (Bild 261).
● Triebwelle (24) – Paarungsnummer beachten. Wenn erforderlich neu einstellen. Siehe Getriebe 915 und Einleitung zu Getriebe 950.
Die Positionen 1 bis 18 werden im eingebauten Zustand der Triebwelle montiert.

7.9 Schaltgestänge ab Modell 87

Bild 262 zeigt das Schaltschema des Getriebes 950.
Das neue, geänderte Schaltgestänge ist in Bild 263 dargestellt.

7.9.1 Ausbau

● Den Schaltknopf (4) nicht drehen, sondern abziehen. Die Symbolkappe (Schaltschema-Deckel) vorsichtig aus dem Schaltknopf heben. Die Befestigungsschraube lösen und den Knopf abnehmen.
● Die Mittelkonsole demontieren und bei angeschlossener Elektrik seitlich ablegen (Bilder 264 und 265).
● Den Stulpen und die Schaumstoffstütze abnehmen.
● Den Schaltbock mit dem Schalthebel A komplett ausbauen. Dazu den 4. Gang einlegen und die drei Befestigungsschrauben herausdrehen (Bild 266).

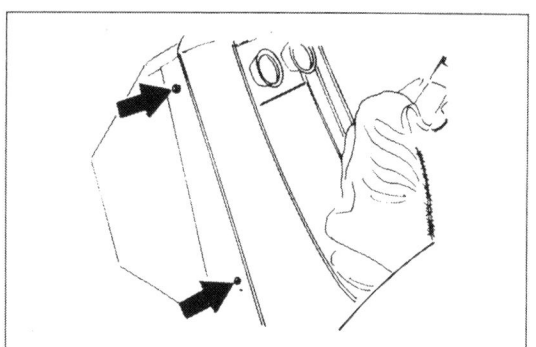

Bild 264
Konsole lösen

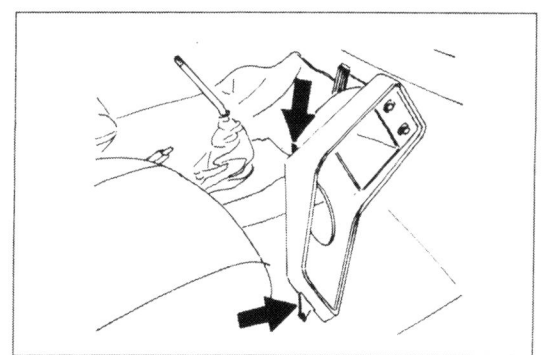

Bild 265
Konsole lösen

Bild 266
Schaltbock demontieren

Bild 267 ▶
Verbindung hinten lösen

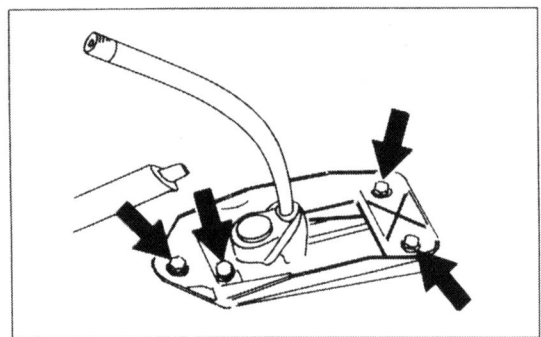

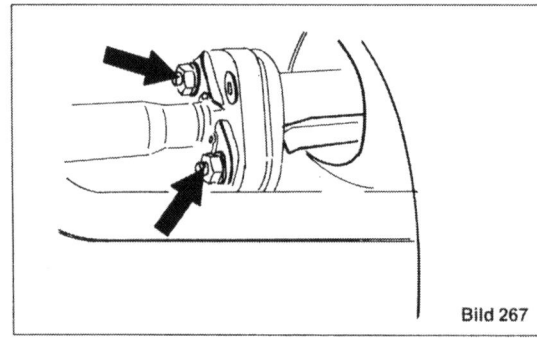
Bild 267

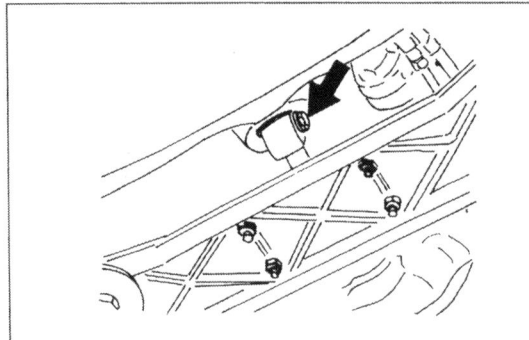

Bild 268
Lagerkörper lösen

● Zum Ausbau des Lagerkörpers B den Tunneldeckel vor dem Rücksitz ausbauen und die Verbindung zur Schaltstange (2 Muttern) lösen (Bild 267). Den Lagerkörper vom Getriebe nach Lösen der Passschrauben trennen (Bild 268).

7.9.2 Zusammenbau

● Sofern der Lagerkörper B ausgebaut ist, zuerst den Schaltbock mit dem Schalthebel A ins Fahrzeug einsetzen.
Sofern der Lagerkörper nicht ausgebaut ist, nach dem Einfahren des Schaltbocks ins Fahrzeug, den einwandfreien Sitz der folgenden Teile überprüfen:
Sicherung (16) des Lagerbolzen
Gleitring (24) der Schaltstange

7.9.3 Schaltung einstellen

● Ausser den drei Schaltbockbefestigungsschrauben alle Schrauben festziehen.
● 4. Gang einlegen.
● Einstellmass 5 mm zwischen Gleitring (24) im Schaltbock und Schaltstangenkopf (14) des Schalthebels.
Den Schaltbock entsprechend verschieben.
● Den Schaltbock in dieser Position festziehen. Anzugsmoment 23 Nm. Zur Kontrolle des Einstellmasses kann ein 5 mm-Bohrer verwendet werden (Bilder 269 und 270).

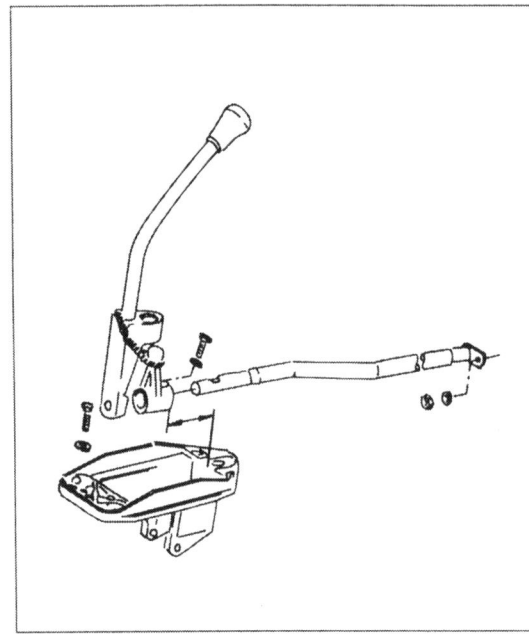

Bild 269
Schaltbock vorn

7.9.4 Einbauhinweise

● Zylinderschraube (2) mit 10 Nm festziehen.
● Schaltknopf (4) lagerichtig montieren.
● Lederstulpe (5) ausrichten.
● Passschraube (8) mit 23 Nm festziehen.
● Sechskantschraube (10) nach dem Einstellen der Schaltung mit 23 Nm festziehen.
● Gummiring (13) Schalthebel und sonstiger Gummibereich mit Universal-Kältefett einfetten.
● Kugelpfanne (15) mit Universal-Kältefett einsetzen.

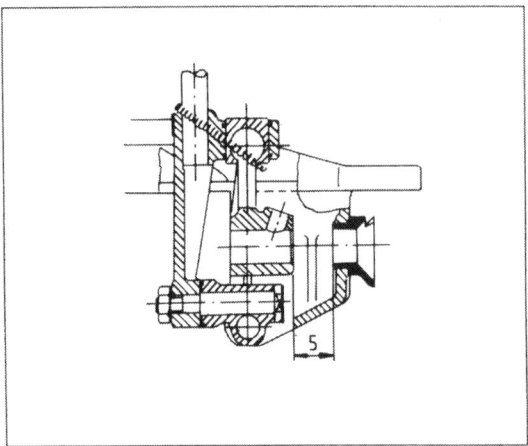

Bild 270
Einstellmass 5 mm

- Sicherung (16) wenn erforderlich ersetzen.
- Lagerbolzen (17) mit Universal-Kältefett einstreichen.
- O-Dichtring (19) ersetzen.
- Sechskantmutter (20) mit 23 Nm festziehen.
- Gewindebolzen (21) mit Universal-Kältefett schmieren.
- O-Dichtring (23) ersetzen.
- Gleitring (24) – Aussparung nach oben weisend, mit Universal-Kältefett schmieren.
- Sechskantmutter (25) mit 14 Nm festziehen.
- Passschraube (29) mit 23 Nm festziehen.
- Schaltstange (32) im Bereich des Gleitrings (24) mit Universal-Kältefett schmieren.

8 Abtriebswellen

Ab Modell 85 wurde der Gelenkdurchmesser von 100 auf 108 mm vergrössert. Die Gelenkabdichtung erfolgt neu durch einen Verschlussdeckel statt der bisherigen Flachdichtung.
Der für diese Dichtung erforderliche Einstich an den Dichtflächen der Flansche entfällt.
Bild 271 zeigt die Teile der Abtriebswelle.

- Die Hinterräder demontieren.
- Die Abtriebswelle vom Getriebeflansch trennen.
- Die Kronenmutter der Gelenkwelle entsichern und die Mutter mit den Werkzeugen P 24 a/P 36 b/ P 44 a/P 296 lösen (Bild 272).
- Die Gelenkwelle aus der Radnabe nach innen

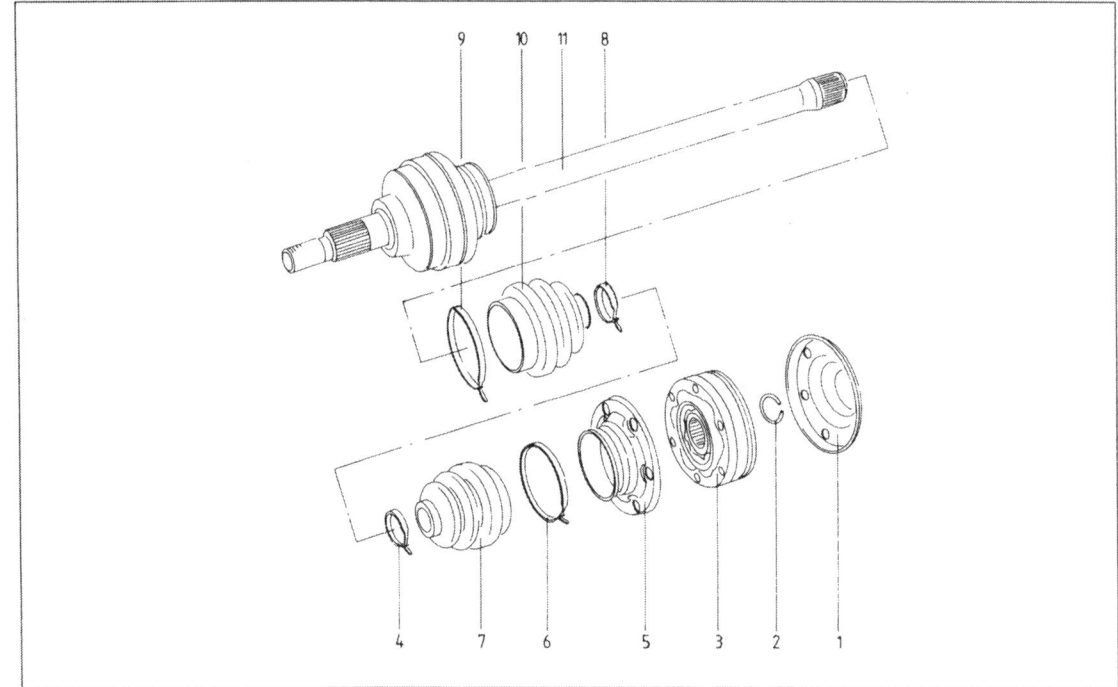

Bild 271
Teile der Abtriebswelle
1 Verschlussdeckel
2 Sicherungsring
3 Gleichlaufgelenk
4 Noppenbinder
5 Kappe
6 Noppenbinder
7 Staubbalg
8 Noppenbinder
9 Noppenbinder
10 Staubbalg
11 Profilwelle mit Gleichlaufgelenk – reibverschweisst

8.1 Aus- und Einbau der Abtriebswelle

8.1.1 Ausbau

- Das Fahrzeug hinten hochheben.

austreiben und entnehmen.

8.1.2 Einbau

Der Einbau erfolgt in umgekehrter Reihenfolge. Dabei sind folgende Anzugsmomente einzuhalten:
- Inbusschrauben M 10   83 Nm
- Inbusschrauben M 8   42 Nm
- Kronenmutter M 20 × 1,5   300 bis 320 Nm (versplinten).

8.1.3 Ersatz der Gelenkwellen

Wellen mit defekten oder undichten Manschetten und ausgeschlagene Abtriebswellen grundsätz-

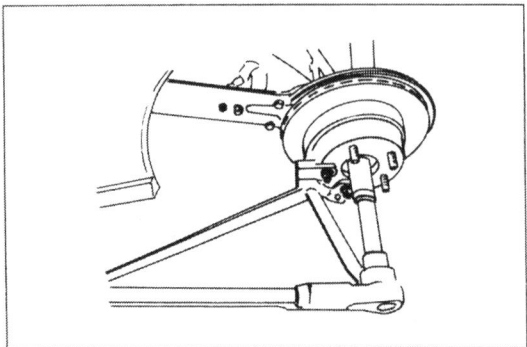

Bild 272
Kronenmutter lösen

lich durch neue ersetzen.
Beim Feststellen defekter Manschetten ist bereits Wasser und Schmutz in das Gelenk eingedrungen, was den Austausch des Gelenks erforderlich macht.

Revisionen der Gelenkwellen lohnen sich heute nicht mehr. Insbesondere dann, wenn eine forsche Fahrweise gepflegt wird.
Eine gebrochene Antriebswelle hat meist verheerende Wirkung, deshalb Neuteile einbauen.

9 Vorderradaufhängung

Bilder 273 und 274 zeigen die Vorderradaufhängung und ihre Einzelteile.
Die Vorderradaufhängung besteht aus den Querlenkern unten, Torsionsstäben zur Federung, den Stossdämpfern und dem Querstabilisator.
Die Querlenker sind hinten in einem Hilfsträger, der beim Carrera aus Alu-Guss besteht, gelagert, vorne sind sie über einzelne Supports mit dem Fahrzeugaufbau verbunden (Bild 275).
Die Torsionsfedern sind in den Querlenkern angeordnet und vorne über eine Kerbverzahnung mit dem Querlenker verbunden.
Hinten sind die Torsionsstäbe über einstellbare Hebel am Fahrzeugaufbau abgestützt.
Die Stossdämpfer sind unten über ein Kugelgelenk mit dem Querlenker verbunden und stützen sich oben am inneren Kotflügel über ein Gummigelenk ab.
Unten tragen die Stossdämpfer den Achsschenkel mit Lenkhebel und dem Befestigungssupport

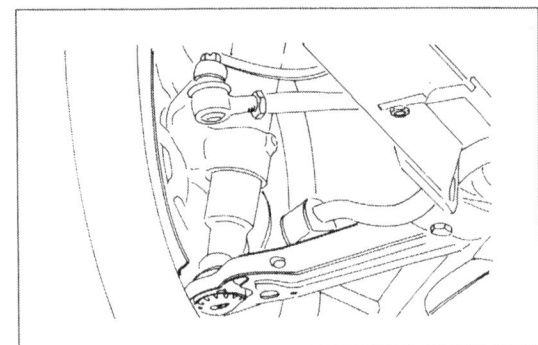

Bild 273
Vorderradaufhängung

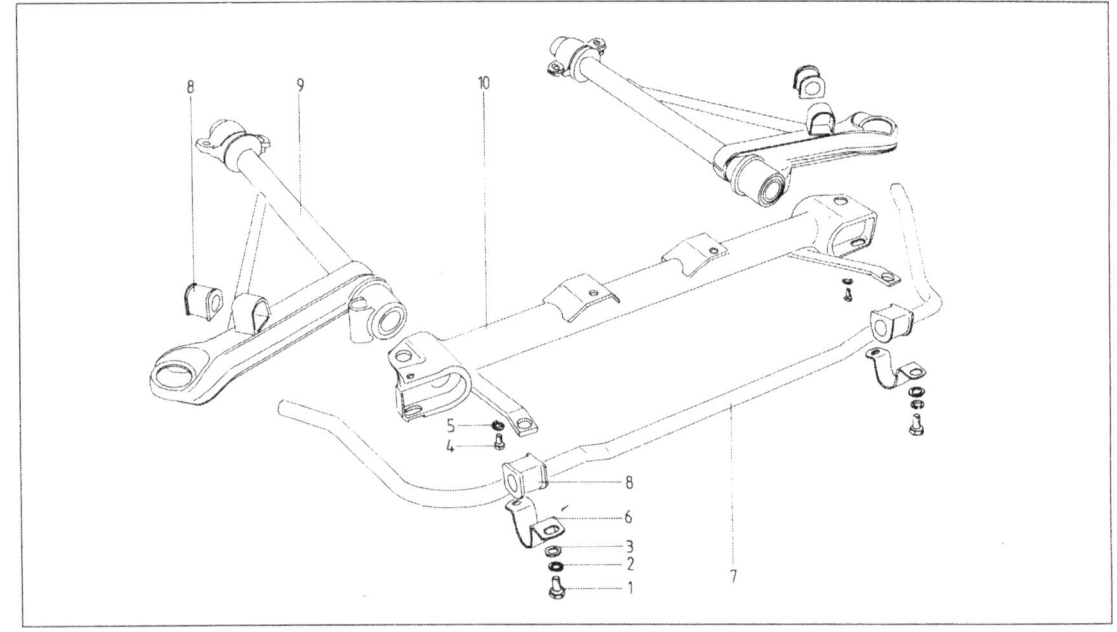

Bild 274
Teile der Vorderradaufhängung
1 Scheibe
2 Federscheibe
3 Scheibe
4 Schraube
5 Federscheibe
6 Bügel
7 Stabilisator
8 Lagergummi
9 Querlenker
10 Hilfsträger

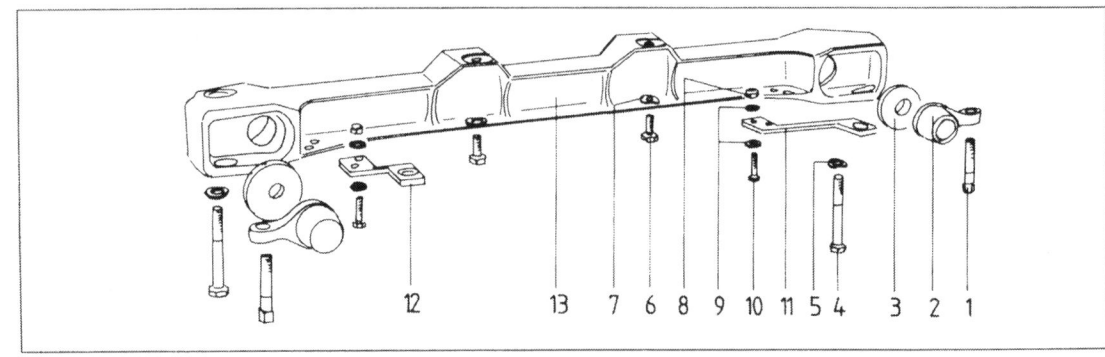

Bild 275
Querträger vorn
1 Einstellschraube
2 Einstellhebel
3 OWA-Dichtung
4 Schraube
5 Federscheibe
6 Schraube
7 Federscheibe
8 Mutter, selbstsichernd
9 Scheibe
10 Zylinderschraube
11 Strebe rechts
12 Strebe links
13 Hilfsträger

der Bremszangen.
Der Querstabilisator ist mit beiden Querlenkern elastisch verbunden und ist hinten über Gummibüchsen am Fahrzeugaufbau drehbar gelagert.

9.1 Vorderachse aus- und einbauen

- Das Fahrzeug vorne anheben.
- Die Vorderräder demontieren.
- Die Bremszangen vom Stossdämpfer abschrauben, die Bremsleitungen bleiben angeschlossen. Die Bremszangen mit Bindedraht hochbinden.
- Den Stabilisator vom Fahrzeugaufbau abschrauben.
- Die Lenkhebel von den Spurstangen trennen.
- Die Stossdämpfer oben vom Fahrzeugaufbau trennen, dazu die Bremsscheibe mit einem Wagenheber unterstellen. Nach dem Lösen des Stossdämpfers oben den Heber langsam ablassen. Der vorgespannte Drehstab wird dadurch entlastet.
- Den Querlenker vom Aufbau abschrauben.
- Die vorderen Lager der Querlenker abschrauben.
- Die Vorderachse komplett entnehmen.

Der Einbau erfolgt unter Einhaltung der Anzugsmomente in umgekehrter Reihenfolge.
Die Fahrzeughöhe und die Radgeometrie sind unter Beachtung der entsprechenden Kapitel einzustellen.

9.2 Stossdämpfer links/rechts aus- und einbauen

9.2.1 Ausbau

- Das Fahrzeug vorn anheben.
- Das entsprechende Rad demontieren.
- Die Bremszange komplett vom Stossdämpfer abschrauben und mit Bindedraht hochbinden. Die Bremsleitung bleibt angeschlossen.
- Den Nabendeckel mit dem Werkzeug VW 771 und 9165 abnehmen (Bild 276).
- Die Zylinderschraube der Klemmutter lösen.
- Die Klemmutter abdrehen.
- Die Radnabe mit den Lagern abnehmen.
- Das Schutzblech vom Federbein abschrauben.
- Den Querlenker mit dem Wagenheber unterstellen.
- Die Mutter (1) in Bild 274 lösen und samt Federring abnehmen.
- Eine alte Mutter aufdrehen bis ca. 2 mm Spiel zur Auflage besteht.

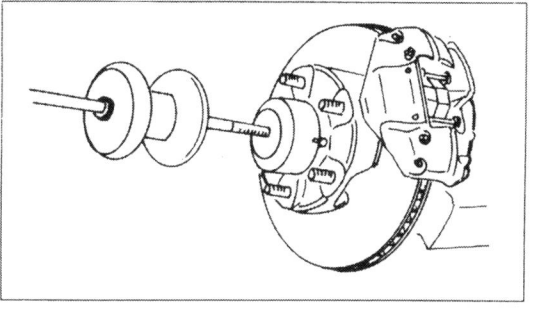

Bild 276
Nabendeckel abnehmen

- Mittels Stahlhammer den Gewindezapfen (3) in Bild 274 durch Schläge auf die Mutter austreiben.
- Die Mutter abnehmen und den Bolzen entfernen.
- Den Wagenheber langsam absenken und darauf achten, dass sich der Bolzen des Gelenks (7) in Bild 274 aus dem Stossdämpfer löst. Durch leichtes Schlagen mit dem Hammer auf die untere Nabe des Stossdämpfers, wenn erforderlich, nachhelfen.
- Den Querlenker vollends absenken und den Wagenheber entfernen.
- Die Spurstange vom Lenkhebel des Stossdämpfers trennen.
- Das obere Lager des Stossdämpfers vom inneren Kotflügel abschrauben.
- Den kompletten Stossdämpfer entnehmen.

9.2.2 Einbau

Der Einbau erfolgt in umgekehrter Reihenfolge unter Einhaltung der vorgeschriebenen Anzugsmomente.
Das Radlager wie folgt einstellen:
- Die Klemmutter anziehen unter fortwährendem Drehen der Radnabe.
- Die Klemmutter soweit lösen, dass sich die Druckscheibe unter der Mutter gerade noch drehen lässt. In dieser Stellung die Zylinderschraube der Mutter mit 15 Nm festziehen.
- Die Einstellung durch nochmaliges Hin- und Herschieben der Druckscheibe überprüfen.
- Die Abschlusskappe 1/3 mit Radlagerfett füllen und aufpressen.

9.3 Dämpfereinsatz vorne ersetzen

Dämpfereinsätze sind grundsätzlich im Satz pro Achse auszutauschen.
Im Regelfall sind die gemäss Ersatzteilkatalog vorgesehenen Dämpfer einzubauen.
Für den Einsatz bei Sportveranstaltungen werden vom Werk und von Zulieferanten spezielle Dämpfer angeboten. Solche Dämpfer stets im komplet-

ten Satz, das heisst, an allen 4 Rädern einbauen, ansonsten das Fahrzeug ein unkontrolliertes Fahrverhalten aufweisen würde.
Beim Einbau der Sportdämpfer sind die Einbauhinweise der Hersteller genauestens einzuhalten.
Ersatz – Normalausführung
- Die Stossdämpferbeine beidseitig ausbauen, wie unter 9.2 beschrieben.
- Das obere Lager von der Kolbenstange abschrauben.
- Die Schutzkappe abnehmen.
- Es werden 3 Ausführungen eingebaut:

A – Innengewinde
  - serienmässig drucklos bis Ende 1985
  - Umbau auf Sonderwunsch (Sportabstimmung) möglich.

B – Aussengewinde
  Schraubkappe mit Innensechskant.
  Kunststoffscheibe (Pfeil) auf Schraubkappe aufgelegt.
  - Sonderwunsch. Gadruck Modell 1985.
  - Schraubkappe als Ersatzteil nicht lieferbar. Erforderlicherweise Schraubkappe mit Innensechskant (Ausführung C) verwenden. Kunststoffscheibe (Pfeil) unbedingt verwenden.

C – Aussengewinde
  Schraubkappe mit Innensechskant.
  Kunststoffscheibe (Pfeil) auf Schraubkappe aufgelegt.
  - serienmässig und Sonderwunsch – Gasdruck ab Modell 1986
  - Zum Lösen und Anziehen der Schraubkappe Rohrschlüssel für Dämpferpatrone z. B. VW 2096 verwenden.

- Das Dämpferbein im Schraubstock (Befestigung Bremsträgerplatte) aufnehmen.
- Mittels geeignetem Schlüssel den Schraubring (Bild 277) lösen und abnehmen. Sollte der Schraubring korrodiert sein, diesen mit dem Schweissbrenner erhitzen und mit Rostlöser einsprühen.
- Die Dämpferpatrone entnehmen.
- Das Innenrohr mit Waschbenzin reinigen.
- Den neuen Dämpfereinsatz gemäss Herstellervorschrift einsetzen und mit neuer Verschlusskappe festziehen. Anzugsmoment 120 Nm + 20 Nm.

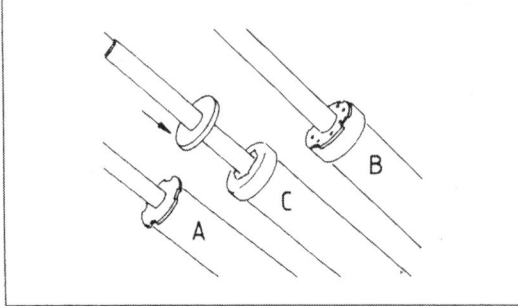

Bild 277
Verschraubung Dämpfersitz

- Das Dämpferbein wieder in umgekehrter Reihenfolge des Ausbaus einbauen. Dabei die vorgeschriebenen Anzugsmomente einhalten.

9.4 Vorderradlager ersetzen

Das Vorderradlager besteht aus zwei Kegelrollenlagern, die mit einem Radialdichtring zum Dämpferbein hin abgedichtet sind. Die Spieleinstellung erfolgt über eine Klemmutter.

- Das Fahrzeug vorne anheben.
- Das Rad demontieren.
- Die Bremszange vom Dämpferbein abschrauben und hochbinden.
- Die Fettkappe abziehen.
- Die Klemmutter lösen und abdrehen.
- Die Radnabe mitsamt den Lagern abziehen.
- Die Lageraussenringe aus der Nabe austreiben.
- Die Nabe fettfrei reinigen. Darauf achten, dass die Bremsscheibe nicht verschmutzt wird.
- Den Innenring des inneren Lagers vom Achsschenkel abziehen.
- Den Abstandring hinten abnehmen und den Achsschenkel mit dem Ring fettfrei reinigen.
- Den Innenring des neuen Lagers zusammen mit dem Abstandring aufschieben.
- In die Radnabe die Aussenringe einpressen und den neuen Abdichtring mit gefetteter Dichtlippe (zum Lager weisend) einsetzen.
- Die Lagerkäfige und die Rollen mit Radlagerfett schmieren und in die Radnabe einsetzen. Den Raum zwischen den Lagern mit ca. 20 bis 30 gr. Fett füllen.
- Die Radnabe aufsetzen und die Klemmutter mit Scheibe aufdrehen. Unter ständigem Drehen der Nabe die Klemmutter vollständig aufdrehen.
- Die Klemmutter wieder leicht lösen, bis die Schraube unter der Mutter gerade noch verschoben werden kann.
- In dieser Stellung die Zylinderkopfschraube der Klemmutter mit 15 Nm festziehen.
- Anschliessend die Verschiebbarkeit der Scheibe nochmals prüfen. Die Radnabe muss sich leicht und ohne Spiel drehen lassen.
- Die Fettkappe zu 1/3 mit Fett füllen und aufsetzen.
- Die Bremszange und das Rad wieder montieren.

9.5 Lager Querlenker-Dämpferbein ersetzen

9.5.1 Ausbau

- Den Vorderwagen anheben.

- Das entsprechende Rad demontieren.
- Den Splint der Nutmutter (6) in Bild 274 entfernen.
- Das Sicherungsblech (5) abnehmen.
- Die Nabe mit dem Wagenheber abstützen.
- Den Haltekeil des Lagerzapfen vom Dämpferbein trennen: Die Mutter lösen und ca. 2 Umdrehungen losdrehen. Mit dem Stahlhammer durch Schläge auf die Mutter den Haltebolzen austreiben. Die Mutter entfernen und den Haltekeil abnehmen.
- Durch Absenken des Wagenhebers das Gelenk vom Dämpferbein trennen. Sollte der Zapfen klemmen, mit leichten Schlägen auf die Haltenabe des Dämpferbeins, diesen lösen.
- Die Mutter des Gelenks von unten mit dem Spezialschlüssel P 280 b lösen und abdrehen (Bild 278).
- Das Gelenk aus dem Querlenker entfernen.

9.5.2 Einbau

- Die Aufnahme des Gelenks im Querlenker reinigen.
- Das Gelenk einsetzen und die Nutmutter aufdrehen.
- Die Nutmutter mit 250 Nm festziehen.
- Die Aufnahme im Dämpferbein reinigen und fetten.
- Mit dem Wagenheber den Querlenker anheben und den Zapfen des Gelenks in die Aufnahme gleiten lassen. Dabei ist auf die richtige Stellung des Zapfens zur Bohrung des Haltebolzens zu achten (Bild 274).
- Den Haltebolzen fetten und einsetzen. Die Einbaulage gemäss Bild 279 einhalten.
- Den Haltezapfen mit neuer Stopp-Mutter auf 22 Nm festziehen.
- Das Rad montieren und den Wagen abbocken.

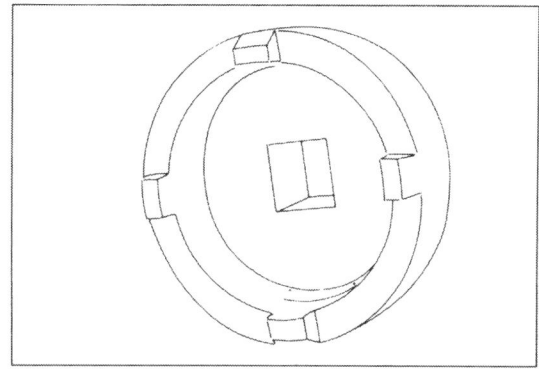

Bild 278
Schlüssel P280b

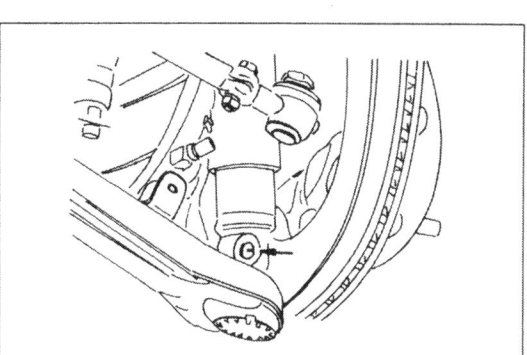

Bild 279
Einbaulage des Haltezapfens

10 Hinterachse

Die Hinterachse besteht aus dem Hinterachsrohr, an dem die beiden Hinterachslenker elastisch angeflanscht sind.
Die Federung erfolgt über Drehstäbe im Hinterachsrohr.
Die Federkraft wird über Streben auf die Hinterachslenker übertragen.

Die Hinterachslenker tragen über die Radlager die Radnaben mit den Rädern.
Die Stossdämpfer sind zwischen den Hinterachslenkern und dem inneren Kotflügel angeordnet.
Die Bremszangen sind ebenfalls an den Lenkern angeflanscht.
Bild 280 zeigt die Hinterradlagerung.

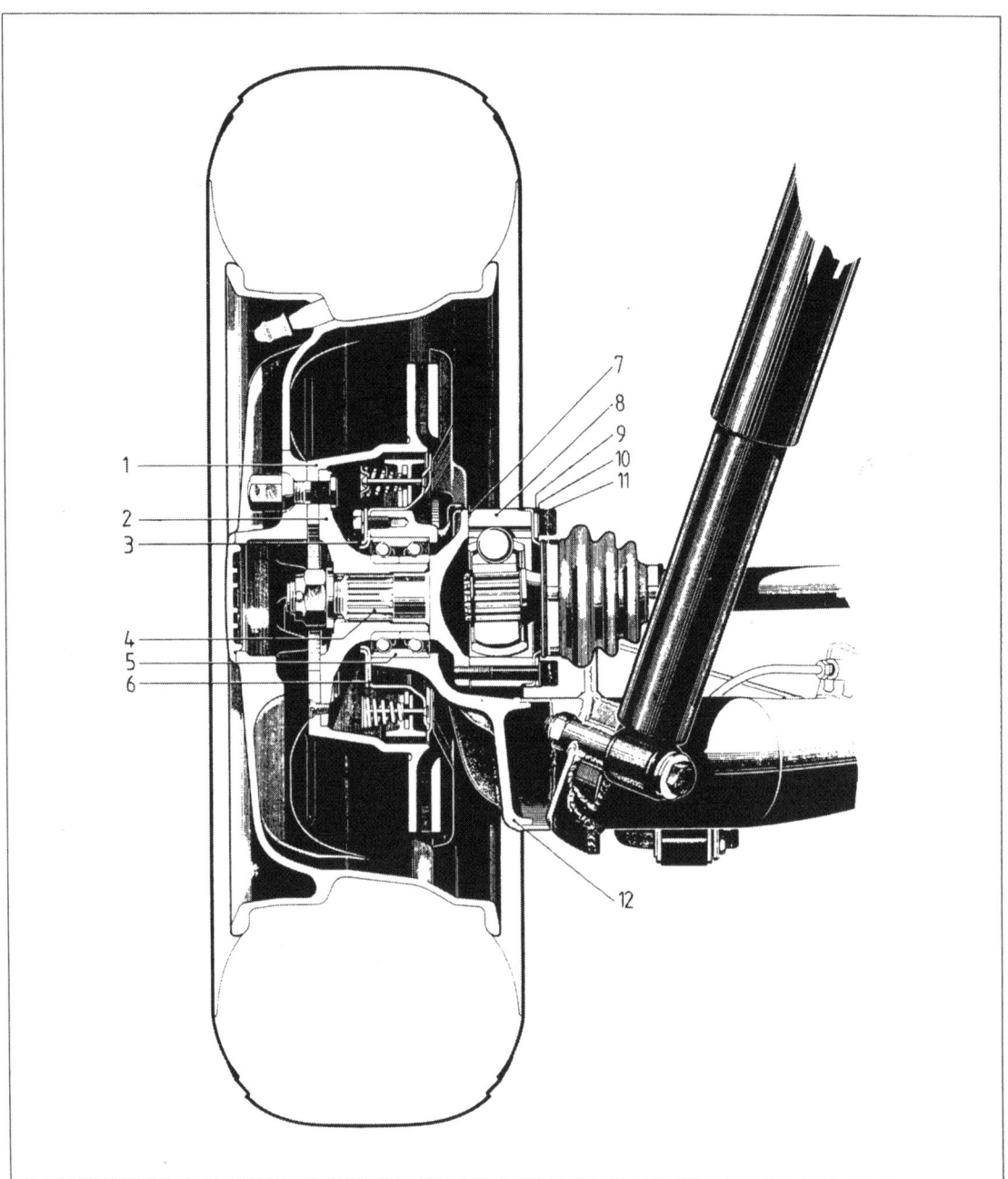

Bild 280
Hinterradlagerung
1 Bremsscheibe hinten
2 Hinterradnabe
3 Verstärkungsdeckel
4 Antriebswelle
5 Radial-Schrägkugellager
6 Bremsträgerblech
7 Dichtung
8 Gelenkwelle
9 Unterlagplatte
10 Sicherungsscheibe
11 Zylinderschraube
12 Hinterachslenker, links

10.1 Hinterachslenker aus- und einbauen

10.1.1 Ausbau

- Die Motor-Getriebeeinheit ausbauen.
- Das Fahrzeug hinten anheben.
- Die Hinterräder demontieren.
- Den entsprechenden Bremsschlauch mit einer Bremsschlauchklemme abklemmen und die Verbindung zur Bremsleitung Bremssattel hin lösen.
- Die Halterung des Bremsschlauch lösen (Bild 281).
- Den Bremssattel vom Lenker abschrauben und samt der Bremsleitung abnehmen.
- Die beiden Senkschrauben der Bremsscheibe ausdrehen und die Bremsscheibe abnehmen (Bild 282).
- Den Lenker mit dem Wagenheber unterstellen.
- Den Stossdämpfer vom Lenker trennen.
- Die Kronenmutter der Radnabe lösen. Dazu Werkzeug P 42a, P 36b, P 44a und P 296 verwenden (Bild 283).
- Die Gelenkwelle von den Flanschen abschrauben und abnehmen.
- Die Hinterradnabe mit dem Dorn P 297 austreiben (Bild 284).
- Das Bremsseil abmontieren (Splint und Kronenmutter).
- Das Schutzblech abschrauben (Bild 285).
- Das Bremsträgerblech abnehmen.
- Die Führung des Handbremsseil demontieren.
- Die Sechskantmuttern und die Befestigungsschrauben und Exzenterschrauben am Hinterachslenkerflansch lösen und abnehmen (Bild 286).
- Die Befestigungsschraube des inneren Drehpunkts des Lenkers demontieren (Bild 287).
- Den Lenker abnehmen.
- Das Radlager auspressen (Bild 288).

Der Lenker kann auf einer entsprechenden Lehre, die in Porsche-Vertretungen vorhanden ist, auf Verzug überprüft werden (Bild 289).

Sind Gummilager eingepresst, muss sich der Kontrollzapfen leicht einführen lassen.

Verzogene Lenker keinesfalls richten, sondern

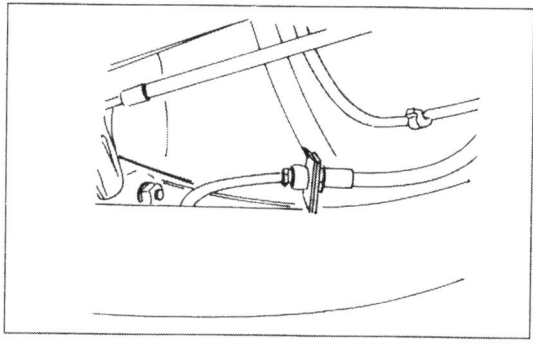
Bild 281
Halterung Bremsschlauch

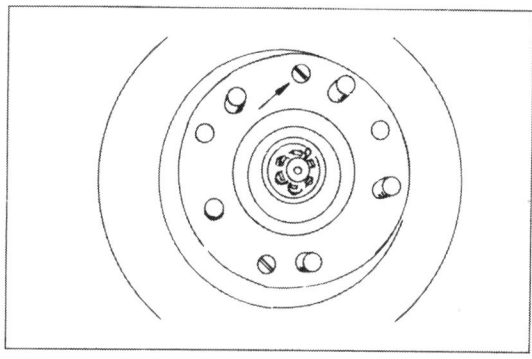
Bild 282
Senkschrauben der Bremsscheibe

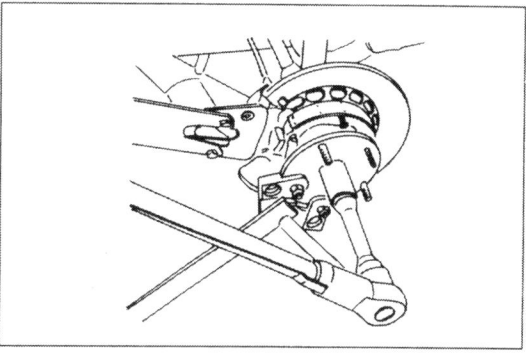
Bild 283
Kronenmutter lösen

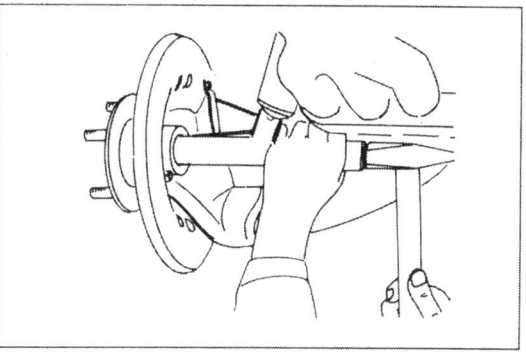
Bild 284
Nabe austreiben

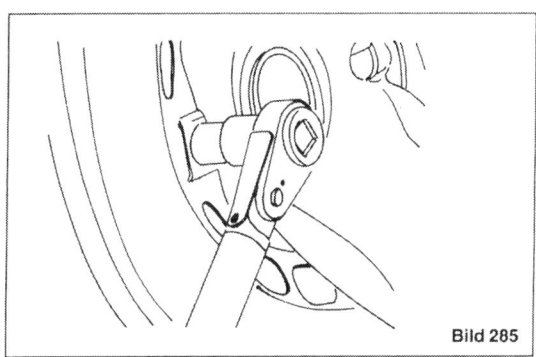
Bild 285

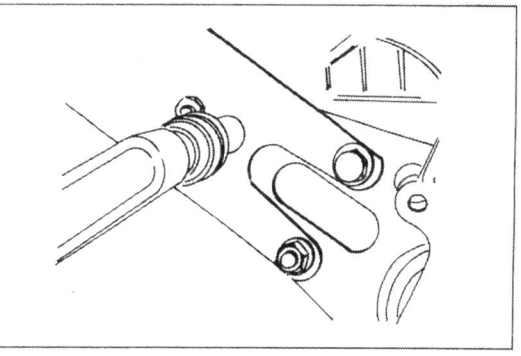
◀ Bild 285
Schutzblech abschrauben

Bild 286
Lenkerflansch lösen

Achtung:
Wurde das Radlager demontiert, muss es in jedem Fall durch ein neues ersetzt werden.

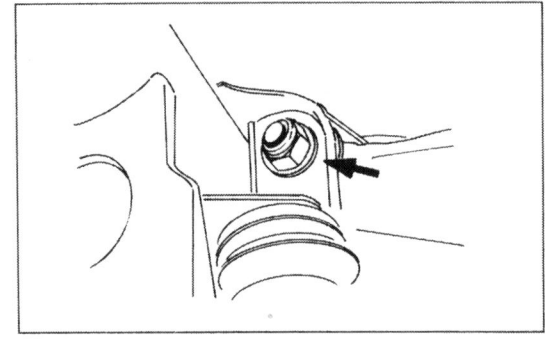

Bild 287
Inneres Lager lösen

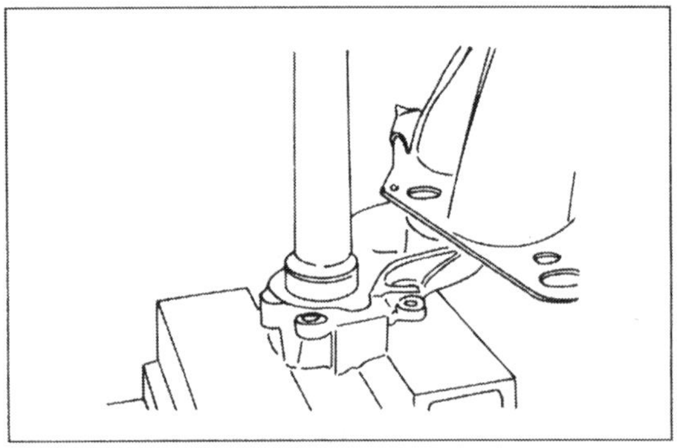

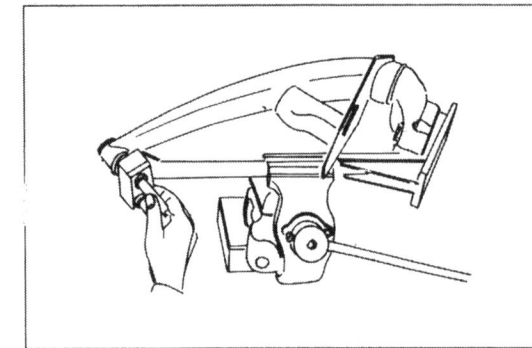

Bild 288
Lager auspressen

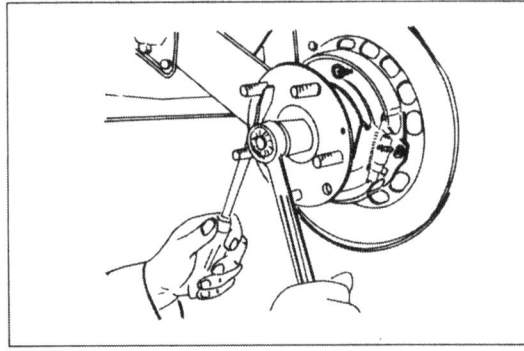

Bild 289
Lenker prüfen

Bild 290
Nabe einziehen

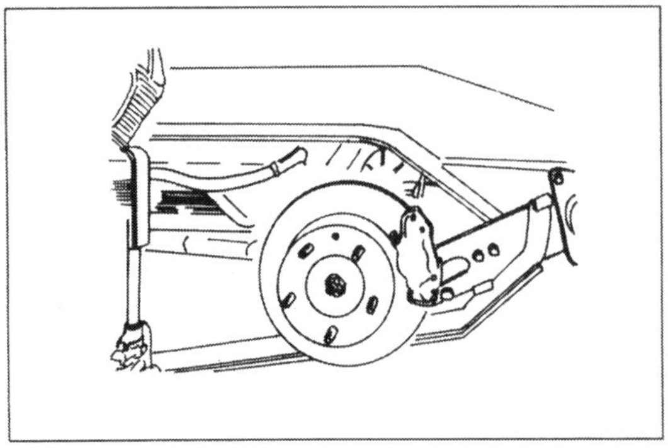

Bild 291
Hinterachsstrebe anheben

durch neue ersetzen.
Die neuen Gummilager sind bis zur Anlage einzupressen.

10.1.2 Einbau

Zum Einbau neuer Radlager ist der Lenker auf 120° C zu erhitzen. Die Temperatur mit Thermostiften von Faber-Castell überprüfen.
- Den Lenker einsetzen und die Befestigungsschraube des Gummilagers einsetzen. Diese Schraube in Normallage des Lenkers (angehoben) mit 120 Nm festziehen.
- Die Befestigungsschrauben der Hinterachsstrebe mit 90 Nm festziehen.
- Der Sturz-Exzenter wird mit 60 Nm und der Vorspur-Exzenter mit 50 Nm festgezogen.
- Das Bremsträgerblech zusammen mit dem Schutzblech montieren und mit 25 Nm festziehen.
- Das Handbremsseil montieren und die Kronenmutter so aufdrehen, dass diese mit neuem Splint gesichert werden kann.
- Die Hinterradnabe unter Verwendung des Sonderwerkzeugs P 298 b und der Antriebswelle in das Radialschrägkugellager einziehen (Bild 290).

Achtung: Die Hinterradnabe nicht mittels Hammer eintreiben, ansonsten das Lager zerstört würde.
- Die Gelenkwelle festschrauben. Die Schrauben mit 83 Nm festziehen.
- Die Kronenmutter der Gelenkwelle mit 300 bis 350 Nm festziehen und mit neuem Splint sichern.
- Die Bremsscheibe montieren.
- Mittels Wagenheber den Lenker anheben und den Stossdämpfer mit 75 Nm festschrauben.
- Den Bremssattel mit der Bremsleitung montieren. Die Schrauben mit 70 Nm festziehen.
- Den Bremsschlauch montieren. Darauf achten, dass dieser im eingebauten Zustand nicht verdreht ist.
- Das Bremssystem ist gemäss Kapitel Bremsen zu entlüften und auf Dichtheit zu prüfen.
- Die Handbremse gemäss Kapitel Bremsen einstellen.
- Die Spur und der Sturz müssen nach Kapitel Radgeometrie vermessen und eingestellt werden.

10.2 Federstab hinten ersetzen

10.2.1 Ausbau

Für diese Arbeit wird das Werkzeug P289 benötigt.
- Das Fahrzeug hinten anheben und die Räder demontieren.
- Die Hinterachsstrebe mittels Werkzeug P289 gemäss Bild 291 anheben.

- Die Befestigung des Stossdämpfers am Lenker lösen und abnehmen.
- Die Muttern der Befestigungsschrauben und die Exzenter lösen und abnehmen (Bild 292).
- Die Schrauben des Lagerdeckels lösen und samt dem Distanzring abnehmen (Bild 293).
- Den Deckel mit Schraubenziehern abdrücken.
- Das Werkzeug P 289 abnehmen.
- Den seitlichen Deckel der Karosserie demontieren und die Hinterachsstrebe abnehmen.
- Den Federstab herausziehen.

Achtung: Den Federstab sorgfältig entnehmen, damit die versiegelte Oberfläche nicht beschädigt wird (Korrosionsgefahr).

- Bei gebrochenem Federstab, den gegenüberliegenden ebenfalls demontieren. Mit einem langen Stab den inneren Teil des gebrochenen Federstabs durchstossen.

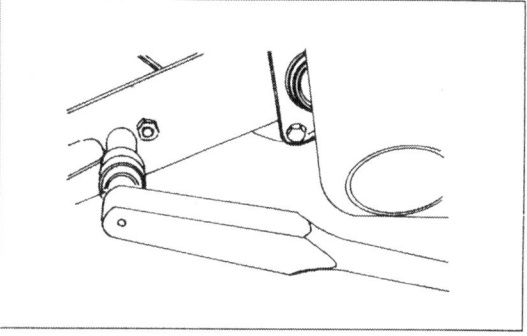

Bild 292
Hinterachsstrebe abschrauben

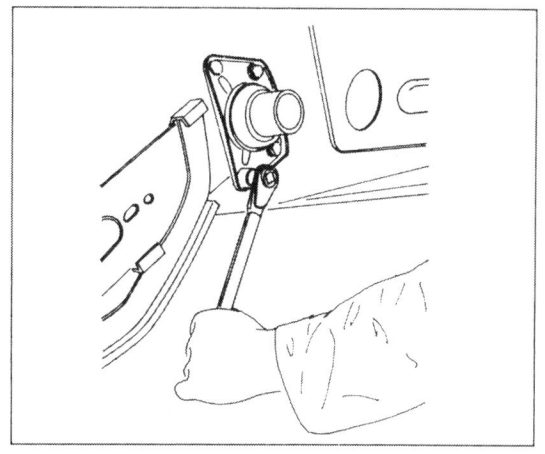

Bild 293
Deckel abschrauben

10.2.2 Einbau

- Den Federstab leicht mit Lithiumfett einreiben, insbesondere die Kerbverzahnung.

Die Federstäbe sind vorgespannt. Deshalb dürfen der rechte und der linke Drehstab nicht vertauscht werden.

Auf der Stirnseite der Stäbe ist entweder ein L (links) oder R (rechts) eingraviert.

10.2.3 Den Federstab einsetzen und einstellen

Notwendiges Werkzeug VW 261.
Die genaue Einstellung des Federstabs wird durch Messen des Neigungswinkels der Hinterachsstrebe zur Waagerechten des Fahrzeugs vorgenommen, wobei die Hinterachsstrebe unbelastet sein muss.

Die waagerechte Lage des Fahrzeugs ist unter Verwendung des Sonderwerkzeugs VW 261 an der Unterkante des Türausschnitts zu ermitteln.

Um die angegebenen Sturzwerte der Hinterräder zu erzielen ist es wesentlich, dass die Einstellwinkel beider Hinterachsstreben übereinstimmen. Bei Einstellung der einen Seite ist die andere ebenfalls zu vermessen.

Der Einstellwinkel der Hinterachsstreben (bei entspannter Feder) betragen:
ab Jahrgang 72   36°30' bis 37°
ab Jahrgang 87   35° (Drehstab 24.1) 34° bei Gasdruckdämpfern   32° (Drehstab 25.0)
ab Jahrgang 86   34°

- Den Federstab in das innere Querrohr einschieben.
- Die Hinterachsstrebe auf die äussere Verzahnung des Drehstabs aufstecken.
- Das Werkzeug VW 261 an der Unterkante des Türausschnitts aufsetzen.

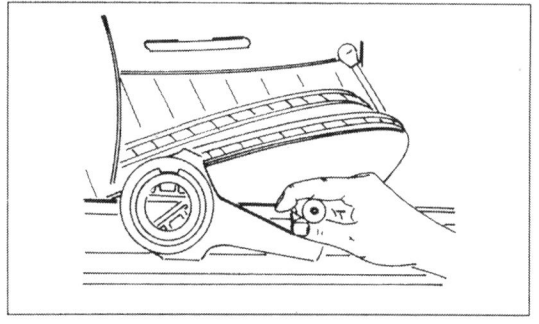

Bild 294
Winkelmesser eichen

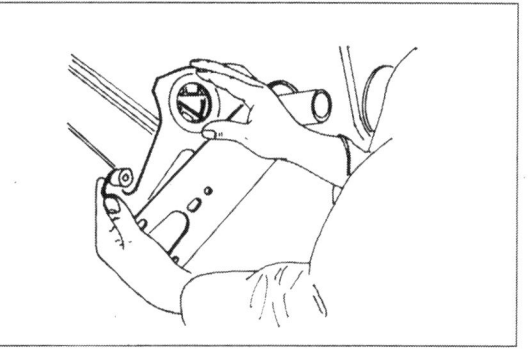

Bild 295
Winkel messen

- Das Winkelmessgerät so einstellen, dass die Luftblase der mit «Achskörper/Winkel» gekennzeichneten Libelle in Mittelstellung steht (Bild 294).
- Den Libellenträger aus dieser Stellung um den einzuhaltenden Wert verstellen.
- Den Winkelmesser auf die unbelastete Hinterachsstrebe aufsetzen und die Einstellung prüfen (Bild 295).

● Wenn erforderlich die Einstellung der Hinterachsstrebe korrigieren. Ein Teilstrich an der Libelle entspricht einer Kerbverzahnung-Teilung des Drehstabs.
Durch die unterschiedliche Zähnezahl der inneren und äusseren Verzahnung können auch Verstellwerte bis zu 10' erzielt werden.
Die Zähnezahlen betragen – innnen 40
– aussen 44
Die vorgeschriebenen Winkelwerte sind so genau wie möglich einzuhalten.

10.2.4 Definitiver Zusammenbau

● Den Gummi des Strebenlagers mit Glyzerinpaste einstreichen.
● Den Deckel aufsetzen und die drei zugänglichen Schrauben etwas anziehen.
● Die Hinterachsstrebe unter Verwendung des Werkzeugs P289 soweit anheben, bis der Distanzring und die vierte Schraube montiert werden können.
● Den Deckel mit 47 Nm festziehen.

● Die Befestigungsschrauben der Hinterachsstrebe mit 90 Nm festziehen.
● Den Sturzexzenter mit 60 Nm und den Vorspurexzenter mit 50 Nm festziehen.
● Den Stossdämpfer am Lenker festschrauben und mit 75 Nm anziehen.
● Die Achsgeometrie optisch vermessen und einstellen (Siehe Kapitel Radgeometrie).
Achtung: Ab 1987 wurde die Verzahnung der Drehstäbe geändert auf SAE-Norm. Die Zähnezahlen betragen neu innen 46; aussen 47.

10.3 Achsquerrohr

Das Achsrohr ist mit der Karosserie verschraubt. Es wurde mit der Einführung des neuen Getriebes G 50 geändert.
Bild 296 zeigt die beiden Ausführungen.
Das Achsrohr kann entweder nach Demontage der beiden Schräglenker, oder nach Ausbau der kompletten Hinterachse und deren Zerlegung ersetzt werden.

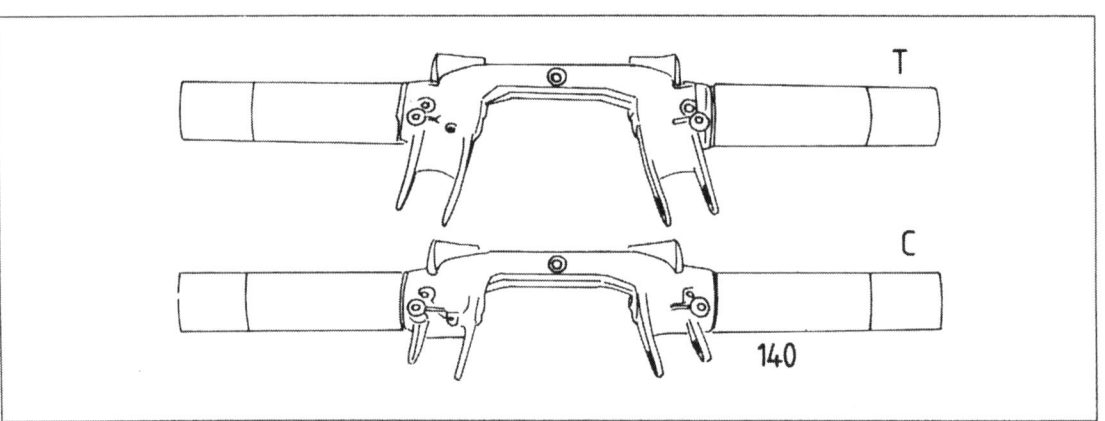

Bild 296
Achsrohre

11 Radgeometrie

11.1 Allgemeines

Entscheidenden Einfluss auf das Fahrverhalten (Geradeauslauf, Kurvenverhalten, Lastwechselreaktionen) haben die Reifen.
Damit die Reifen ihre volle Leistungsfähigkeit entfalten können und ein normaler Reifenverschleiss entsteht, müssen die Räder die richtigen Radeinstellungen aufweisen. Ausserdem soll der Druck der Räder (Reifen) auf die Fahrbahn, die sogenannte Radlast links und rechts achsweise ungefähr gleich gross sein.
Die max. zulässige Radlastdifferenz links und rechts an Hinter- und Vorderachse darf max. 20 kp betragen. Die Radlastdifferenz wird durch Verändern der Fahrzeughöhe innerhalb der Höhentoleranz eingestellt. Vorrangig ist eine möglichst geringe Radlastdifferenz links zu rechts.
Die Fahrzeugvermessung ist mit einem optischen Achsmessgerät vorzunehmen.
Die Messvorgänge sind der Betriebsanleitung des Geräts zu entnehmen.
Voraussetzung zur Vermessung:
- Leergewicht des Fahrzeugs nach DIN 70020, das heisst fahrfertiges Fahrzeug mit vollem Tank und Ersatzrad.
- Gelenk- und Radlagerspiel in Ordnung, einwandfreie Federung.
- Vorschriftmässiger Reifendruck.
- Gleichmässiges Reifenprofil.
- Das Lenkrad mit Lenkgetriebe in Mittelstellung zum Vermessen der Spur.

11.2 Hinweise zur Fahrzeugvermessung

Die Vorgehensweise bei der Fahrzeugvermessung wird durch den Grund der Vermessung bestimmt.
Man unterscheidet zwischen einer einfachen und einer erweiterten Fahrzeugvermessung.
- Die einfache Vermessung umfasst nur die Kontrolle und Einstellung der Radstellungswerte.
- Die erweiterte Fahrzeugvermessung beinhaltet Höheneinstellung und Prüfung der Radstellungswerte.
Die einfache Vermessung wird angewendet:
- bei Austausch von Fahrwerksteilen die keine Höhen- aber eine Radstellungsveränderung bewirken.
- nach dem natürlichen, geringfügigem Setzverhalten, das bei Neufahrzeugen auftritt.
- bei fehlerhaftem Fahrverhalten.
Die erweiterte Vermessung wird angewendet:
- nach Arbeiten, welche die Fahrzeughöhe verändern, oder bei falscher Fahrzeughöhe
- bei Beanstandung des Fahrverhaltens, sofern eine einfache Radstellungsvermessung bereits durchgeführt wurde.
Zur Höheneinstellung sollten zweckmässige Radlastwaagen verwendet werden.
Bei der Vermessung des Fahrzeugs und den anschliessenden Korrekturen ist folgendes zu beachten:
- Höheneinstellung
Eine einseitige Höhenänderung bewirkt gleichzeitig eine Radlastveränderung.
Oder: Bei der Radlaständerung an einem Rad ändert sich auch die Radlast der andern Räder.
Durch einseitiges Vergrössern der Einbau-Federvorspannung (Fahrzeug anheben) wird die Radlast grösser.
Durch einseitiges Verringern der Einbau-Federvorspannung (Fahrzeug absenken) wird die Radlast geringer.
Eine Radlastveränderung überträgt sich immer diagonal auf die andere Achsseite. Das heisst je nach dem ob an einem Rad die Radlast abgesenkt oder erhöht wird, geschieht an dem diagonal dazuliegenden Rad das gleiche.
Beispiel:
Federvorspannung vorne rechts B wird erhöht.

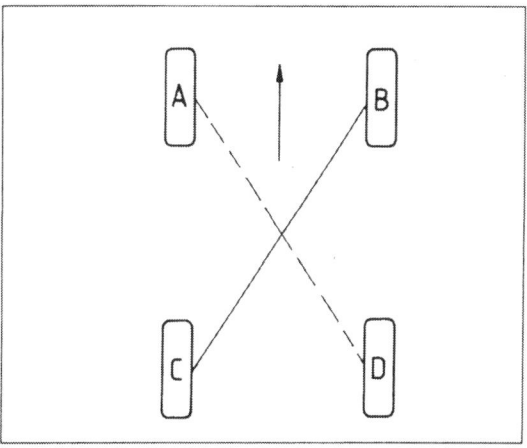

Bild 297
Radlastverteilung

Dadurch wird die Radlast:
vorne rechts B und hinten links C grösser.
vorne links A und hinten rechts D kleiner (Bild 297).
● Sturz-Einstellung an der Hinterachse
Eine Sturzänderung an der Hinterachse über den Sturzexzenter bewirkt eine Höhen- und damit eine Radlaständerung.
Gleichzeitig ändert sich auch der Spurwert.
● Spurwert-Einstellung an der Hinterachse
Eine Spuränderung an der Hinterachse über den Spurexzenter und eine dabei gleichzeitig entstehende geringe Sturzänderung bewirkt nur eine unbedeutende Höhen- bzw. Radlaständerung.
● Höhenänderung an der Hinterachse über den Höheneinstell-Exzenter:
Die zweiteilige Federstrebe ist werkseitig so eingestellt, dass mit dem Höheneinstellexzenter das Fahrzeug hochgefahren, aber nicht abgesenkt werden kann.
Das Fahrzeug einseitig höher stellen, ergibt grössere Radlast.
● Kontrollierte Höhenänderung an der Vorderachse (Sonderfall):
Bei geringfügig zu tiefem Fahrzeug an der Vorderachse (Sonderfall) kann, sofern kein ungenügendes Fahrverhalten vorliegt, das Fahrzeug vorne hochgefahren werden, ohne dass sich unzulässige Radlastdifferenzen ergeben. Dazu die Höheneinstellschrauben der Vorderachse – gleichmässig – nach rechts (im Uhrzeigerdrehsinn) verdrehen.
● Höheneinstellwerte:
Die Höheneinstellwerte gelten für neue Fahrzeuge.

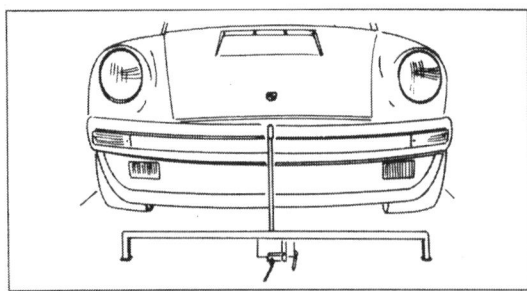

Bild 298
Mittelstellung vorn und hinten erstellen

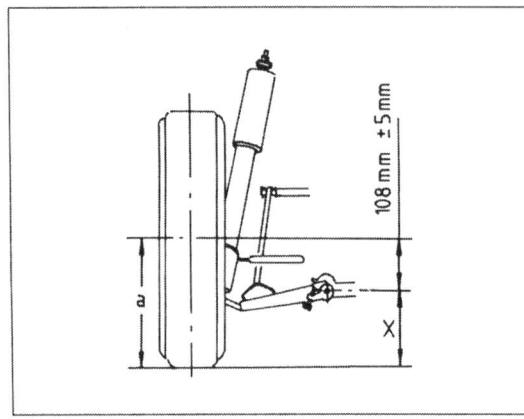

Bild 299
Massbild der Vorderachse

Gelaufene Fahrzeuge dürfen bis zu 10 mm tiefer liegen, das heisst die Toleranz in Richtung tief darf 15 mm betragen.
Dies gilt allerdings für beide Achsen.
● Ebene Fläche bestimmen:
Zum Festlegen und zur Kontrolle der ebenen Fläche, oder zur Kontrolle der Messbühne eine Schlauchwasserwaage verwenden.
● Fahrzeug-Fahrlage bei Fahrzeugen mit Bilstein-Stossdämpfern erstellen. Dazu die Mittelstellung zwischen einem begrenzten Aus- und Einfedern an der Hinter- und Vorderachse wie folgt herstellen:
– Hinterachse
Das Fahrzeug nach unten drücken (einfedern) und durch eigene Kraft hochkommen lassen.
Von der Messebene zu einem festzulegenden Punkt (Fettkreidestrich an der Stossstange) das Mass feststellen und notieren.
Das Fahrzeug hochheben und von eigener Kraft absenken lassen.
Das Mass zwischen den beiden gleichen Punkten wie vorhin feststellen.
Beide Masse addieren und durch zwei teilen.
Das Fahrzeug auf dieses Mittelmass bringen.
– Vorderachse
Denselben Messvorgang und Einstellung wie obenstehend vornehmen (Bild 298).

11.3 Fahrzeug-Höhenkontrolle (Mess- und Einstellpunkte)

Vorarbeiten/Allgemeines
● Gegebenenfalls (sofern eine Radaufhängung zerlegt war oder wenn das Fahrzeug längere Zeit angehoben war) vor dem Messvorgang eine Probefahrt durchführen, damit keine Ergebnisse gemessen werden, die den tatsächlichen nicht entsprechen.
● Das Fahrzeug auf die Messebene fahren (Ermitteln der Ebene wie vorstehend beschrieben).
● Die Fahrzeuglage – Fahrlage durch Ausschalten der Hysterese sicherstellen.
● Die Vorderachse und die Hinterachse 2 bis 3 mal einfedern und durch eigene Kraft wieder hochkommen lassen. Bei Fahrzeugen mit Bilstein-Gasdruckdämpfern genügt dies nicht. Die Mittelstellung muss, wie vorstehend beschrieben, erstellt werden.
Sofern keine spezielle Messvorrichtung vorhanden ist, zur Höhenkontrolle einen Höhenreisser verwenden.

11.3.1 Höhenkontrolle der Vorderachse

● Mass a und X messen (Bild 299).

- Mass a und X messen (Bild 299).
- Mass a Radaufstandsfläche bis Radmitte (Fettkappenmitte).
- Mass X Radaufstandsfläche bis Federstabmitte (Körner).
- Soll-Mass X ergibt sich durch Abziehen des Höheneinstellwerts vom Mass a. (Höheneinstellwert 911 Carrera «108 ± 5 mm»)

Beispiel:

Mass a	303,0 mm
Höheneinstellwert	108,0 mm
Soll-Mass X	195,0 mm

Das Soll-Mass X wird unter Berücksichtigung der Radlastdifferenz durch entsprechendes Verdrehen der Schraube (Pfeil in Bild 300) erstellt.

Einstellvorgang
- mit Radlastwaagen
- Sonderwerkzeug 9243 (siehe erweiterte Fahrzeugvermessung)
- kontrollierte Höhenänderung

Hinweis: Die Höhendifferenz zwischen links und rechts darf max. 5 mm betragen.

Höheneinstellschraube
nach rechts drehen – Fahrzeug höher/Radlast grösser
nach links drehen – Fahrzeug tiefer/Radlast geringer

11.3.2 Höhenkontrolle an der Hinterachse

- Mass a und X messen (Bild 301)

Mass a von der Messebene bis zur Radmitte.
Mass X von der Messebene bis zur Federstabmitte. (Federstabdeckel-Mitte (Pfeil in Bild 302).
- Soll-Mass X ergibt sich aus a plus Höheneinstellwert. (911 Carrera 16 ± 5 mm)

Beispiel:

Mass a	302,0 mm
Höheneinstellwert	16,0 mm
Soll-Mass X	318,0 mm

Das Sollmass X wird unter Berücksichtigung der zulässigen Radlastdifferenz eingestellt.
Dazu den Exzenter an der zweiteiligen Federstrebe, nach Lösen der Klemmschraube entsprechend verdrehen.
Anzugsmoment für den Exzenter und Klemmschraube 245 Nm (Bild 303).

Einstellvorgang:
- in Verbindung mit Radlastwaagen
- mit Sonderwerkzeug 9243

Hinweis: Die Differenz zwischen links und rechts von Mass X darf 8 mm betragen. Die zweiteilige Federstrebe ist werkseitig so eingestellt, dass mit dem Höheneinstellexzenter das Fahrzeug hochgefahren, aber nicht abgesenkt werden kann. Das Fahrzeug einseitig höher stellen ergibt grössere Radlast.

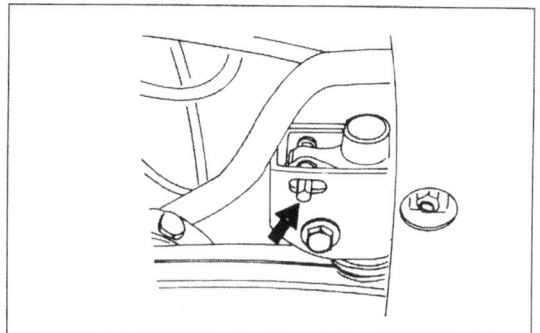

Bild 300
Einstellschraube Höhe

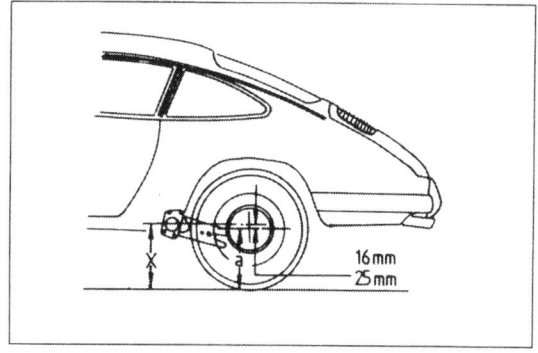

Bild 301
Massbild-Hinterachse

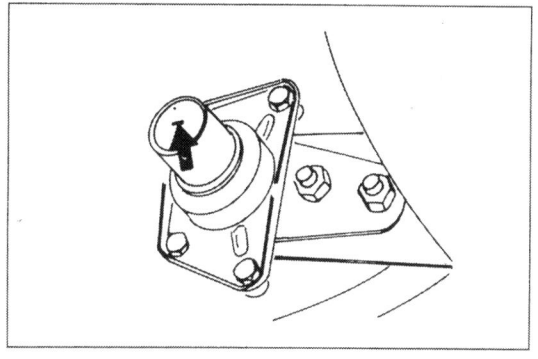

Bild 302
Federstabmitte hinten

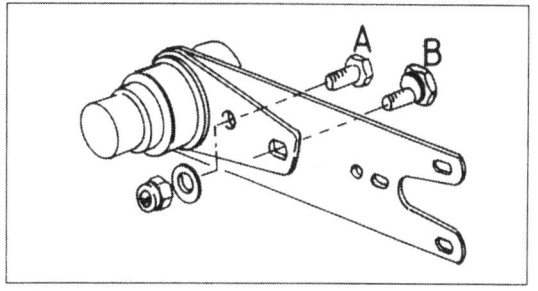

Bild 303
Anordnung Klemmschraube (A)/Exzenter (B)

11.4 Einfache Fahrzeugvermessung

Allgemeines
- Vor dem Überprüfen bzw. Korrigieren der Radstellungswerte, die Fahrzeug-Fahrlage durch Ausschalten der Hysterese erstellen. Dazu das Fahrzeug an der Vorder- und Hinterachse 2 bis 3 mm einfedern und durch eigene Kraft hochkommen lassen. Bei Fahrzeugen mit Bilstein-Gasdruckdämpfern ist dies nicht ausreichend, es muss die Mittelstellung zwischen einem begrenzten Aus- und Einfedern (wie vorstend beschrieben) erstellt werden.

● Werden Radstellungswerte an Hinter- und Vorderachse überprüft bzw. eingestellt, an der Hinterachse beginnen.

● Ist eine Sturzeinstellung an der Hinterachse erforderlich, muss folgendes beachtet werden: Eine grössere Änderung der Sturzwerte an der Hinterachse über den Sturz-Exzenter, bewirkt eine Höhenänderung und somit eine Radlastveränderung. Liegt die Radlastdifferenz ausserhalb der Toleranz, muss eine erweiterte Fahrzeugvermessung vorgenommen werden.

11.4.1 Vorderachse

Sturz einstellen:
Das Dämpferbein ist oben mit drei Schrauben befestigt. Diese Schrauben leicht lösen und das Dämpferbein nach innen (negativer Sturz) oder nach aussen (positiver Sturz) drücken. Hierbei ist darauf zu achten, dass sich der Nachlauf (durch Verschieben in Längsrichtung) nicht verändert. Anzugsmoment der Schrauben 47 Nm.
Das Dämpferbein anschliessend mit dauerelastischer Dichtungsmasse neu abdichten (Bild 304).
Nachlauf einstellen:
Der Nachlauf kann durch Verschieben des Dämpferbeins in Fahrtrichtung eingestellt werden.
Hierbei auf die Sturzwerte achten.
Spur einstellen:
Die Spur bei Mittelstellung der Lenkung an den Spurstangen einstellen.
Zuvor prüfen, ob bei Mittelstellung des Lenkrads auch tatsächlich die Lenkgetriebemittelstellung vorhanden ist.

Dazu das Lenkrad von der Mittelstellung aus bis zum rechten und linken Anschlag drehen (leichter Druck aufwenden). Sofern der linke und rechte Einschlag nicht gleich gross sind, das Lenkrad entsprechend versetzen.
Spurdifferenzwinkel:
Der Spurdifferenzwinkel kann nicht eingestellt werden.
Bei grösseren Differenzwinkelfehlern sind Lenkungs- bzw. Radaufhängungsteile verformt.

11.4.2 Hinterachse

Sturz einstellen:
Die Schraubenverbindung zwischen Federstrebe und Achslenker lösen.
Durch Verdrehen des Sturzexzenters 1 den vorgeschriebenen Wert einstellen (Bild 305).
Dabei ist die Radlastdifferenz zu beachten.
Bei zu grosser Differenz eine erweiterte Fahrzeugvermessung vornehmen.
Spur einstellen:
Den vorgeschriebenen Wert durch Verdrehen des Spurexzenters 2 in Bild 305 einstellen.
Anzugsmomente:
Sturz- und Spurexzenter   85 Nm
Schraubenverbindung Achslenker-
Federstrebe   120 Nm

11.5 Erweiterte Fahrzeugvermessung mit Radlastwaagen

Hinweis: Die erweiterte Fahrzeugvermessung umfasst Höheneinstellung und Radstellungswerte prüfen und einstellen.
Bei der Höheneinstellung ist neben der richtigen Fahrzeughöhe vor allem eine möglichst geringe Radlastdifferenz links und rechts für ein gutes Fahrverhalten von entscheidender Bedeutung.
Mit den 4 Radlastwaagen können die Radlastdifferenzen links und rechts an Vorder- und Hinterachse genau gemessen werden.
Die Differenz darf max. 20 kp betragen.
Beachte dazu die später folgende Bedienungsanleitung der Maha-Radlastwaagen.
Gegebenenfalls (sofern eine Radaufhängung zerlegt war oder das Fahrzeug längere Zeit angehoben war) vor dem Messvorgang eine Probefahrt durchführen, damit die effektiven Werte in Normallage des Fahrzeugs ermittelt werden.
Vorgang der erweiterten Fahrzeugvermessung:

● Fahrzeug auf Messebene fahren.

● Die Fahrzeug-Fahrlage durch Ausschalten der Hysterese erstellen. Dazu das Fahrzeug an der Vorder- und Hinterachse 2 bis 3 mal einfedern und durch eigene Kraft wieder hochkommen lassen.

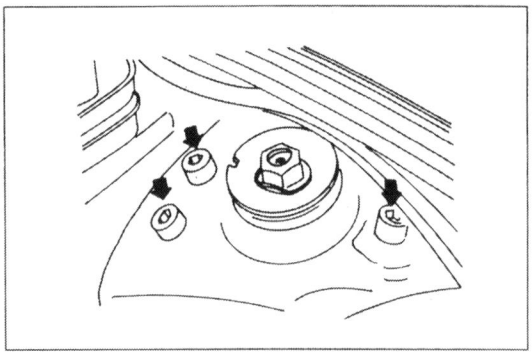

Bild 304
Befestigung Dämpferbein oben

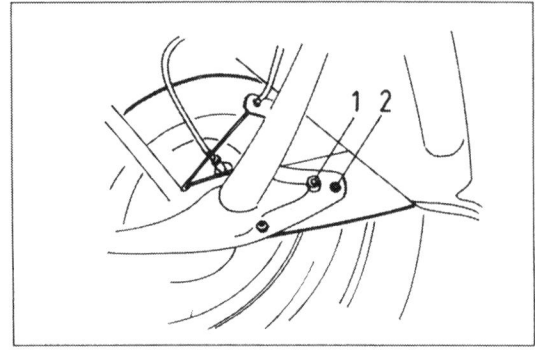

Bild 305
Sturz hinten einstellen
1 Exzenter
2 Befestigungsschraube

Bei Bilstein-Gasdruckdämpfern die Mittellage wie vorstehend beschrieben erstellen.
- Die Fahrzeughöhe, wie vorstehend beschrieben, prüfen.

Hinweis: Bevor eine Höhen- resp. Radlastveränderung durchgeführt wird, ist der beste Arbeitsablauf anhand der ermittelten Messwerte zu bestimmen.
- Sturz und Spur an der Hinterachse prüfen und einstellen.
- Die Radlastdifferenz anhand der Waagen innerhalb der zulässigen Toleranz von 20 kp links und rechts an Hinterachse und Vorderachse bringen.

Hinweis: Bevor an der Hinterachse eingestellt wird, über die Vorderachse-Höheneinstellschrauben versuchen, die Radlastdifferenz an Hinter- und Vorderachse in den Toleranzbereich zu bringen.
- Sofern zum Eingrenzen der Radlastdifferenzen an Hinterachs-Federstrebe eine Verstellung vorgenommen wurde, die Hinterachs-Radstellungswerte nochmals überprüfen und wenn erforderlich korrigieren.
- Die Radstellungswerte an der Vorderachse überprüfen und wenn erforderlich korrigieren. Das Fahrzeug dazu in die Fahrlage bringen. Dies ist vor allem beim Einstellen des Spurwerts von entscheidender Bedeutung.

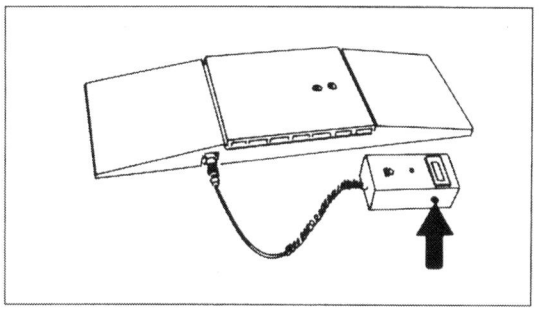

Bild 306
Radlastwaagen

11.6 Bedienungsanleitung für Maha-Radlastwaagen

Prüfvorgang:
- Waage auf Null justieren, den Knopf auf dem Anzeigegerät drücken. Anzeige wird wirksam (min. bis 800 kp). Dies ist der Batterietest. Nach ca. 3 Sekunden erfolgt die automatische Nullstellung. Sollte die Anzeige nicht auf Null stehen, so kann sie mit dem Potentiometer an der Seite des Geräts auf Null gestellt werden (Pfeil in Bild 306).
- Die Radlastwaage ist jetzt einsatzbereit. Das Geberteil vor die Räder stellen und mit dem Fahrzeug auffahren. Aufschieben, wenn das Geberteil an den Antriebsrädern nicht verankert ist. Ansonsten Beschädigung und Unfallgefahr.

Hinweis: Im Anzeigegerät sind 8 Batterien (Mignon 1.5 V Alkaline LR6) untergebracht. Wenn beim Batterietest die Anzeige unter 800 kp bleibt, müssen die Batterien gewechselt werden.
Dies geschieht, indem das Oberteil abgeschraubt wird und das Halteband um den Batteriebehälter gelöst wird.
Es ist darauf zu achten, dass das Gerät im Ruhezustand so gelagert wird, dass der Knopf am Anzeigegerät frei liegt. Bei Nichtbeachtung erfolgt vorzeitiges Entladen der Batterien.
Bei negativem Batterietest zuerst den Sitz der Batterien prüfen.

11.7 Erweiterte Fahrzeugvermessung mit Wippe

Sonderwerkzeug 9243
- Fahrzeug Fahrlage erstellen (siehe vorstehendes Kapitel).
- Die Höhenkontrolle an der Hinterachse durchführen. Das Sollmass einstellen.
- Die Höhenkontrolle an der Vorderachse durchführen. Das Sollmass einstellen. Bei vorschriftsmässiger Höhendifferenz rechts zu links (max. 5 mm) hält sich dabei die Radlastdifferenz in akzeptabler Grössenordnung.
- Die Radstellungswerte an Hinter- und Vorderachse einstellen. An der Hinterachse beginnen. Dazu muss sich das Fahrzeug in Fahrlage befinden.

12 Lenkung

Die Lenkung besteht aus dem Lenkrad, das über die Lenkwelle und Kreuzgelenke das Zahnstangengetriebe betätigt.

Das Lenkgetriebe besitzt aussen Spurstangen, welche an den Lenkhebeln der Dämpfbeine mit Kugelgelenken befestigt sind.

Daten der Lenkung
Lenkrad-Durchmesser 380 mm
Lenkradübersetzung 17,78:1
(Lenkradwinkel:Radwinkel)
Wendekreis 10,95 m
Spurkreisdurchmesser 10,35 m

Lenkradumdrehung von
Anschlag zu Anschlag ca. 3,0
Reibmoment der Lenkung
gemessen am Flansch des
Lenkgetriebes ohne angeflanschte
Spurstangen 80 bis 140 Ncm

12.1 Lenkrad aus- und einbauen

● Die Polsterkappe vom Lenkrad ziehen. Das Signalkabel abziehen.
● Die Stellung des Lenkrads zur Lenkwelle für den Wiedereinbau zeichnen.
● Die Sechskantmutter abschrauben und das Lenkrad mit der Federscheibe abnehmen (Bild 307).

Einbau
● Das Lenkrad bei Geradeausstellung der Räder oder nach dem Demontage-Kennzeichen so aufsetzen, dass die Lenkradspeichen waagrecht stehen.
● Die Sechskantmutter mit der Federscheibe montieren und mit 50 Nm festziehen.

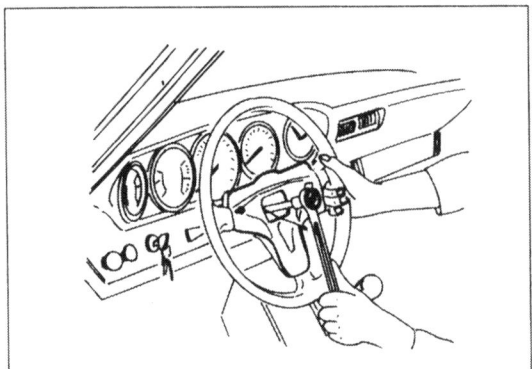

Bild 307
Lenkrad abschrauben

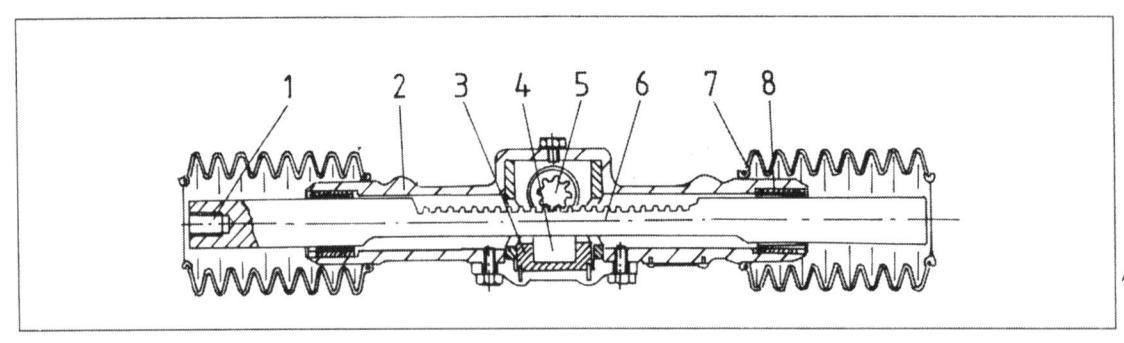

Bild 308
Lenkgetriebe Längsschnitt
1 Gewinde für Gelenkbüchse
2 Gehäuse
3 Nachstellmutter
4 Druckstück
5 Antriebsritzel
6 Zahnstange
7 Faltenbalg
8 Lagerbüchse

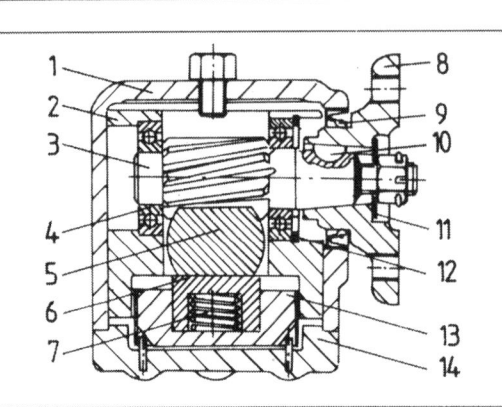

Bild 309
Lenkgetriebe Querschnitt
1 Gehäuse
2 Ritzellagerbüchse
3 Antriebsritzel
4 Rillenkugellager
5 Zahnstange
6 Druckstück
7 Druckfeder
8 Flansch
9 Wellendichtring
10 Scheibenfeder
11 Scheibe
12 Sicherungsring
13 Nachstellmutter
14 Gehäusedeckel

● Das Signalkabel an der Polsterkappe aufstekken und die Kappe auf die Haltezapfen drücken.
● Das Signal auf Funktion und Rückstellung des Blinkerschalters prüfen.

12.2 Zahnstangen-Lenkgetriebe

Die Zahnstange des Lenkgetriebes ist über je eine auswechselbare Lagerbuchse aussen im Gehäuse geführt.

Eine im Gehäuse schwimmend angeordnete Ritzellagerbüchse dient als Aufnahme für das kugelgelagerte Antriebsritzel.
Über das Druckstück, das auf der Rückseite der Zahnstange sitzt und eine Druckfeder und Nachstellmutter wird das Antriebsritzel gegen die Zahnstange gezogen.
Dadurch wird ein spielfreier Betrieb gewährleistet. Mittels der Nachstellmutter wird ein bestimmtes Drehmoment des Antriebsritzels eingestellt.
Das Zahnstangengetriebe ist wartungsfrei.

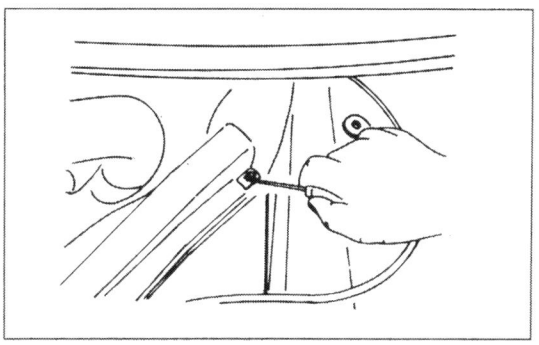

Bild 310
Haltezungen aufbiegen

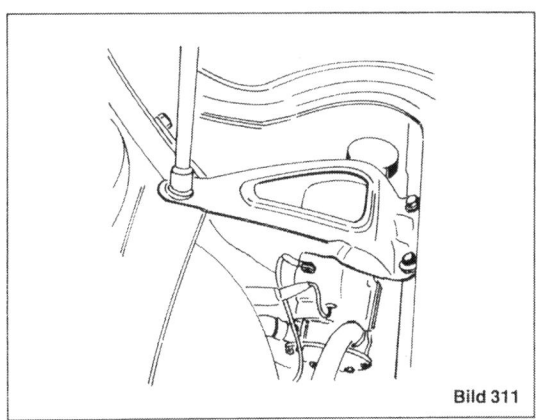

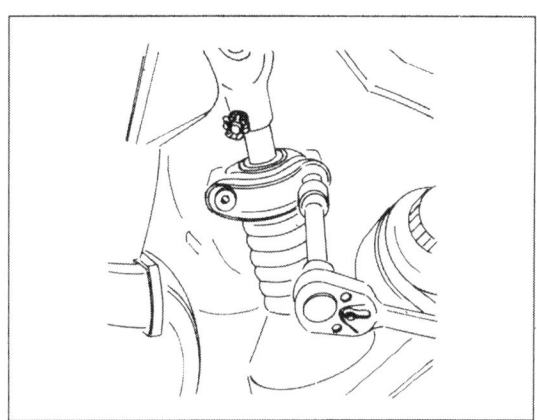

Bild 311
Gemischpumpe demontieren

Bild 312
Lager der Lenkwelle demontieren

Bilder 308 und 309 zeigen das Lenkgetriebe im Schnitt.

12.2.1 Ausbau

● Die Bugraummatte entfernen. Den Heizschlauch der Fremdheizung über dem Lenkstützrohr lösen und den Schlauch zur Seite biegen.

Den Kastendeckel öffnen und die Lenkwellenabdeckung demontieren. Es ist von Vorteil, eine der Haltezungen der Federmutter nach oben zu biegen (Bild 310).
● Die Gemischpumpe der Fremdheizung an den drei Schrauben der Konsole lösen und zur Seite legen (Bild 311).
● Die unteren Sechskantschrauben des Kreuzgelenks entsichern, lösen und das Kreuzgelenk von der Lenkwelle abziehen. Die Zylinderschrauben am Lagerdeckel der Lenkwelle lösen, den Lagerdeckel abnehmen und das Lenkwellenlager sowie den Abdichtbalg nach oben abnehmen (Bild 312).
● Die Schrauben an der Lenkungskupplung entsichern, lösen und abnehmen.
● Die Sechskantschrauben und Muttern am Unterschutz lösen und den Unterschutz abnehmen (Bild 314).
● Die Kronenmutter des Kugelgelenks der Spurstange entsichern, lösen und mit dem Sonderwerkzeug VW 226h das Gelenk abziehen (Bild 315).

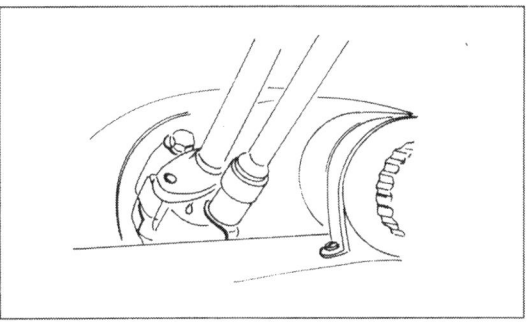

Bild 313
Lenkungskupplung abschrauben

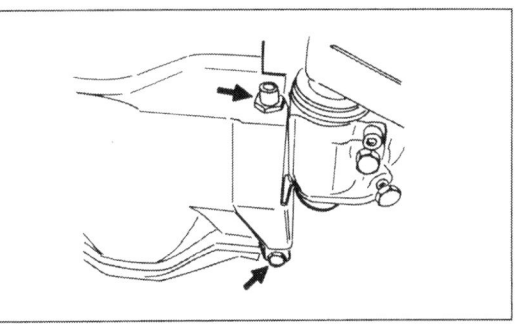

Bild 314
Unterschutz ausbauen

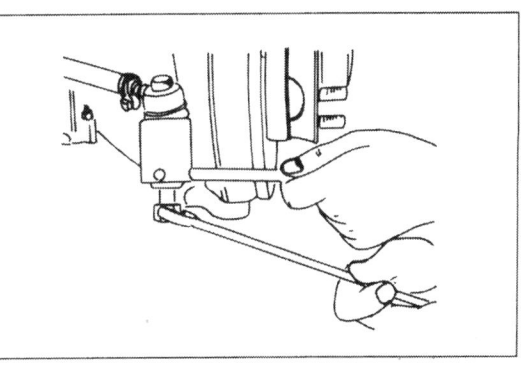

Bild 315
Gelenk abziehen

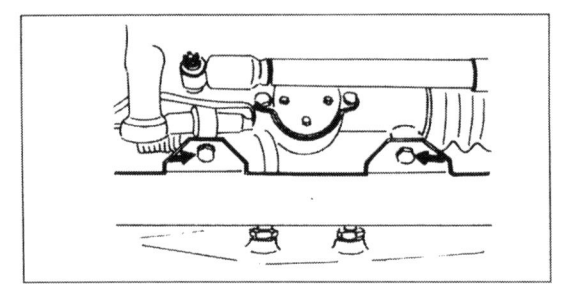

Bild 316
Befestigungsschrauben der Lenkung

- Die Lenkspurstangen auf Beschädigung und Verformung prüfen. Die Kugelgelenke ebenfalls prüfen. Beim Bewegen der Kugelgelenke muss ein kleines Reibmoment vorhanden sein. Lässt sich der Kugelzapfen ohne Widerstand bewegen und ist Axialspiel vorhanden, so muss das Gelenk ersetzt werden.
- Die Gelenkbolzen mit MoS_2-Paste schmieren, und mit 47 Nm festziehen.

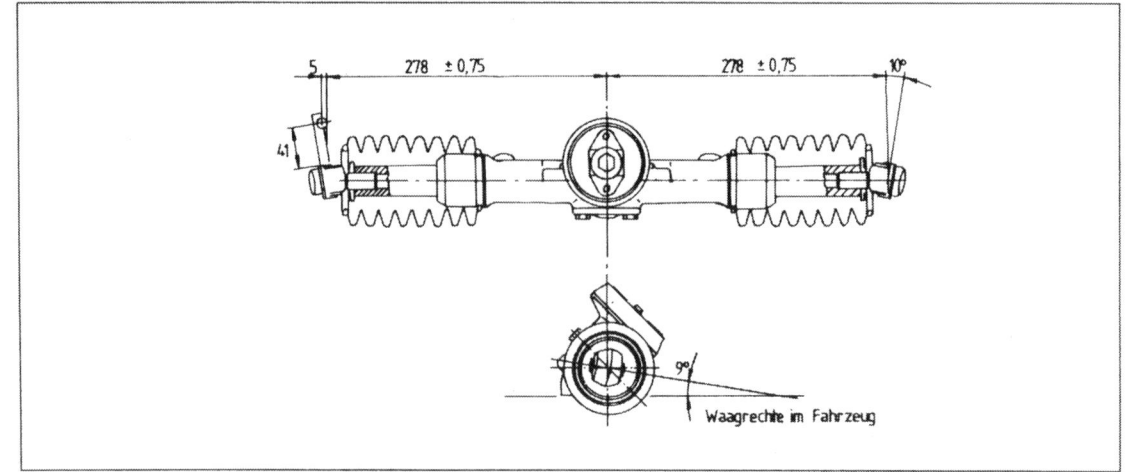

Bild 317
Stellung der Gelenkbuchsen

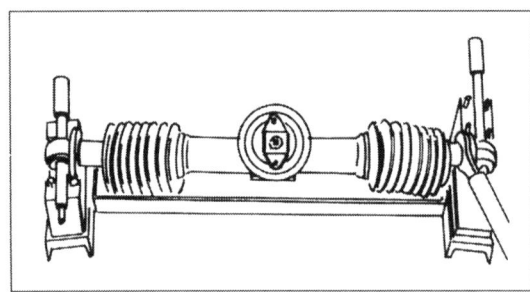

Bild 318
Lenkung auf Werkzeug montiert

- Die Strebe zum Hilfsträger ohne Verspannung montieren.
Die Muttern mit 65 Nm, und die Schrauben mit 47 Nm festziehen.
- Die Befestigungsschrauben mit neuen Sicherungsringen montieren und mit 47 Nm festziehen.
- Die Kronenmuttern der Gelenke mit 45 Nm festziehen und mit neuen Splinten sichern.
- Die Zylinderschrauben des Lagerdeckels der Lenkwelle mit 25 Nm festziehen.
- Die Schrauben der Lenkungskupplung mit neuen Sicherungsblechen montieren und mit 25 Nm festziehen.

12.2.3 Die Gelenkbuchsen montieren

Die Gelenkbuchsen müssen eine bestimmte Einbaulage haben, damit die Lenkkinematik sowie die exakte Führung der Spurstangen gewährleistet ist (Bild 317).
Die Einstellung muss mit dem Werkzeug P 285 b erfolgen.
Das Lenkgetriebe wird an der Vorrichtung P 285 b festgeschraubt.
Die Gelenkbuchsen müssen soweit in die Zahnstange eingedreht werden, bis die Fixierbolzen des Werkzeugs leichtgängig in die Gelenkbuchsen eingeführt werden können.
Die abgeflachte Seite der Fixierbolzen muss dabei auf dem Sonderwerkzeug aufliegen. Den Balghalter in dieser Position mit 70 Nm festziehen (Bilder 318 und 319).

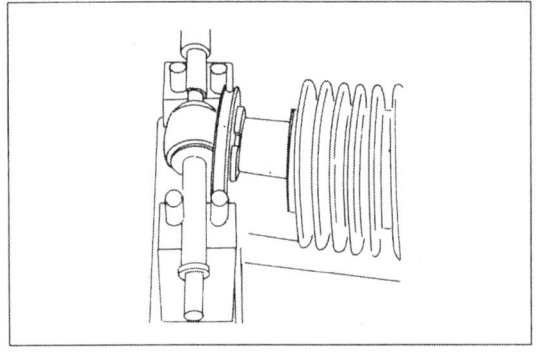

Bild 319
Lage der Gelenkbuchsen

- Die Befestigungsschrauben des Lenkgetriebes lösen (Bild 316).
- Die Strebe zum Hilfsträger demontieren.
- Das komplette Lenkgetriebe nach der rechten Seite hin ausfahren.
- Die Gelenkbolzen an der Gelenkgabel entsichern und lösen. Die Spurstangen abnehmen.

12.2.2 Einbau

Folgende Punkte sind zu beachten:

13 Bremsen

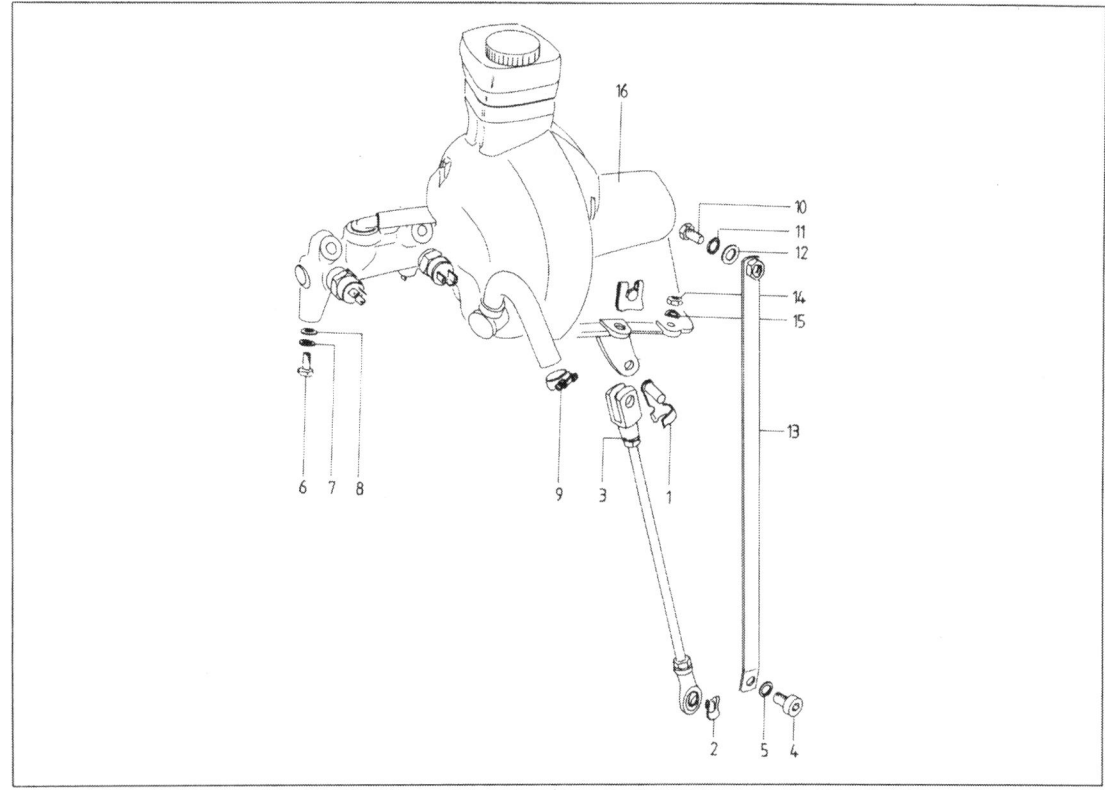

Bild 320
Hauptbremszylinder mit Servo
1 Sicherungsbolzen
2 Sicherung
3 Druckstange
4 Zylinderschraube
5 Sicherungsscheibe
6 6 kt-Schraube
7 Federring
8 Scheibe
9 Schlauchschelle
10 6 kt-Schraube
11 Federring
12 Scheibe
13 Zugstrebe
14 6 kt-Mutter
15 Federscheibe
16 Bremsgerät

Die Bremsanlage besteht aus den Scheibenbremsen an allen 4 Rädern, dem servounterstützten Hauptbremszylinder mit Vorratsbehälter. Die Handbremse wirkt auf die Hinterräder. Sie ist als Trommelbremse ausgebildet und befindet sich in den hinteren Scheibenbremsen. Sie wird über Seilzüge betätigt.

13.1 Hauptbremszylinder mit Servo aus- und einbauen

Bild 320 zeigt den Hauptbremszylinder mit Servo.

13.1.1 Ausbau

● Den Sicherungsbolzen der Druckstange ausbauen (Bild 321).
● Die Befestigungsschraube des Hauptbremszylinders (sitzt innen am Kofferbodenblech) herausdrehen.

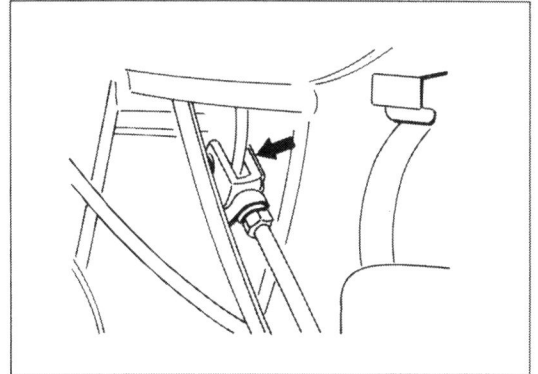

Bild 321
Bolzen Druckstange

● Den Vorratsbehälter mittels Saugheber entleeren.
● Die Kalbelstecker des Bremslichtschalters abziehen.
Die Schlauchschelle des Unterdruckschlauchs lösen und die Bremsleitung herausdrehen (Bild 322).
● Die Sechskantschraube der Zugstrebe und die Muttern des Lagerbocks demontieren (Bild 323).

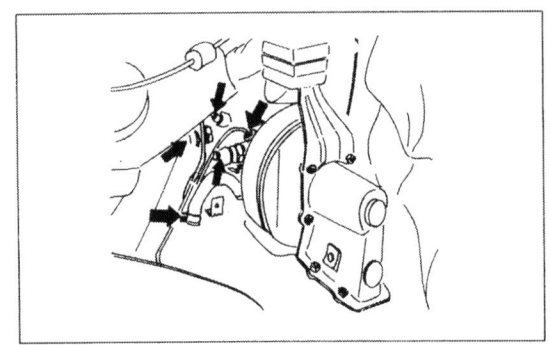

Bild 322
Kabel, Anschlüsse und Unterdruckschlauch

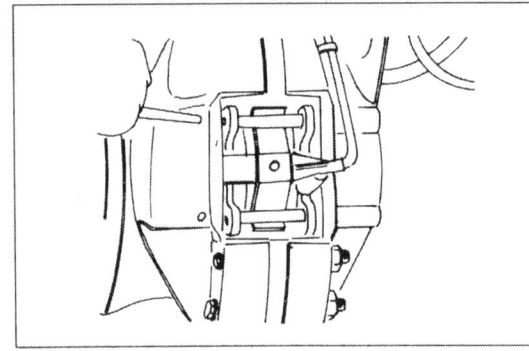

Bild 323
Haltestifte demontieren

13.1.2 Einbau

● In umgekehrter Reihenfolge einbauen.
● Der Sicherungsbolzen der Druckstange muss so montiert werden, dass die Haltefeder von oben aufgesteckt werden kann.
Achtung: Das Anbringen der Feder von unten ist nicht zulässig.

13.1.3 Die Bremsdruckstange einstellen

Die Druckstange soll in der Bremspedal-Ausgangsstellung, ohne dass Kräfte auf den Umlenkhebel wirken, eingehängt werden. Die fest eingestellten Spiele im Bremsgerät dürfen nicht geändert werden.
● Den Bremsfusshebel bis zum Anschlag nach hinten ziehen.
● Die Kontermutter der Druckstange lösen und die Druckstange so einstellen, dass der Sicherungsbolzen für den Umlenkhebel ohne Spannung montiert werden kann.

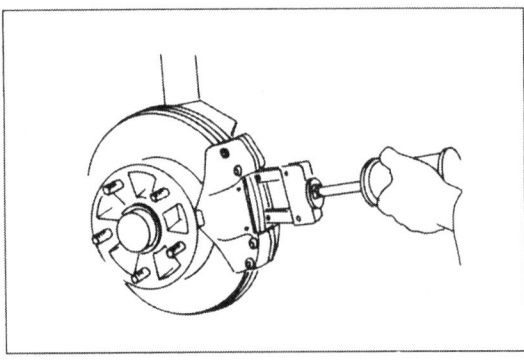

Bild 324
Beläge ausbauen

● Die Kontermutter wieder festziehen.
● Zur Sicherstellung der Bremsgerät-Lüftspiele ist am Bremspedal, bei entlüfteter Bremsanlage und stehendem Motor, durch Handbetätigung das Druckstangenspiel zu prüfen. Es muss mindestens 10 mm betragen (am Pedal gemessen).

13.1.4 Den Bremskraftverstärker prüfen (eingebaut)

● Das Bremspedal bei stehendem Motor mehrere Male betätigen. Dadurch wird der im Gerät befindliche Unterdruck abgebaut.
● Das Bremspedal mit mittlerer Fusskraft in Bremsstellung halten. Den Motor starten.
● Bei einwandfreiem Bremskraftverstärker gibt das Bremspedal unter dem Fussdruck nach.
Achtung: Defekte Verstärker immer gegen ein Neuaggregat oder ein Austauschteil ersetzen. Der Verstärker darf nicht zerlegt werden.

13.2 Hauptbremszylinder

Der Hauptbremszylinder ist auf Servo montiert. Nach dem Entleeren des Vorratsbehälters die Bremsleitungen abschrauben und den Zylinder vom Servo abschrauben. Die Befestigungsschraube am Kofferbodenblech entfernen. Der Zylinder kann abgenommen werden. Undichte, defekte Hauptbremszylinder immer gegen ein Neuteil ersetzen. Eine Revision birgt zuviele Risiken in sich.

13.3 Bremsen ersetzen

Die Mindestdicke der Beläge muss 2,5 mm betragen. Ist dieser Wert erreicht, müssen die Beläge ersetzt werden. Der Wert der Dicke bezieht sich auf das Belagmaterial ohne die Belagträgerplatte. Nach Demontage der Räder kann die Dicke der Beläge leicht überprüft werden.

13.3.1 Ausbau

Bremsbeläge, welche wieder verwendet werden, müssen wieder an der selben Stelle eingebaut werden.
● Die Haltestifte der Bremsbeläge mittels Dorn austreiben (Bild 323).
● Den Warnkontakt vom Bremsbelag abziehen.
● Die Bremsbeläge mittels geeignetem Werkzeug ausbauen, z.B. Schlag-Auszieher Ate 3.9314-6100.3 (Bild 324).

13.3.2 Einbau

Bremsbeläge, welche tiefe Risse aufweisen, sich von der Trägerplatte gelöst haben oder verölt sind, müssen durch neue ersetzt werden.
- Die Kolben der Bremszange mit der Kolbenrücksetz-Vorrichtung in die Grundstellung zurück drücken (Bild 325). Um ein Überlaufen des Vorratsbehälters auf dem Hauptbremszylinder zu vermeiden, muss eventuell Flüssigkeit aus dem Behälter abgesogen werden. Dazu einen Saugheber verwenden.
- Die Sitz- und Berührungsflächen der Beläge mit einer Bürste und einem stumpfen Schraubenzieher reinigen. Dazu kann auch Spiritus verwendet werden. Keinesfalls mineralölhaltige Substanzen verwenden.
- Die 20°-Stellung der Kolben prüfen und wenn erforderlich mit der Kolbendrehzange korrigieren. Dazu das Ate-Messwerkzeug wie in Bild 326 dargestellt verwenden.
- Die Bremsbeläge einsetzen. Der innere Belag mit der Aussparung für den Warnkontakt. Um ein Festkorrodieren der Beläge im Bremssattel zu vermeiden, sind die Sitz- und Führungsflächen mit einem dünnen Fettfilm zu versehen. Dazu Optimoly HT (Cu-Paste) oder Plastilube (Fa. Schillings, Postfach 1703, 7080 Aalen) verwenden.
- Die Spreizfeder und die Haltestifte einsetzen und die Haltestifte bis zum Anschlag eintreiben.
- Den Warnkontakt lagerichtig in den Bremsbelag drücken und das Kabel in den Halter an der Spreizfeder einsetzen.
- Das Bremspedal im Stand mehrere Male betätigen, bis ein kurzer Pedalweg vorhanden ist. (Die Beläge liegen an den Bremsscheiben an)

13.3.3 Einfahren der Bremsbeläge

Neue Bremsbeläge benötigen eine Einfahrzeit von ca. 2000 km. Erst nach dieser Strecke erreichen sie die volle Wirksamkeit. In dieser Zeit soll die Bremse nur im Notfall stark beansprucht werden.

13.4 Handbremse prüfen und einstellen

Bild 327 a/b zeigt die Handbremse.
Die Handbremse muss nachgestellt werden, wenn sich der Hebel bei mittlerem Kraftaufwand mehr als 4 Zähne hochziehen lässt. Um eine gleichmässige Bremswirkung zu erzielen, muss die Seilwippe am Handbremshebel genau quer zur Fahrtrichtung stehen.
Die Wirkungsweise wird in Bild 328 gezeigt.

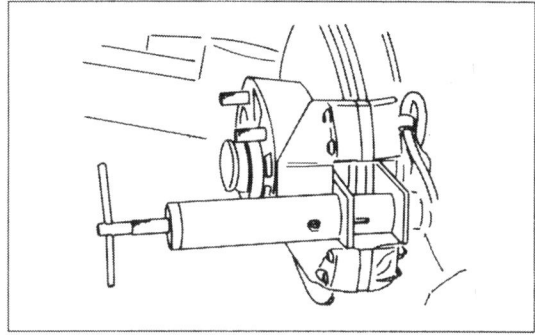

Bild 325
Kolben zurückdrücken

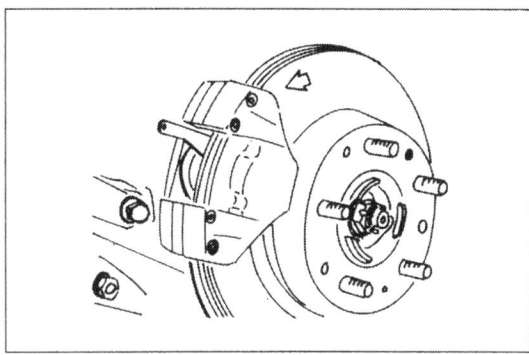

Bild 326
Kolbenstellung 20°

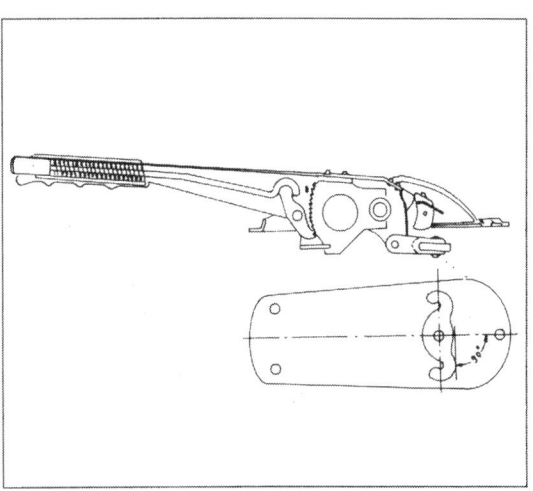

Bild 327 a/b
Handbremse

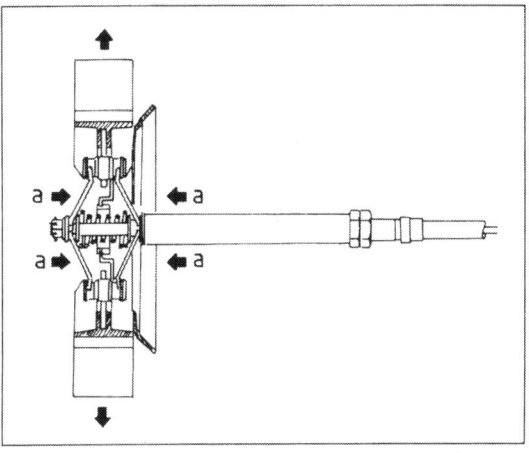

Bild 328
Mechanismus am Rad

Bei der Betätigung der Handbremse wird der Spreizbügel in Pfeilrichtung (a) zusammengedrückt, sodass die Beläge nach aussen an die Bremstrommel gedrückt werden.

13.4.1 Einstellen

● Die hinteren Räder demontieren. Die Handbremse lösen und die Scheibenbremsbeläge zurückdrehen, bis die Bremsscheibe frei dreht.

● Prüfen, ob die Handbremsseile ohne Vorspannung sind. Prüfen, ob die Seile in den Führungen frei laufen. Andernfalls das schadhafte Seil ersetzen.

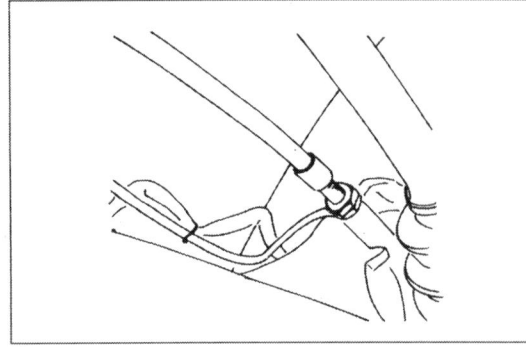

Bild 329
Nachstellmutter

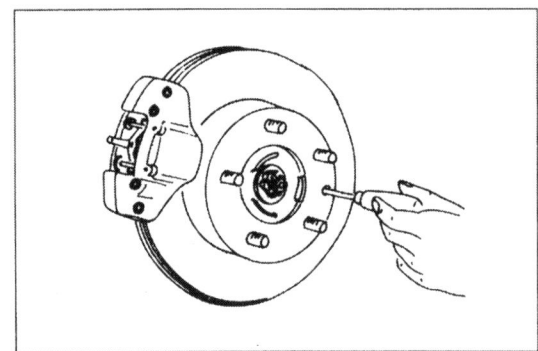

Bild 330
Nachstellmutter betätigen

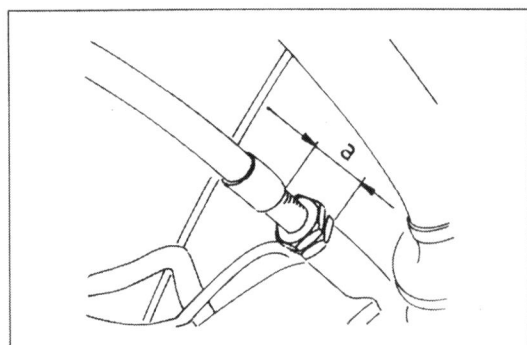

Bild 331
Seile einstellen

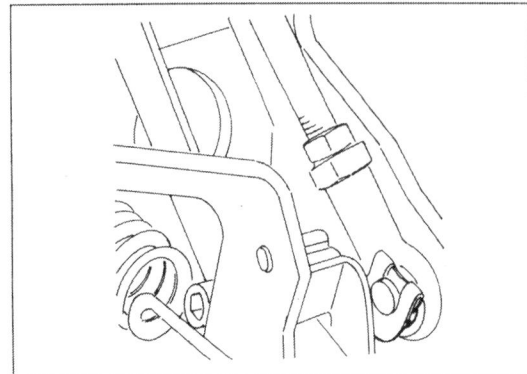

Bild 332
Kontermutter der Druckstange

● Wenn erforderlich die Nachstellmutter lösen (Bild 329).
● Die Nachstellmutter der Bremsbacken mittels Schraubenzieher beidrehen, bis die Bremsscheibe nicht mehr von Hand gedreht werden kann. Die Einstellmutter um 4 Zähne lösen, so dass die Bremsscheibe frei dreht (Bild 330). Diese Einstellung beidseits vornehmen.
● Das Handbremsseil in zwei Stufen einstellen:
– Erste Stufe:
Bei gelöster Handbremse muss noch ein kleines Axialspiel vorhanden sein (spannungsfrei).
Die Gewinde müssen beidseits etwa gleich viel aus den Distanzhülsen ragen (Distanz A in Bild 331).
– Zweite Stufe:
Beide Räder müssen sich, wenn der Handbremshebel 2 Zähne angezogen ist, schwer durchdrehen lassen.
Hinweis:
Wurde die Handbremse zerlegt, bzw. neue Teile eingebaut, zuvor die Handbremse mehrmals anziehen und wieder lösen.
Prüfen, ob sich beide Räder bei gelöster Handbremse frei drehen lassen. Die Muttern an den Seilen kontern.
Die Fussbremse mehrmals betätigen bis ein kurzer Pedalweg vorhanden ist.

13.5 Bremsdruckstange einstellen

Der Fussbremshebel hat keinen Anschlag. Seine Ausgangsstellung ist erreicht, wenn sich das Bremsgerät in Lösestellung befindet. Da bei korrekt eingestellter Bremsdruckstange der Fusshebel in Ausgangsstellung keine Abstützmöglichkeit hat, sind die fest eingestellten Lüftspiele im Bremsgerät sichergestellt. An dem Bremspedal ist bei stehendem Motor und entlüfteter Bremse ein Leerweg von 10 mm spürbar.
Die korrekte Einstellung der Bremsdruckstange ist gegeben, wenn sich das Bremspedal auf gleicher Höhe wie das Kupplungspedal befindet.
Einstellung
● Die Kontermutter der Druckstange lösen. Die Druckstange soweit verdrehen, bis sich das Bremspedal auf gleicher Höhe wie das Kupplungspedal befindet. Die Kontermutter wieder festziehen (Bild 332).
● Den Gelenkkopf der Druckstange ausrichten und die untere Kontermutter festziehen.

13.6 Bremsen entlüften/ Bremsflüssigkeitswechsel

Um ein speditives und effizientes Arbeiten zu ge-

währleisten, ist ein Entlüftungsgerät zu verwenden.
Bei der Auswahl des Gerätes ist darauf zu achten, dass Luft- und Flüssigkeitskammer durch eine Membrane getrennt sind.
Die früher übliche Entlüftung über Pedalbetätigung und Hauptbremszylinder ist aus Sicherheitsgründen nicht mehr erlaubt.
Bei dieser Art zu entlüften sind Defekte des Hauptbremszylinders möglich.
Die Bremsflüssigkeit ist hygroskopisch, das bedeutet, sie nimmt Feuchtigkeit aus der Luft auf. Dadurch wird der Siedepunkt herabgesetzt. So sinkt der Siedepunkt bei 2% Wassergehalt um 60° C.
Verschmutzte oder wasserhaltige Bremsflüssigkeit kann zum Ausfall der Bremsanlage führen. Abgelassene Flüssigkeit deshalb nicht mehr verwenden.
Die Bremsflüssigkeit muss alle 12 Monate erneuert werden. Bremsflüssigkeit muss der Qualität DOT3 oder DOT4 (SAE J 1703) entsprechen.
Wechselmenge: 1 Liter gesamt/pro Bremszange 0,250 ccm.

Entlüften:
- Den Vorratsbehälter auf dem Hauptbremszylinder randvoll füllen. Siebeinsatz herausnehmen. Den Überlaufschlauch mit einer Schlauchklemme abklemmen.
- Den Entlüftungsstutzen auf den Ausgleichsbehälter setzen und die Schnellkupplung des Füllschlauchs aufstecken (Bild 333).
- Das System mit dem Entlüftergerät unter Druck setzen (Gerät einschalten – Ventil auf Füllen/Entlüften stellen).
- Am Entlüfterventil der Bremszange eine Entlüfterflasche mit Kunststoffschlauch anschliessen.
- Das Entlüfterventil solange öffnen, bis klare, blasenfreie Flüssigkeit austritt. Diesen Vorgang an allen Bremszangen wiederholen.
- Damit aus dem Hauptbremszylinder alle Luft entfernt wird, das Bremspedal mehrmals von Hand betätigen. Dies muss sanft und ohne grossen Kraftaufwand erfolgen.
- Nach dem Entlüften/Flüssigkeitswechsel ist eine Niederdruck-Dichtheitsprüfung durchzuführen. Dazu ist der Ate-Elektroentlüfter notwendig (Bild 334). Voraussetzung: Entlüfterstutzen, Füllschlauch und Überlaufschlauch sind dicht. Alle Entlüfterventile geschlossen. Den Wählhebel des Geräts von Füllen auf Dichtheitsprüfung stellen. Der am Arbeitsdruck angezeigte Druck darf während 5 Minuten nicht abfallen. Bei Druckabfall die lecke Stelle aufsuchen und beseitigen.
- Die Staubkappen auf die Entlüfterventile stülpen und den zu hohen Flüssigkeitsstand im Vorratsbehälter berichtigen. Den Siebeinsatz einlegen und den Behälter sorgfältig verschliessen.

Bremsflüssigkeitsstand:

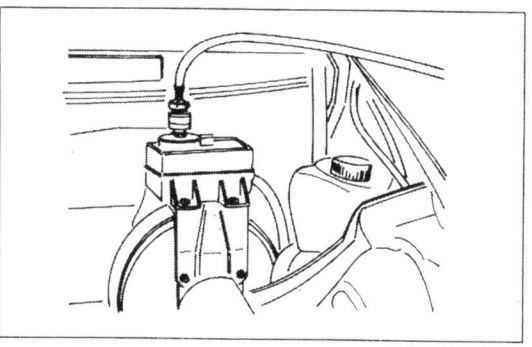

Bild 333
Entlüfterstutzen mit Schnellkupplung

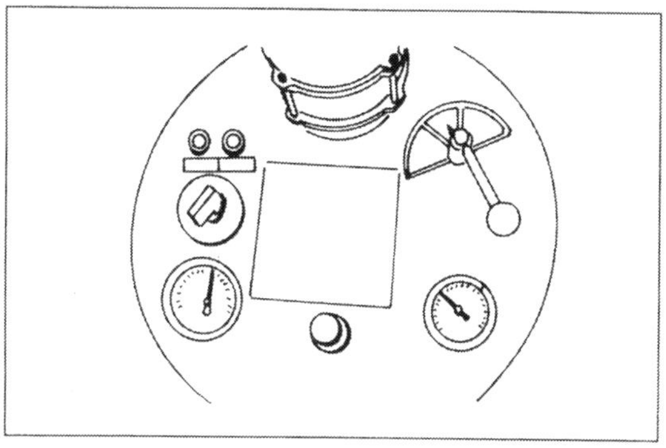

Bild 334
Elektro-Entlüftergerät von Ate

bis Ende Modell 86 ca. 18 mm über Halteband-Oberkante
ab Modell 87 bis MAX.-Markierung

13.7 Bremsscheibe vorne/hinten ersetzen

Beim Ersatz der Bremsscheiben stets beide Scheiben einer Achse ersetzen. Gleichzeitig sind neue Bremsbeläge zu montieren. Bei Nacharbeiten der Bremsscheiben sind folgende Grenzmasse einzuhalten:

		vorne	hinten
Scheibedicke	neuwertig	24 mm	24 mm
	Minimum	22,6 mm	22,6 mm
Verschleissgrenze		22,0 mm	22,0 mm
Stärkentoleranz		0,02 mm	0,02 mm
Seitenschlag	ausgebaut	0,05 mm	0,05 mm
	eingebaut	0,1 mm	0,1 mm
Rauhtiefe maximal		6 my	6 my

13.7.1 Ausbau

- Die Bremsbeläge und die Bremsen demontieren (siehe entsprechendes Kapitel). Die Bremsleitungen bleiben angeschlossen. Die Zangen mit Bindedraht hochbinden.
- Die Vorderradnabe demontieren und die Bremsscheibe von der Nabe abschrauben.
- Hinten die Halteschrauben der Scheibe ausdrehen und die Scheibe abnehmen.

- Die Auflageflächen der Scheibe gründlich reinigen.
- Die neuen oder revidierten Scheiben aufsetzen und festziehen.
- Die Naben vorne montieren und das Radlagerspiel einstellen (siehe entsprechendes Kapitel).
- Die Bremszangen montieren. Das vorgeschriebene Anzugsmoment einhalten.
- Neue Bremsbeläge, wie beschrieben, einbauen.

13.8 Handbremsbeläge ersetzen

Beim Ersatz der Bremsbeläge muss die Bremstrommel entsprechend dem Durchmesser der neuen Beläge angepasst werden. Ist das Grösstmass erreicht oder überschritten, müssen neue hintere Bremsscheiben montiert werden.

Abmasse der Handbremse

Trommeldurchmesser neu	180,0 mm
Verschleissgrenze	181,0 mm
Belagbreite	25,0 mm
Belagdicke neu	4,5 mm
minimal	2,0 mm

13.8.1 Ausbau

- Die Hinterräder demontieren.
- Die Bremszangen und die Beläge ausbauen (die Bremsleitungen bleiben angeschlossen, die Zange hochbinden).
- Die Bremsscheibe abbauen (Bild 335).
- Den Splint, die Kronenmutter und die Scheibe in Bild 336 abmontieren.
- Das Bremsseil zur Wagenmitte herausziehen.
- Am oberen Bremsbacken den Federteller durch 1/4 Drehung demontieren (Bild 337). Feder und Spannstift abnehmen.
- Den oberen Backen mittels Schraubenzieher hochheben und die Nachstellvorrichtung abnehmen (Bild 338).
- Den Federteller, die Feder mit Stift unten abmontieren.
- Beide Bremsbacken mit der Rückzugfeder nach vorne abnehmen.
- Die Rückzugfedern aushängen und abnehmen.

13.8.2 Einbau

Der Einbau erfolgt in umgekehrter Reihenfolge unter Beachtung folgender Punkte:
- Verschlissene und verölte Bremsbeläge ersetzen.
- Das Bremsseil von hinten einführen und inneren Spreizbügel auf das Bremsseil aufstecken.
Achtung: Scheibe zwischen Distanzrohr und Spreizbügel nicht vergessen (Bild 339).
- Die Rückzugfedern so in den Backen einhängen, dass die Federwindungen zur Achsmitte hin verlaufen (Bild 340).
- Beide Bremsbacken mit eingehängten Federn

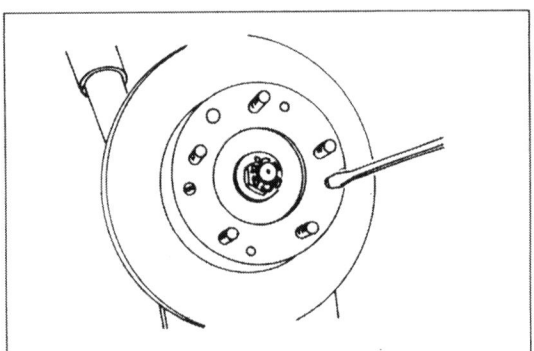

Bild 335
Bremsscheibe hinten ausbauen

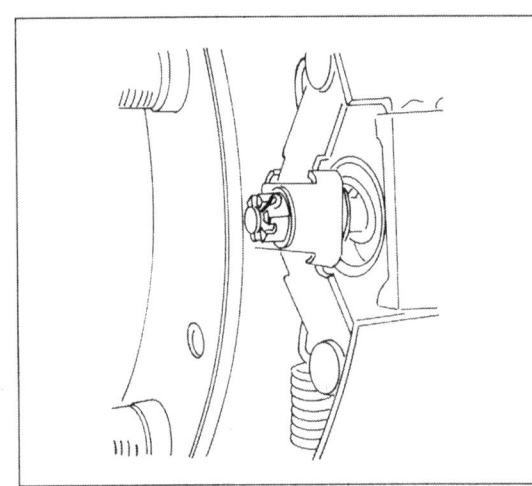

Bild 336
Splint, Kronenmutter, Scheibe

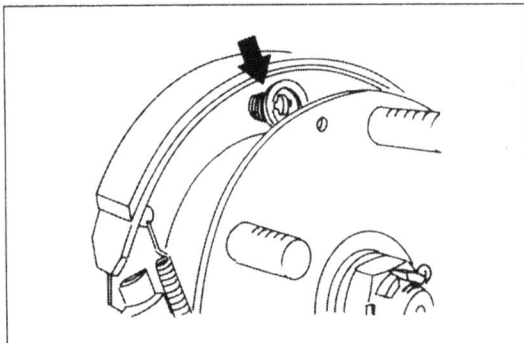

Bild 337
Federteller

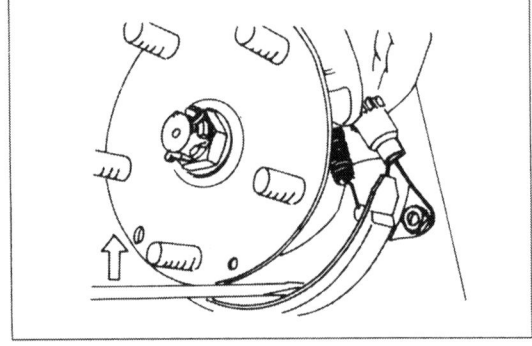

Bild 338
Nachstellvorrichtung

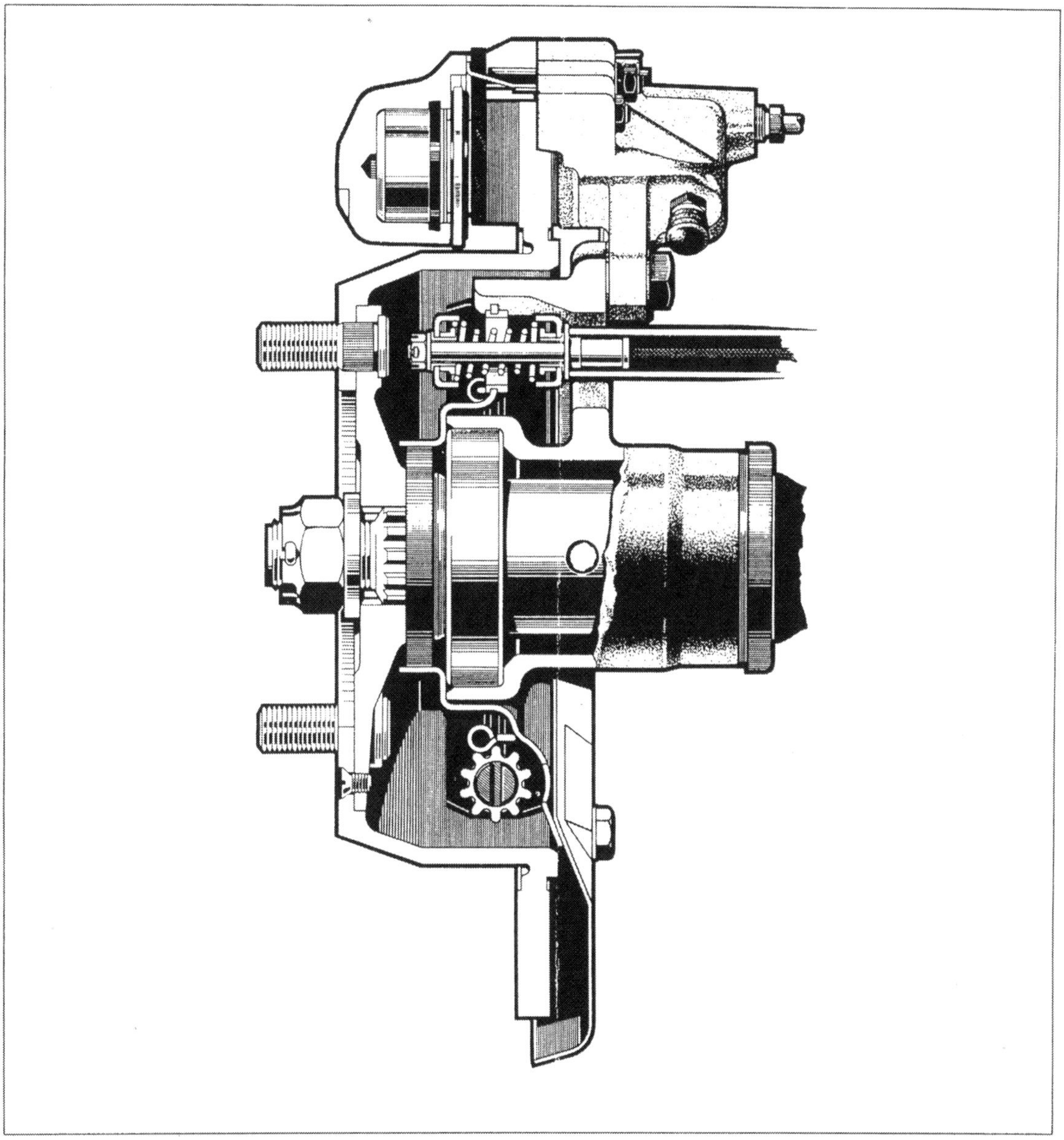

Bild 339
Mechanismus Handbremse

von vorne auf das Bremsträgerblech aufschieben.
● Den Spannstift, die Feder und den Federteller unten montieren.
● Den inneren Spreizbügel am Bremsbacken einhängen.
● Mit dem Schraubenzieher den Bremsbacken nach oben drücken und die Nachstellvorrichtung so einsetzen, dass an der rechten Bremse die Nachstellmutter mit Schraube nach unten und an der linken Bremse nach oben weist.
● Die Rückzugfeder mit der Bremsfederzange einhängen.
● Die Nachstellmutter am Bremsseil ganz zurückdrehen.
● Die Druckfeder, den Spreizbügel, die Scheibe und die Kronenmutter montieren, wobei die Kronenmutter so weit aufzuschrauben ist, bis das Splintloch auf die Kronenlücke passt. Die Kronenmutter mit neuem Splint sichern.
Achtung: Den richtigen Sitz der Spreizbügel über-

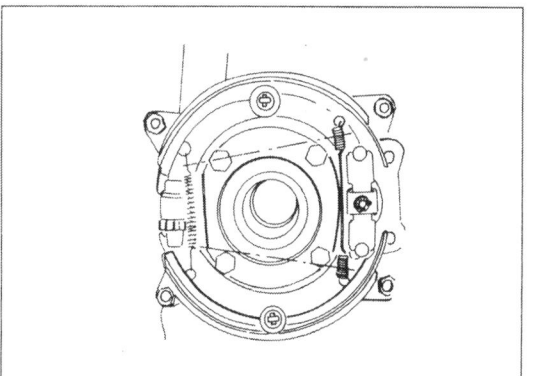

Bild 340
Richtung der Federwindungen

prüfen.
● Die Bremsscheibe aufsetzen (Auflageflächen gereinigt).
● Den Bremssattel montieren und mit 60 Nm festziehen.
● Die Bremsbeläge einsetzen.
● Die Handbremse, wie beschrieben, einstellen.

14 Elektrische Anlage

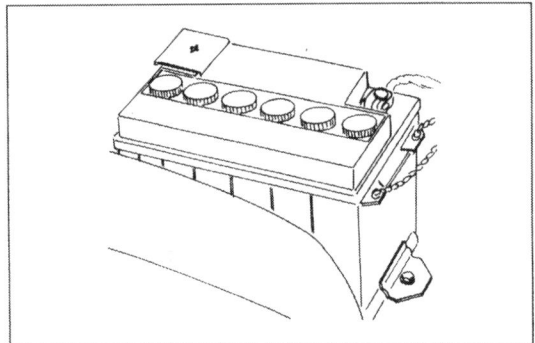

Die elektrische Anlage besteht aus der Batterie im vorderen Kofferraum, Anlasser und Generator im Motorraum und den Zuleitungen zu den Einzelverbrauchern.
Die Anlage hat eine Spannung von 12 V.

14.1 Batterie

Die Batterie befindet sich im Kofferraum vorne

Bild 341
Batterie

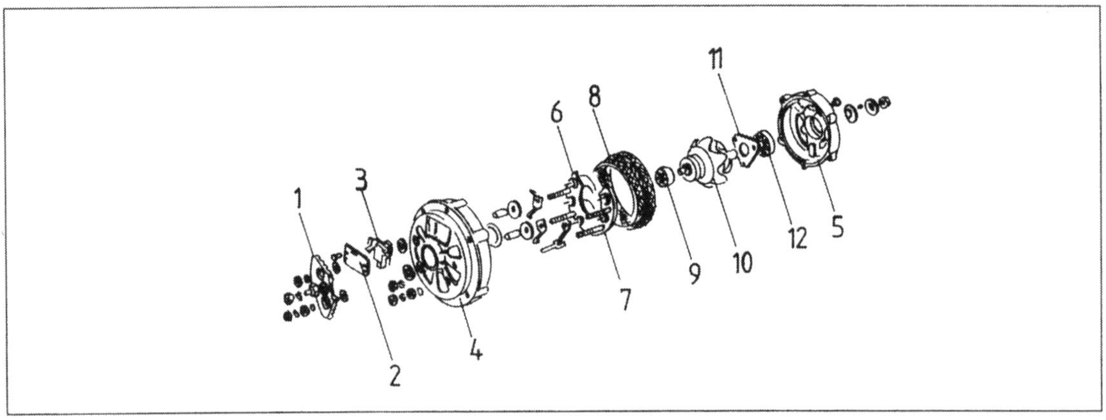

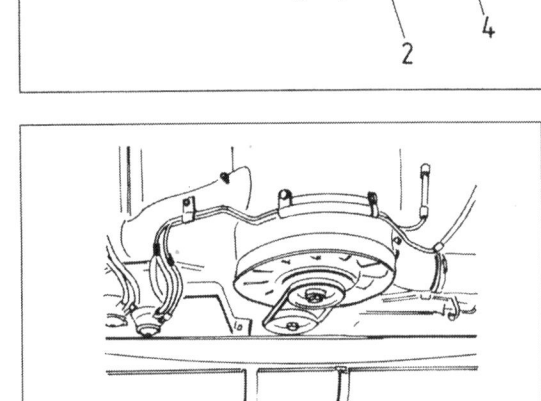

Bild 342
Alternator
1 Diodenplatten - Regler
2 Abdeckung
3 Kohlehalter
4 Gehäuse
5 Gehäuse
6 Diodenplatte
7 Diodenplatte
8 Ständerwicklung
9 Lager
10 Läufer
11 Lagerplatte
12 Lager

links und ist nach Entfernen der Abdeckmatte zugänglich (Bild 341).
Die eingebaute Batterie ist wartungsfrei und erfordert kein Nachfüllen von destilliertem Wasser.
Die Batterie ist lediglich sauber zu halten. Die Pole sind regelmässig auf festen Sitz zu prüfen.
Wird die Batterie vom Stromkreislauf abgeschlossen, muss immer zuerst der Minuspol gelöst werden.
Die Batterie darf niemals bei laufendem Motor abgeschlossen werden. Bei allen grösseren Arbeiten an der elektrischen Anlage muss der Minuspol abgeklemmt werden.
Ein Kurzschluss würde die eingebaute Elektronik beschädigen (Bild 341).

Bild 343
Luftführung abschrauben

14.2 Alternator

Der Alternator (Bild 342) liefert den zum Betrieb des Fahrzeugs notwendigen Strom. Zudem lädt die Batterie über eine Regelelektronik auf.

Bild 344
Keilriemen abbauen

14.2.1 Ausbau

- Batterie abklemmen (Minuspol).
- Ansauggeräuschdämpfer abnehmen und die Schrauben der oberen Luftführung abschrauben (Bild 343).
- Die Mutter an der Keilriemenscheibe lösen (mit Werkzeug P208 gegenhalten) und den Keilriemen abnehmen (Bild 344).
- Die Befestigungs-Schrauben der Spannschelle lösen (Bild 345).
- Das Gebläse mit dem Alternator nach hinten herausnehmen.
- Die Kabel der Lichtmaschine abklemmen.

14.2.2 Einbau

Der Einbau erfolgt in umgekehrter Reihenfolge unter Beachtung folgender Punkte:
- Das Gebläsegehäuse in die Passstifte am Kurbelgehäuse einsetzen.
- Auf guten Sitz zwischen Gebläsegehäuse und Kurbelgehäuse achten.
- Die Kabel der Lichtmaschine gemäss Schema (Bild 346) anschliessen.
- Die Muttern der Keilriemenscheibe mit 40 Nm festziehen.

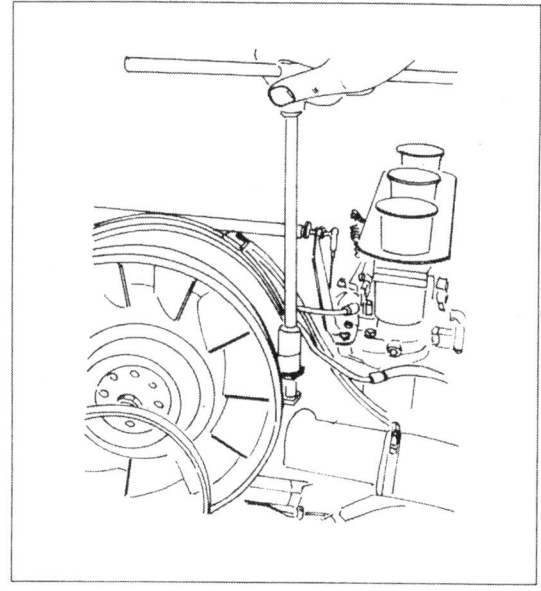

Bild 345
Spannschelle lösen

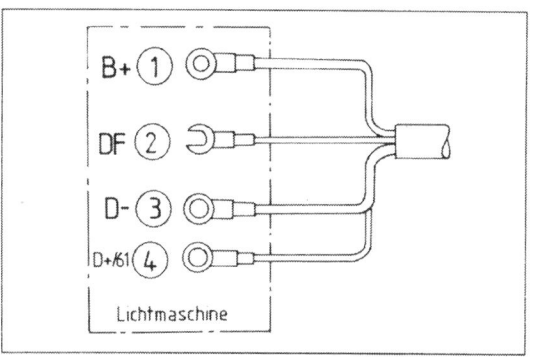

Bild 346
Anschluss-Schema Alternator
Kabelfarben:
1 rot/weiss
2 schwarz
3 braun
4 rot

14.2.3 Den Alternator prüfen

Die Prüfung des Alternators besteht aus der Leistungsprüfung und der Regelspannungsprüfung, wobei zuerst die Regelspannungsprüfung durchzuführen ist.
Zur Prüfung ist eine vollgeladene Batterie erforderlich.
Um Defekte zu vermeiden, sind folgende Punkte zu beachten:
1. Minuspol von Batterie, Alternator und Regler müssen übereinstimmen.
2. Niemals den Alternator bei einem offenen, unkontrollierten Stromkreis betreiben.
3. Die Klemmen an Alternator und Regler niemals kurzschliessen.
4. Alternator nicht umpolen.

14.2.4 Regelspannung prüfen

- Das Voltmeter zwischen Pluspol der Batterie und Masse schalten.
- Den Motor starten und mit ca. 2000 U/min. drehen lassen. Das Voltmeter muss 13,7 bis 14,5 Volt anzeigen. Bei einer Anzeige über 14,6 Volt ist der Regler defekt und muss ersetzt werden. Bei einer Anzeige von weniger als 13,5 Volt ist der Regler unterbrochen oder die Kohlebürsten des Reglers sind zu kurz und müssen ersetzt werden.
- Den Spannungsregler an der Rückseite des Alternators demontieren.
- Den Bosch-Kohlehalter einbauen. D+ und DF miteinander verbinden. Die Prüflampe zwischen Plus der Batterie und DF oder D+ schalten. Der Alternator ist in Ordnung, wenn die Prüflampe bei stehendem Motor brennt und bei laufendem Motor erlischt. Wenn die Lampe glimmt, so sind Statorwicklung oder Dioden defekt.
- Der Spannungsregler ist gleichzeitig Kohlebürstenhalter und kann in der Folge nur als komplettes Bauteil ersetzt werden.

14.2.5 Reparatur des Alternators

Defekte Alternatoren tauscht man kostengünstig gegen Austauschaggregate aus. Bosch-Werkstätten halten solche Teile am Lager. Zudem wird auf Austauschteile Garantie gewährt.

14.3 Anlasser

Anlasser (Bild 347) prüfen:
- Zur Prüfung des eingebauten Anlassers ist

eine vollgeladene Batterie erforderlich.
● Den Masseanschluss der Batterie prüfen (Korrosion).
● Das Anlasserkabel auf einwandfreie Anschlüsse an Batterie und Anlasser prüfen.

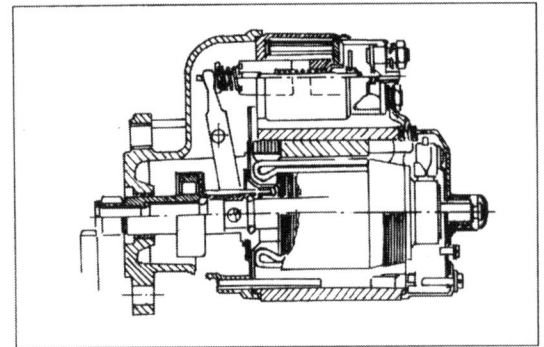

Bild 347
Anlasser

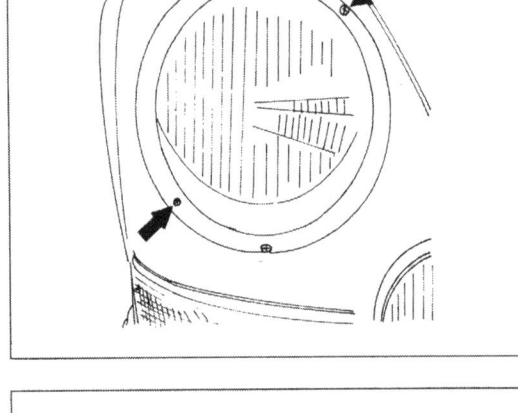

Bild 348
Scheinwerfer-Einstellschrauben

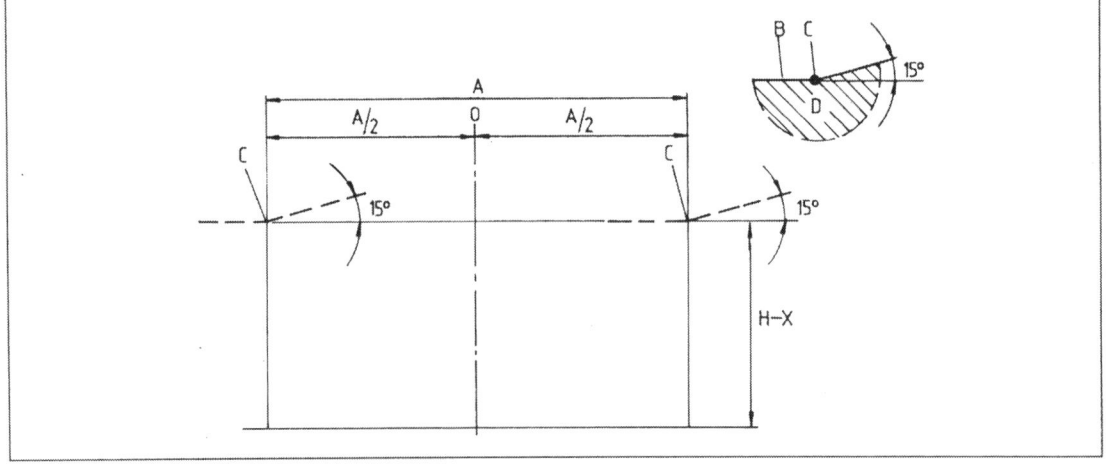

Bild 349
Einstellbild-Scheinwerfer
A Abstand zwischen Scheinwerfermittelpunkten
B Hell-Dunkel Grenze
C Scheinwerfermittelpunkt Abblendlicht
D Lichtmuster bei Abblendlicht
H Höhe ab Boden zu Scheinwerfer-Mittelpunkt
X = 16 cm bei 10 m Wandabstand

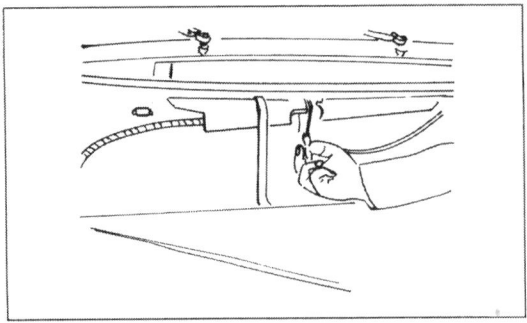

Bild 350
Luftkasten demontieren

● Die Spannung an der Anlasserklemme 50 während eines Startvorgangs messen. Die Spannung darf maximal 0,5 Volt abfallen.
Bei grösseren Abweichungen sind das Kontaktteil des Zündschlosses, der Wählhebelschalter und die jeweiligen Steckverbindungen zu prüfen.
● Ein Voltmeter an der Batterie anschliessen.
● Ein Ampèremeter mit einer Strommesszange an der Leitung Batterie – Anlasser anschliessen.
● Den 5. Gang einlegen und die Handbremse anziehen. Den Anlasser betätigen und die beiden Instrumente ablesen (Prüfdauer maximal 5 Sek.).
Folgende Werte sind zulässig:
Spannung 8 Volt
Strom 410 Ampère
Bei zu niedriger Spannung den Spannungsabfall feststellen.
Stromaufnahme zu hoch:
– Kurzschluss im Anlasser
Stromaufnahme zu niedrig:
– Kollektor verschmutzt
– Kohlebürsten abgenutzt
– Magnetschalter-Kontakte defekt
– Unterbrechung
● Bei zu hoher oder zu niedriger Stromaufnahme den Anlasser gegen ein Austauschaggregat ersetzen.
Anlasser ersetzen:
● Das Minuskabel der Batterie abklemmen.
● Die elektrischen Anschlüsse des Anlassers abschliessen.
● Die beiden Befestigungsschrauben lösen. Die Schrauben des Stützwinkels lösen.
Der Einbau erfolgt in umgekehrter Reihenfolge des Ausbaus.

14.4 Scheinwerfer einstellen

Die Abbildung 348 zeigt die Einstellschrauben am Scheinwerfer. Fern- und Abblendlicht werden gemeinsam verstellt:

obere Schraube – Höheneinstellung
untere Schraube – Seiteneinstellung
Das Fahrzeug auf einer ebenen Fläche 10 Meter vor eine senkrechte Wand stellen. Mit Kreide das Einstellbild gemäss Bild 349 auf die senkrechte Fläche aufzeichnen.
Die Scheinwerfer dem aufgezeichneten Bild entsprechend einstellen.

14.5 Aus- und Einbau des Scheibenwischermotors

Der Scheibenwischermotor ist mit dem Scheibenwischergestänge im Bugraum von den Armaturen angebracht. Das Einschalten des Motors erfolgt über den in 4 Stellungen arbeitenden Wischer-Wascherschalter. Die Gelenke des Gestänges sind wartungsfrei. Auf einwandfreie Auflage der Wischerblätter an der Windschutzscheibe und gleichmässigen Ausschlag nach beiden Seiten ist zu achten.

14.5.1 Ausbau

● Den vorderen Luftkasten nach Entfernen der Haltespange und des Luftschlauches herausziehen (Bild 350).
● Die Batterie abklemmen (Minuspol).
● Alle Kabelschuhe vom Wischermotor abziehen.
● Die Wischerarme demontieren.
● Die Gummikappe unter den Wischerarmen abziehen und die Muttern lösen (Bild 351).
● Den Wischermotor mit dem Gestänge nach unten ziehen und abnehmen.

14.5.2 Einbau

● Beim Einbau auf den richtigen Anschluss der Kabelstecker achten.
● Die Gangbarkeit des Gestänges prüfen.
● Den Wischermotor ohne Wischerblätter in Gang setzen und abstellen.
● Die Wischerblätter in dieser Endlage lagerichtig aufsetzen.
Nach Ausbau von Motor mit Gestänge kann der

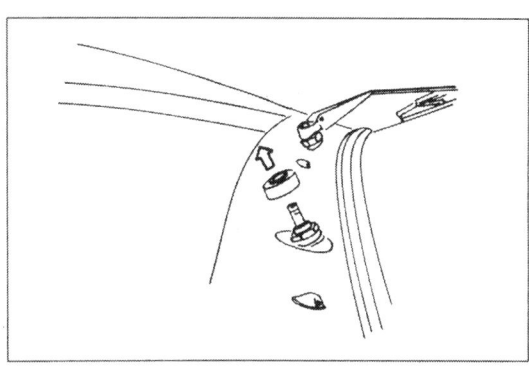

Bild 351
Wischerarme abnehmen

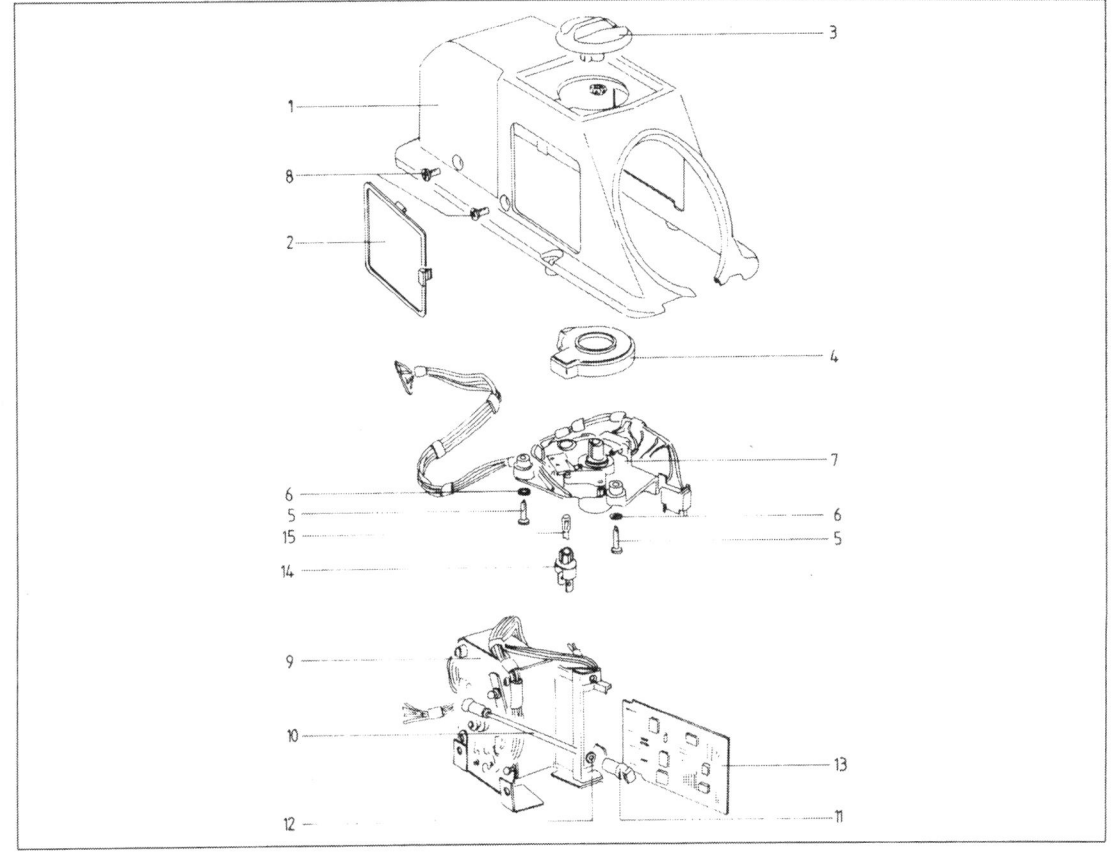

Bild 352
Automatische Heizungsregulierung
1 Gehäuse
2 Deckel
3 Drehknopf
4 Leuchtprisma
5 Schraube
6 U-Scheibe
7 Schalter
8 Schraube
9 Steuereinheit
10 Gestänge
11 Kugelpfanne
12 Mutter
13 Leiterplatte
14 Lampenfassung
15 Glühlampe

Motor von seiner Halterung abmontiert werden. Dabei ist die Mutter auf der Antriebsachse des Motors zu entfernen.

Vor dem Einbau ist der Motor kurz in Gang zu setzen und wieder abzuschalten. Er gelangt dadurch in seine Abschaltposition. Beim Verbinden von Motor und Gestänge auf die richtige Lage des Ge-

Bild 353
Deckel ausbauen

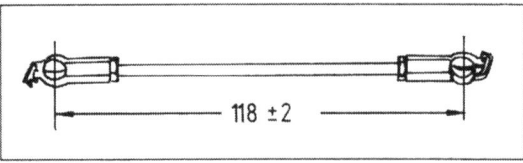

Bild 354
Steckverbindungen trennen

Bild 355
Gestänge

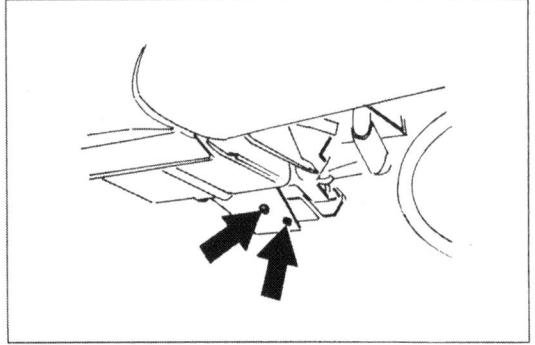

Bild 356
Rohrstutzen am linken Kasten

Bild 357
Innenfühler des Gebläses

stänges achten.
Der restliche Einbau in umgekehrter Reihenfolge.

14.6 Heizung-Lüftung

Die Heizung entnimmt die zur Funktion notwendige Wärme den Wärmetauschern der Auspuffanlage.

14.6.1 Automatische Heizungsregulierung

Dieses Aggregat sitzt in der Konsole zwischen den Sitzen (Bild 352).
Ausbau:
- Beifahrersitz ausbauen.
- Den rechten Deckel entfernen.
- Die Kugelpfanne des Gelenks öffnen und das Gestänge abdrücken (Bild 353).
- Die 4 Befestigungsschrauben der Konsole ausschrauben.
- Die Gummistulpe abnehmen.
- Die Steckverbindungen trennen (Bild 354).

Beim Ersetzen der Kugelpfanne des Gestänges ist das Gestänge auf eine Länge von 118 ± 2 mm einzustellen (Bild 355). (Bis Modell 83 beträgt die Länge 124 mm).
Der Einbau erfolgt in umgekehrter Reihenfolge.

14.6.2 Wärmefühler aus- und einbauen

- Die Steuereinheit wie vorhin beschrieben ausbauen. Den vorderen zweipoligen Stecker abziehen.
- Den Teppich entlang dem Mitteltunnel lösen und das Kabel bis zur Tülle im Fersenblech freilegen.
- Beide Leitungen aus dem Steckergehäuse ausrasten und die Tülle nach aussen drücken.
- Den Rohrstutzen am linken Heizklappen-Kasten ausbauen (Bild 356).
- Das Kabel nach aussen ziehen und die Niete entfernen.
- Den neuen Wärmefühler annieten.

Der Einbau erfolgt in umgekehrter Reihenfolge.

14.6.3 Innenfühlergebläse aus- und einbauen

- Den Schlauch vom Innenfühlergebläse abziehen.
- Die Befestigungsschrauben herausdrehen (Bild 357).
- Die Steckverbindungen trennen.
- Das Gebläse entnehmen.

Der Einbau erfolgt in umgekehrter Reihenfolge.

14.6.4 Zusatzgebläse aus- und einbauen

Die Zusatzgebläse sind in die Heizschächte des Fussraums links und rechts eingesetzt.
- Abdeckungen abschrauben.
- Die Luftschläuche abschrauben.
- Die Steckverbindung trennen (Bild 358).
- Die Gebläse entnehmen.

Der Einbau erfolgt in umgekehrter Reihenfolge.

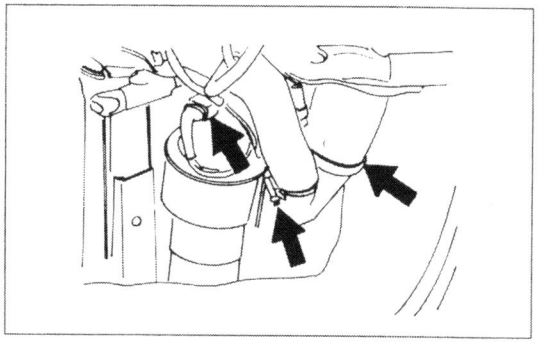

Bild 358
Zusatzgebläse

14.6.5 Bowdenzüge an den Heizklappenkästen einstellen

Die Klappen werden durch eine Feder in geöffneter Stellung gehalten.
- Das Gestänge am Stellmotor aushängen (bei Konsole).
- Die Züge soweit nach vorne ziehen, bis der Hebel am Anschlag liegt (Bild 359).
- In dieser Stellung die Bowdenzüge links und rechts festklemmen (Bild 360).

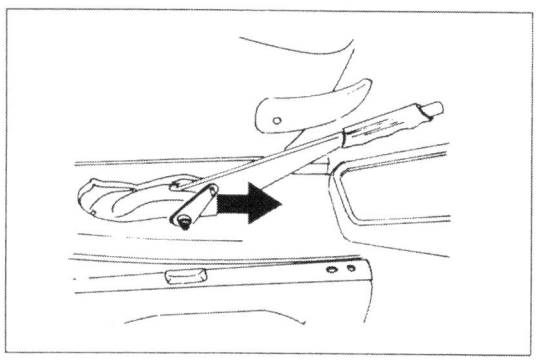

Bild 359
Seilzüge

14.6.6 Fehlersuche an der automatischen Heizungsregulierung

- Steuereinheit regelt ab/Schalterposition auf max. heizen (Bild 361).

Innenfühler hat Unterbruch
prüfen – Steuereinheit ausbauen und Stecker 2 in Bild 362 abziehen. Mit dem Ohmmeter den Widerstand messen. Sollwert bei 20° C 1,9 Ohm
oder
Temperatureinstellpoti hat Unterbruch
prüfen – Potentiometer – Sollwert in Schalterposition 5 950 Ohm ± 20.

- Steuereinheit regelt nur in Position DEF auf max. heizen.

Innenfühler hat Kurzschluss
prüfen – Innenfühler (siehe letzter Abschnitt)
oder
Temperatureinstellpoti hat Kurzschluss
prüfen – Potentiometer (siehe letzter Abschnitt).

- Wärmefühler regelt zuviel in Richtung heizen
prüfen – Wärmeregler.

Steuereinheit ausbauen und den Stecker 1 (Bild 362) abziehen. Mit dem Ohmmeter den Widerstand messen. Sollwert bei 20° C 1,7 kOhm
oder
Temperaturpoti falsch eingestellt
prüfen – Potentiometer/einstellen
Schalter in Postion 5 stellen.
Den Schalterknopf abziehen. Das Ohmmeter am Poti anschliessen. Die Schalternabe mit der Spitzzange festhalten und mit dem Schraubenzieher den Sollwert von 950 Ohm ± 20 einstellen (Bild 363).

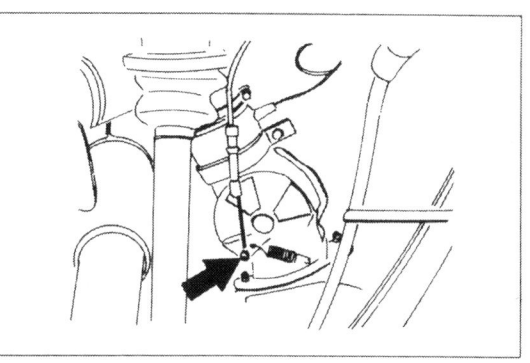

Bild 360
Befestigung der Seilzüge

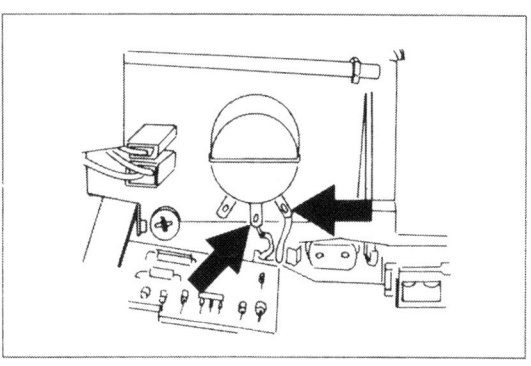

Bild 361
Schalteranschlüsse

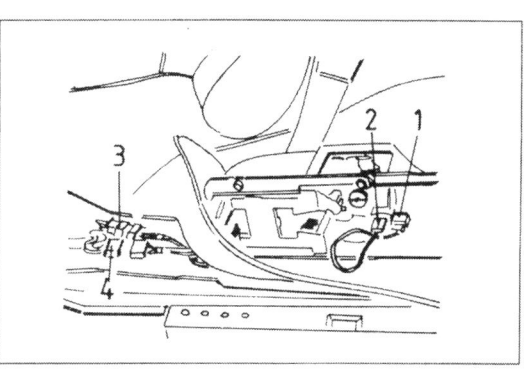

Bild 362
Anschlüsse Steuereinheit
1–4 Kabelstecker

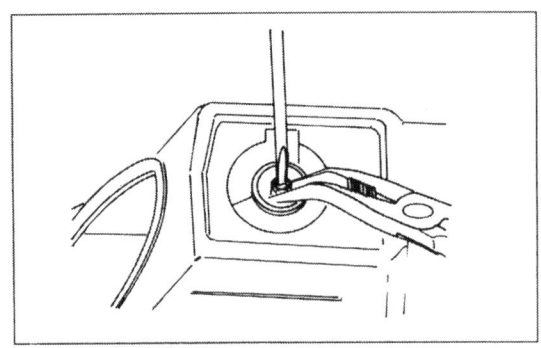

Bild 363
Poti einstellen

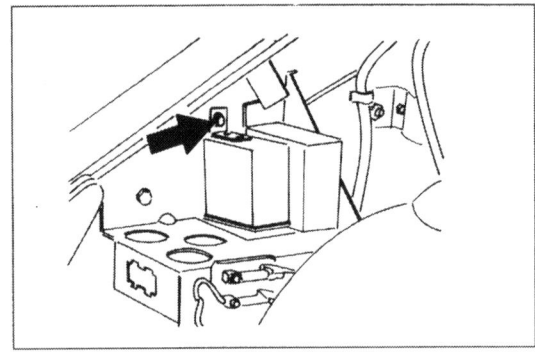

Bild 364
Heizungsrelais

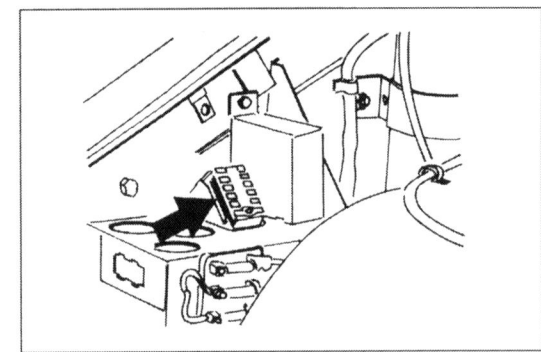

Bild 365
Stecker Heizregelventil

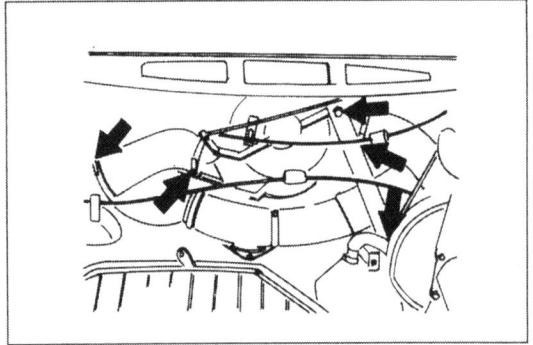

Bild 366
Gebläse ausbauen

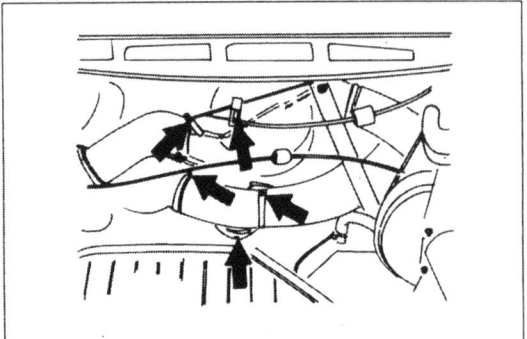

Bild 367
Bowdenzug etc. demontieren

● Steuereinheit regelt zuwenig in Richtung Heizung.
Wärmefühler hat Kurzschluss
prüfen – Wärmefühler (siehe vorstehender Abschnitt)
oder
Temperatureinstellpoti. falsch eingestellt
prüfen – Potentiometer/einstellen (siehe vorstehenden Abschnitt).
● Steuereinheit regelt nicht.
Spannungsversorgung unterbrochen
prüfen – Spannung an Stecker 3 (Bild 362)
1 – Kl. 15
2 – Kl. 31
oder
Leiterplatte defekt
Leiterplatte ersetzen
oder
Steuereinheit defekt
Steuereinheit ersetzen

14.6.7 Heizungssteuerungsrelais überprüfen

Das Heizungssteuerungsrelais befindet sich auf der Reglerplatte im Motorraum (Bild 364). Die Prüfung erfolgt am abgezogenen Stecker (Bild 365).
● Den Prüfsummer an Klemme 1 anschliessen und an Masse legen.
Zündung einschalten und die Räder drehen. Der Prüfsummer muss periodisch Durchgang signalisieren.
● Voltmeter an Sicherung Nr. 1 und Steuerrelais Klemme 2 anschliessen. Anzeige-Batteriespannung.
● Voltmeter an Stecker Klemme 3 und Masse anschliessen. Anzeige-Batteriespannung.
● Klemme 4 über Hilfskabel an Plus legen.
– Die Zusatzgebläse müssen in der Stufe 1 laufen, wenn sich der Heizschalter in der Position 1 – 7 befindet.
– Die Zusatzgebläse müssen in der zweiten Stufe laufen, wenn sich der Heizschalter in der Position 8 – 9 befindet.
● Klemme 5 und Klemme 6 über Hilfskabel an Plus legen. Das Motorgebläse muss laufen.
● Voltmeter an Klemme 7 und Masse legen. Anzeige-Batteriespannung.
● Voltmeter an Klemme 8 und an Masse legen. Anzeige-Batteriespannung.
● Voltmeter an Klemme 9 und Masse legen. Motor kurz starten.
Anzeige-Batteriespannung.
● Voltmeter an Klemme 11 und Masse legen. Motor kurz starten.
Anzeige-Batteriespannung.
Werden die Messwerte nicht erreicht, so ist die Verkabelung anhand der Stromlaufpläne zu prüfen.

14.6.8 Zusatzgebläse überprüfen

- Zündung einschalten. Heizungsschalter in Position 3 drehen.
Voltmeter an Stecker 4 Klemme 3 (Bild 362) und an Masse anschliessen.
Anzeige-Batteriespannung
Liegt keine Spannung an: Heizsteuerungsrelais prüfen.
- Heizungsschalter in Position 8 drehen.
Voltmeter an Stecker 4 Klemme 5 (Bild 362) und Masse anschliessen.
Anzeige-Batteriespannung.
Liegt keine Spannung an, den Schalter ersetzen.
- Heizungsschalter in Position DEF drehen.
Voltmeter an Stecker 4 Klemme 6 (Bild 362) und an Plus anschliessen.
Anzeige-Batteriespannung.
Liegt keine Spannung an, den Schalter ersetzen.
Ist Spannung vorhanden und die Zusatzgebläse laufen nicht, das Relais auf dem Sicherungskasten im Kofferraum überprüfen.

14.6.9 Frischluftgebläse aus- und einbauen

- Kofferraummatte zurückschlagen.
- Abdeckung abschrauben.
- Fliegenschutzgitter abschrauben.
- Halter abschrauben.
- Luftschläuche demontieren (Bilder 366 und 367).
- Bowdenzug lösen und Hülle ausclipsen.
- Bei Fahrzeugen mit Klimaanlage, den Luftverteiler ausbauen.
- Die Stecker abziehen.
- Die Befestigungsschrauben lösen (Bild 368).
- Den Wasserablaufschlauch lösen.
- Das Gebläse entnehmen.
Der Einbau erfolgt in umgekehrter Reihenfolge.

14.6.10 Bowdenzug für Frischluftklappen einstellen

- Die Frischluftklappen schliessen.
- Den Hebel für die Frischluftklappen am Bedienschalter nach links bis an den Anschlag stellen.
- Zug durch die Bohrung in der Schraube führen und die Mutter festziehen (Bild 369).
- Die Hülle festclipsen.

14.6.11 Bedienungsschalter aus- und einbauen

- Das Frischluftgebläse ausbauen.
- Den Bowdenzug der Frischluftverteilung am

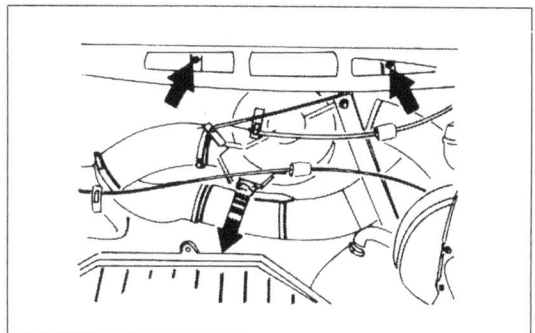

Bild 368
Befestigungsschrauben

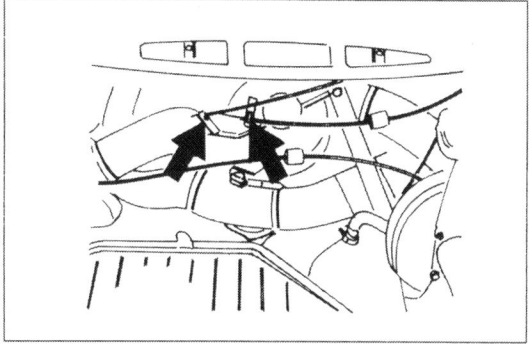

Bild 369
Bowdenzug einstellen

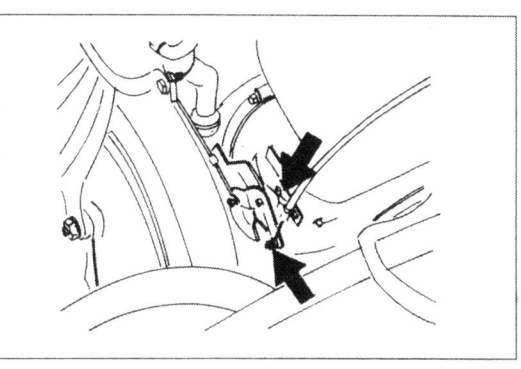

Bild 370
Bowdenzug abbauen

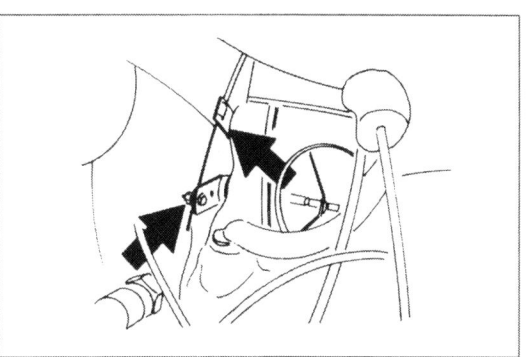

Bild 371
Bowdenzug der Warmluftverstellung abbauen

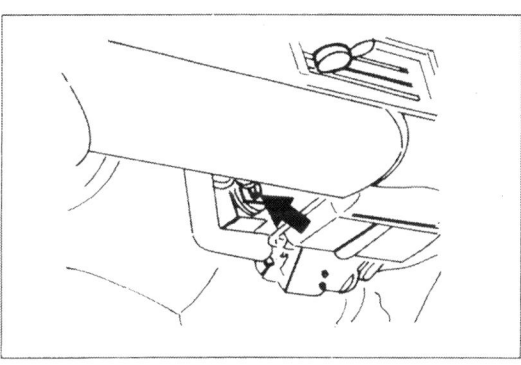

Bild 372
Befestigungsschraube

Bild 373
Bowdenzug Kaltluft einstellen

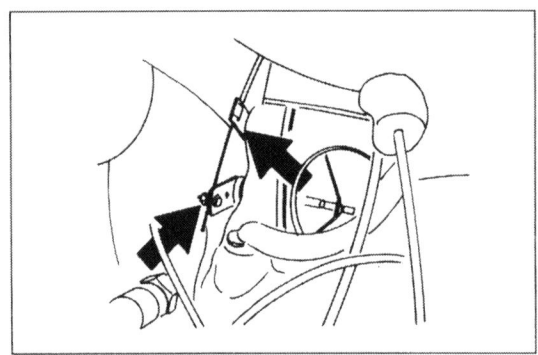

Bild 374
Warmluftzug einstellen

- Kabelstrang an Steckverbindung trennen.
- Das Massekabel vom Massestern abziehen.
- Die Bedienungsschalter-Beleuchtung abziehen.
- Den Bedienungsschalter mit den Zügen herausnehmen.

Der Einbau erfolgt in umgekehrter Reihenfolge.

14.6.12 Bowdenzug der Kaltluftverteilung einstellen

- Die Klappe am linken Luftverteilerkasten so einstellen, dass die Luft in den Fussraum strömt.
- Den Hebel am Bedienungsschalter nach links bis zum Anschlag schieben.
- Den Zug in die Bohrung in der Schraube einführen und mit der Mutter festziehen (Bild 373).

14.6.13 Bowdenzug für die Warmluftverteilung einstellen

- Die Klappe am linken Luftverteilerkasten so einstellen, dass die Luft in den Fussraum strömt.
- Den Hebel am Bedienungsschalter nach links bis zum Anschlag schieben.
- Den Zug durch die Bohrung der Schraube führen und mit der Mutter festziehen (Bild 374).
- Die Hülle festclipsen.

linken Luftverteiler-Kasten lösen und die Hülle ausclipsen (Bild 370).
- Den Bowdenzug der Warmluftverteilung am linken Luftverteilerkasten lösen und die Hülle ausclipsen (Bild 371).
- Die Befestigungsmutter lösen (Bild 372).

15 Mass- und Einstelldaten

MASS- und EINSTELL-DATEN

Motor

Motortyp	930/20	930/21	930/26	930/25
Hubraum alle	3164 cm³			
Bohrung alle	95,0 mm			
Hub alle	74,4 mm			
Zylinderzahl	6			
Leistung	231 PS 170 kW	207 PS 152 kW	214 PS 160 kW	207 PS 152 kW
bei U/min alle	5900			
Drehmoment Nm/kpm	284/29	262/26,7	260/26,5	262/26,7
bei U/min alle	4800			
Verdichtung	10,3:1	9,5:1	9,5:1	9,5:1
Treibstoff ROZ/MOZ	98/89	91/82 bleifrei empfohlen 96/86		95 Super bleifrei

Ölwechselmenge	10 Liter
Ölsorte alle	SAE 15W40 SF/CD
Tankinhalt	80 Liter ab Modell 85 – 85, ca. 8 Liter Reserve
Zündfolge alle	1–6–2–4–3–5
Ventile-Abmasse	
Einlass alle	49,0 × 9 × 110,1
Auslass alle	41,5 × 9 × 108,4
Ventilführung Abmasse	
Einlass alle	dA – Standard 13,06 mm Übergrössen +0,2/+0,4
Auslass alle	dA – Standard 13,06 mm Übergrössen +0,2/+0,4
Bohrung Zylinderkopf	dI – Standard 13,000 – 13,018
Übergrössen	dI – +0,2/+0,4
Spiel Führung-Schaft	Einlass – 0,03 – 0,057 mm Auslass – 0,05 – 0,077 mm
Sitzwinkel	45°
Obere Korrektur	30°
Untere Korrektur	75°
Sitzbreite	Einlass 1,25 mm Auslass 1,55 mm
Ventilfedern	
Anzahl	2 pro Ventil
Einbaumasse Einlass	$34,5 \pm {}^{0}_{0,3}$ mm
Auslass	$34,5 \pm {}^{0}_{0,3}$ mm

Kurbelwelle
Normal und Nacharbeitsmasse

Stufe	Kurbelgehäuse-durchmesser/mm	Hauptlager d1/mm	Pleuellager d2/mm	Hauptlager d3/mm
Normal	65,000–65,019	59,971–59,990	54,971–54,990	30,980–30,993
Übermass –0,25	65,250–65,269	59,721–59,740	54,721–54,740	30,730–30,993

MASS- und EINSTELL-DATEN

−0,50		59,471−54,490	54,471−54,490	30,480−30,493
−0,75		59,221−59,240	54,221−54,240	30,230−30,243
−1,00		58,971−58,990	54,971−53,990	29,980−29,993

	Stufe Bund d4 Steuerrad d5 mm	Sitz für d6 mm	Aufnahme Breite A mm	Führungslager mm
Normal	89,780−90,000	42,002−42,013	29,960−29,993	28,000−28,060
−0,25				
−0,50	89,780−89,800		29,670−29,800	
−0,75				
−1,00				

Kolben/Zylinderdurchmesser	Nikasil-Zylinderdurchmesser	Kolben Durchmesser
Zylinder 0	95,000−95,007 mm	94,965−94,975 mm
Zylinder 1	95,007−95,014 mm	94,972−94,982 mm
Zylinder 2	95,014−95,021 mm	94,979−94,989 mm
Zylinder 3	95,021−95,028 mm	94,986−94,996 mm

Das Laufspiel beträgt 0,025−0,042 mm

Fa. KS	Alusil-Zylinderdurchmesser	
Zylinder 0	95,000−95,005 mm	94,975−94,980 mm
Zylinder 1	95,005−95,010 mm	94,980−94,985 mm
Zylinder 2	95,010−95,015 mm	94,985−94,990 mm
Zylinder 3	95,015−95,020 mm	94,990−94,995 mm

Das Laufspiel beträgt 0,020−0,030 mm

Kolbenringe	Stossspiel neu mm	Stossspiel Verschleissgrenze mm
Rechteckring Nute 1	0,2−0,4	0,8
Nasenminutenring Nute 2	0,2−0,4	1,0
Gleichfasen-Schlauchfederring Nute 3	0,3−0,6	2,0

Höhenspiel	neu mm	Verschleissgrenze mm
Rechteckring 1. Nute	0,070−0,102	0,2
Nasenminutenring 2. Nute	0,040−0,072	0,2
Gleichfasen-Schlauchfederring	0,020−0,052	0,1
Zwischenwelle		
Lagerlaufspiel	0,025−0,100	
Axialspiel	0,150−0,400	

Motorschmierung

Ölfilter	Im Hauptstrom
Ölkühlung	Ölkühler am Kurbelgehäuse Frontölkühler ab 1987 mit Gebläse
Einschalttemperatur Gebläse	118° C
Öffnungstemperatur Thermostat	83° C

Öldruck min.	3,5 bar bei 90° C Öltemperatur
Ölverbrauch bis	1,6 l/1000 km
Ölfüllmenge	13 l

Zündung

elektronisch, kontaktlos
Steuerung über DME

Allgemein	−911.618.111.04
Schweden	−
Schweiz	−
Australien	−
Neuseeland	−
Hongkong	−911.618.111.06
England	−
Frankreich	−
Luxemburg	−
Spanien	−
Portugal	−
Griechenland	−
Saudi Arabien	−911.618.111.07
USA/Kanada	−
Japan	−911.618.111.05

Zündkerzen	
Allgemein	Bosch WR 4 CC
USA/Japan	
Australien	Bosch WR 7/DC/Champion RN 7 YC
Elektrodenabstand	0,7 mm + 0,1 mm
Zündspule	Bosch 0 221 118 322
Zündverteiler	Bosch 0 237 505 001

Kraftstoffanlage

Typ	DME-gesteuerte L-Jetronik von Bosch	
Luftmengenmesser		
− Sollwert	−5,0 V in Grundstellung	
− Sollwert	−4,6 V in Vollaststellung	Klemme 3-Masse
− Sollwert	−260 mV in Grundstellung	Klemme 2-Masse
Temperaturfühler I (Ansaugluft)		
− Sollwerte an Klemme 1−4		
− 0° C	4,4−6,8 kOhm	
− 15−30° C	1,4−3,6 kOhm	
− 40° C	0,9−1,3 kOhm	
Temperaturfühler II (Motortemperatur)		
− Sollwerte Anschluss gegen Masse		
− 0° C	4,4−6,8 kOhm	
− 15−30° C	1,4−3,6 kOhm	
− 40° C	1,0−1,3 kOhm	
− 100° C	160−210 Ohm	
− 130° C	90 Ohm	
Kraftstoffdruck		
− Sollwert	2,0 Ohm	

MASS- und EINSTELL- DATEN

MASS- und EINSTELL-DATEN

– Unterdruckschlauch abgezogen 2,3 – 2,7 bar

Drosselklappenschalter
Leerlaufkontakt Einstellwert 0,2 mm

Einspritzventile
Spulenwiderstand Sollwert 2 – 3 Ohm

Kupplung

Bauart	Einscheiben-Trockenkupplung gezogene Ausführung
Typ	GMFZ 240
	Anpressdruck 740 bis 820 kp
Kupplungsscheibe	
Typ	240 GUD (gummigedämpft)

Getriebe 915

Typ:

Modell 80/81
915/62 – Europa und Rest der Welt
915/63 – USA, Japan

Modell 84
915/67 – mit Ölkühlung Europa/Rest der Welt
915/68 – ohne Ölkühlung USA/Japan
915/69 – mit Ölkühlung Turbo-Look Europa/Rest der Welt
915/70 – ohne Ölkühlung Turbo-Look USA/Japan

Modell 85
915/72 – mit Ölkühlung Europa/Rest der Welt
915/73 – ohne Ölkühlung USA/Japan
  Europa/Rest der Welt bleifrei

Übersetzungen

	915/67, 69, 72		915/68, 70, 73	
1. Gang	11:35	3,1818	11:35	3,1818
2. Gang	18:33	1,8333	18:32	1,7777
3. Gang	23:29	1,2608	23:29	1,2608
4. Gang	29:28	0,9655	26:26	1,0000
5. Gang	38:29	0,7631	38:30	0,7895
	12:21 –		12:21 –	
RW-Gang	20:38	3,3250	20:38	3,3250
Achsantrieb	8:31	3,875	8:31	3,875

Füllmenge 3,1 l
  3,0 l ohne Kühlschlange
  Qualität SAE 90 – GL5 (MIL-L2105 B)

Einbautoleranzen Getriebe 915

Zahnflankenspiel			Verschleissgrenze
	1. Gang	0,06 – 0,12 mm	0,22 mm
	2. Gang	0,06 – 0,12 mm	
	3. Gang	0,06 – 0,12 mm	
	4. Gang	0,06 – 0,12 mm	
	5. Gang	0,06 – 0,12 mm	

MASS- und EINSTELL-DATEN

Losräder auf Triebwelle			
Axialspiel	1. Gang	0,30–0,40 mm	0,5 mm
	2. Gang	0,20–0,30 mm	0,4 mm
	3. Gang	0,20–0,30 mm	0,4 mm
	4. Gang	0,20–0,30 mm	0,4 mm
	5. Gang	0,20–0,30 mm	0,4 mm

Schaltstangen in den Führungen		
Spiel radial	0,195–0,236 mm	0,4 mm
Schlag zwischen den Spitzen aufgenommen		
	0	0,10 mm
Schaltgabel in Schaltmuffe		
5. und RW-Gang	0,10–0,30 mm	0,50 mm
1./2.–3./4. Gang	0,10–0,30 mm	0,50 mm
Synchronringe Durchmesser eingebaut		
1. Gang	86,37 ± 0,17 mm	Nach örtlicher Abnützung
2. Gang	86,37 ± 0,17 mm	der Molybdänbeschichtung
3. Gang	76,30 ± 0,18 mm	
4. Gang	76,30 ± 0,18 mm	
5. Gang	76,30 ± 0,18 mm	
Antriebswelle		
Schlag am Führungszapfen	max. 0,1 mm	max. 0,1 mm (richten)

Getriebe 950

Typ	950/00	Europa/Rest der Welt
	950/01	USA/Japan
	950/02	Schweiz

Übersetzungen	950/00	950/01	950/02
1. Gang	12:42	12:42	13:41
	3.500	3.500	3.500
2. Gang	17:35	17:35	19:36
	2.069	2.059	1.895
3. Gang	22:31	22:31	24:32
	1.409	1.409	1.333
4. Gang	27:29	32:36	28:29
	1.074	1.125	1.036
5. Gang	36:31	36:32	36:31
	0.861	0.889	0.861
RW-Gang	40:21:14	40:21:14	40:21:14
	3.444	3.444	3.444

Füllmenge	3 l SAE 75W90 API-GL5 (MIL – L2105 B)

Vorderradaufhängung

einzeln an Querlenkern und Dämpferbeinen aufgehängte Räder

Federung	1 Drehstab pro Seite
Drehstabdurchmesser	18,8 mm
Stossdämpfer	

MASS- und EINSTELL-DATEN

	Vorderachse	Hinterachse	System 1. Rohr	2. Rohr	Drucklos	Gasdruck	Hersteller Boge	Bilstein	Lackierung, Kennzeichnung
911 Carrera Serie	X		X	X		X			Schwarz. Blauer Punkt**
bis Ende Modell 85		O	O	O		O			Schwarz. Grüner Ring
911 Carrera Serie	X		X		X	X			Schwarz. Blauer Punkt***
ab Modell 86		O	O		O	O			Schwarz. Blauer Ring
911 Carrera Sonderwunsch und Turbo-Look Modell 84*	X	X			X	X			Grün
		O	O		O		O		Grün. Blauer Ring
911 Carrera Sonderwunsch und Turbo-Look ab Modell 85	X		X		X	X			Schwarz. Brauner Punkt***
		O	O		O	O			Schwarz. Brauner Ring
	X	X			X	X			Grün
alternativ*		O	O		O		O		Grün. Blauer Ring

Stabilisator Durchmesser 20,0 mm ab Modell 86 22,0 mm

Hinterachse

Bauart einzeln an Leichtmetall-Schräglenkern aufgehängte Räder
Federung 1 Drehstab pro Seite
Drehstab Durchmesser 24,10 mm ab Modell 86 25,00 mm
Stossdämpfer

	Vorderachse	Hinterachse	System 1. Rohr	2. Rohr	Drucklos	Gasdruck	Hersteller Boge	Bilstein	Lackierung, Kennzeichnung
911 Carrera Serie	X		X	X		X			Schwarz. Blauer Punkt**
bis Ende Modell 85		O	O	O		O			Schwarz. Grüner Ring
911 Carrera Serie	X		X		X	X			Schwarz. Blauer Punkt***
ab Modell 86		O	O		O	O			Schwarz. Blauer Ring
911 Carrera Sonderwunsch und Turbo-Look Modell 84*	X	X			X	X			Grün
		O	O		O		O		Grün. Blauer Ring
911 Carrera Sonderwunsch und Turbo-Look ab Modell 85	X		X		X	X			Schwarz. Brauner Punkt***
		O	O		O	O			Schwarz. Brauner Ring
	X	X			X	X			Grün
alternativ*		O	O		O		O		Grün. Blauer Ring

Stabilisator				
Durchmesser	18,00 mm ab Modell 86 21,00 mm			
Distanzscheiben	28,00 mm pro Rad bei Turbo-Look Fahrzeugen			
Spezifikationen Drehstäbe			bis Modell 86	ab Modell 87
	Anzahl Zähne	Innen	40	46
		Aussen	44	47
Neigungsänderung				
Kleinstmöglich			50'	10'
entspricht einer				
Höhenänderung von			6,5 mm	1,4 mm

Räder, Reifen, Fahrzeugvermessung

Typ	serienmässige		Sonderwunsch	
	Felgen	Reifen	Felgen	Reifen
911 Carrera	vorne 6J × 15*	185/70 oder 195/65 VR 15 (ab Mod. 87)	vorne 7J × 15**	185/70 oder 195/65 VR 15 (ab Mod. 87)
	hinten 7J × 15*	215/60 VR 15	hinten 8J × 15**	215/60 VR 15
			vorne 6J × 16**	205/55 VR 16
			hinten 7J × 16**	225/50 VR 16
911 Carrera	vorne 7J × 16**	205/55 VR 16		
Turbo-Look	hinten 8J × 16**	225/50 VR 16		
ab Modell 86	vorne 7J × 16**	205/55 VR 16		
	hinten 9J × 16**	245/45 VR 16		

Winterbereifung

Reifen: Felgen – mögliche und empfohlene Grössen. Empfohlene Grössen sind unterstrichen

Reifen	Felgen			
185/70 R 15 M + S 88 T	<u>6J × 15 H2 vorne und</u> <u>7J × 15 H2 hinten</u> 6J × 15 H2 vorne und hinten 7J × 15 H2 vorne und hinten			
195/65 R 15 M + S 91 T	gleiche Felgenzuordnung wie bei 185/70 R 15 Bereifung (obere Spalte)			
185/70 R 15 M + S 88 T 215/60 R 15 M + S 90 T (hinten)	6J × 15 H2 vorne 7J × 15 H2 hinten	oder	7J × 15 H2 vorn 8J × 15 H2 hinten	
195/65 R 15 M + S 91 T 215/60 R 15 M + S 90 T	6J × 15 H2 vorne 7J × 15 H2 hinten	oder	7J × 15 H2 vorne 8J × 15 H2 hinten	
205/55 R 16 M + S 88 T	<u>6J × 16 H2 vorne und</u> <u>7J × 16 H2 hinten</u> 6J × 16 H2 vorne und hinten 7J × 16 H2 vorne und hinten ***			
205/55 R 16 M + S 88 T 225/50 R 16 M + S 92 T	6J × 16 H2 vorne 7J × 16 H2 hinten	oder	<u>7J × 16 H2 vorne***</u> <u>8J × 16 H2 hinten***</u>	

Reifendruck bei kalten Reifen

vorne 2,0 bar Überdruck

MASS- und EINSTELLDATEN

MASS- und EINSTELL-DATEN

hinten		2,5 bar Überdruck (Turbo-Look 3,0 bar)
****Faltrad vorne und hinten		2,5 bar Überdruck bzw. 2,2 bar Überdruck

Einstellwerte der Fahzeugvermessung

	Einstellwert und Toleranz	max. Unterschied links zu rechts
Vorderachse		
Höheneinstellung: Radmitte über Drehstabmitte	108 mm ± 5 mm*	5 mm
Spur-ungedrückt	+ 15′ ± 5′	
Spurdifferenzwinkel bei 20° Einschlag	0° bis + 30′	nur durch Austausch der Lenkhebel zu beeinflussen
Sturz der Vorderräder bei Geradeausstellung	0° ± 10′	10′
Nachlauf	6°5′ ± 15′	30′
Hinterachse	Einstellwert und Toleranz	max. Unterschied links zu rechts
Höheneinstellung: Mitte Querrohr über Mitte Hinterrad	16 mm ± 5 mm*	8 mm
Federstrebeneinstellung-** Neigung der Federstrebe		
Drehstab Ø 24,1 mm (bis Ende Modell 85)	35° (34°***)	0,5°
Turbo-Look	36°	0,5°
Drehstab Ø 25 mm (ab Modell 86)	32°	0,5°
Turbo-Look	34°	0,5°
Targa und Cabriolet	+ 0,5°	
Klimaanlage	+ 0,5°	
Spur je Rad	+ 10′ ± 10′	20′
Sturz	− 1° ± 10′	20′
Turbo-Look	− 30′ ± 10′	

Bremsen

		911 Carrera	911 Carrera Turbo-Look	Verschleissgrenze 911 Carrera	911 Carrera Turbo-Look
Bremsscheibendicke neu	vorne	24 mm	32 mm		
	hinten	24 mm	28 mm		
Bremsscheiben-Mindestdicke* nach Bearbeitung	vorne	22,6 mm	30,6 mm	22,0 mm	30 mm
	hinten	22,6 mm	26,6 mm	22,0 mm	26 mm

MASS- und EINSTELL-DATEN

Stärkentoleranz der Bremsscheibe max.	0,02 mm	0,02 mm		
Seitenschlag der Bremsscheibe max.	0,05 mm	0,05 mm		
Seitenschlag in eingebautem Zustand max.	0,1 mm	0,1 mm		
Rauhtiefe nach Bearbeitung max.	0,006 mm	0,006 mm		
Spiel am Bremspedal bei entlüfteter Bremse und stehendem Motor	ca. 10 mm	ca. 10 mm		
Feststellbremse (Handbremse)	mechanisch auf beide Hinterräder wirkende Trommelbremse			
Handbremstrommel Ø	180 mm	180 mm	181 mm	181 mm
Bremsbacken-Breite	25 mm	25 mm		
Bremsbelagfläche je Rad	85 cm^2	85 cm^2		
Bremsbelagdicke	4,5 mm	4,5 mm	2 mm	2 mm
Betriebsbremse (Fussbremse)	Hydraulische Zweikreis-Bremsanlage mit Vorderachs-Hinterachs-Bremskreisaufteilung (schwarz/weiss). Bremskraftverstärker, innenbelüftete Bremsscheiben mit Festsattel an Vorder- und Hinterachse			
Bremskraftverstärker Ø	8 Zoll	8 Zoll		
Verstärkungsfaktor	2,25	2,25		
Hauptbremszylinder Ø	20,64 mm	23,81 mm		
Hub	20/12 mm	18/14 mm		
Bremskraftregler Umschaltdruck	33 bar	33 bar / 55 bar***		
Bremsscheiben Ø vorne	282,5 mm	304 mm gelocht		
hinten	290 mm	309 mm gelocht		
Wirksamer Bremsscheiben Ø vorne	228 mm	247 mm		
hinten	244 mm	251 mm		
Kolben-Ø in Bremszange vorne	48 mm*	38 mm*		
hinten	42 mm*	30 mm*		
Bremsbelagfläche je Vorderrad	76 cm^2	94 cm^2		
Bremsbelagfläche je Hinterrad	52,5 cm^2	94 cm^2		
Gesamtbremsbelagfläche	257 cm^2	376 cm^2		
Belagdicke vorne	10 mm	13 mm	2 mm	2 mm
hinten	10 mm	13 mm	2 mm	2 mm

* 2 Kolben je Bremssattel
** 4 Kolben je Bremssattel
*** ab Modell 1985

MASS- und EINSTELLDATEN

Elektrische Anlage

Spannung	12 Volt
Batterie	2 × 36 mm AhStd
Alternator	Bosch/Motorola 980 Watt
Anlasser	Bosch 0,8 PS

16 Anzugsdrehmomente

MASS- und EINSTELL-DATEN

Motor

	Gewinde	Anzugsdrehmoment Nm	kpm
Pleuelmuttern	M 10 × 1,25		
1. Stufe		20	2,0
2. Stufe		90° ± 2° Drehwinkel	
Kurbelgehäuse Verschraubung	M 10	35	3,5
Sämtliche Schrauben an Kurbelgehäuse und Nockenwellengehäuse	M 8	25	2,5
Schwungrad an Kurbelwelle	M 10 × 1,25	90	9
Buchse mit Nadellager an Kurbelwelle	M 6	10	1
Keilriemenscheibe an Kurbelwelle, Schraube mit Federscheibe	M 12 × 1,5	80	8
Durlok-Schraube für Einfach- und Doppelriemenscheibe	M 12 × 1,5 × 22	170	17
Verschlussschraube Sicherheitsventil an Kurbelgehäuse	M 18 × 1,5	60	6
Verschlussschraube Überdruckventil an Kurbelgehäuse	M 12 × 1,5	60	6
Einschraubstutzen (am Stutzen Öldruckgeber) an Kurbelgehäuse	M 12 × 1	35	3,5
Einschraubstutzen in Kurbelgehäuse (Öldruckrücklaufleitung)	M 22 × 1	120	12
Zylinderkopfmuttern*	M 10 Inbus		
1. Stufe		15	1,5
2. Stufe		1 × 90° ± 2° Drehwinkel	
Kipphebelachsen	M 6 Inbus	18	1,8
Sechskantschraube an Nockenwelle**	M 12 × 1,5	120	12
Deckel an Nockenwellengehäuse	M 8	8	0,8
Konsole für Motorträger	M 10	40	4
Breitspannband am Gebläsegehäuse	M 8	12	1,2

MASS- und EINSTELLDATEN

Zündkerze	M 14 × 1,25	25–30	2,5–3,0
Keilriemenscheibe an Lichtmaschine	M 17 × 1,5	40	4,0
Öldruck-Kontrollschalter an Kurbelgehäuse	M 10 × 1	max. 20	max. 2
Öldruck-Kontrollschalter an Kurbelgehäuse	M 10 × 1	max. 20	max. 2
Fernthermometer-Geber an Kurbelgehäuse	M 14 × 1,5	max. 25	max. 2,5
Öldruckgeber an Zwischenstück	M 18 × 1,5	max. 35	max. 3,5
Lambdasonde an Katalysator	M 18 × 1,5	50–60	5–6
Verschlussschraube an Katalysator-Abgasentnahme	M 8 × 1	15	1,5
Ölablassschraube (Kurbelgehäuse)	M 20 × 1,5	70	7,0
Ölablassschraube (Öltank)	M 22 × 1,5	42	4,2
Hutmutter an Kraftstoffverteilerleitung	M 12 × 1,5	12	1,2

* Zylinderkopfmuttern ET-Nr. 901 104 382 02 verwenden, Erkennungsmerkmal: gelb passiviert. Gewinde der Stiftschrauben für Zylinderkopfbefestigung und Zylinderkopfmutterauflagefläche dünn mit Optimoly HT einstreichen.
** Gewinde dünn mit Optimoly HT einstreichen.

Anwendungsstelle	Benennung	Gewinde	Werkstoff	Anzugsdrehmoment Nm
Kurbelgehäuse/Getriebe	Sechskantmutter	M 10 × 1,5	H 22	48
Ausrückhebel/Einstellschraube	Sechskantmutter	M 8 × 1,25	04	11
Spannfeder/Tachogeber	Sechskantschraube	M 6 × 1	8.8	9
Bolzen Umlenkhebel/Rädergehäuse	Bolzen	M 8 × 1,25	9S 20K	25
Kühlrohrschlange/Ölpumpe	Sechskantschraube	M 8	8.8	22
Kühlrohrschlange/Rädergehäuse	Sechskantschraube	M 6	8.8	9
Führungsrohr Ausrücklager	Linsensenkschraube	M 6 × 1,0	8.8	9
Ölpumpendeckel/seitlicher Getriebedeckel	Zylinderschraube	M 6	8.8	9
Abschirmblech/seitlicher Getriebedeckel	Senkschraube	M 6	8.8	9
Antriebsrad/Ausgleichsgetriebe	Zylinderschraube	M 5	8.8	5,6

MASS- und EINSTELLDATEN

Schaltgetriebe 915

			Werkstoff	Anzugsdrehmoment Nm
Getriebegehäuse (Ölablass)	Verschlussschraube mit Magnet	M 24 × 1,5 Kegel	MUK 7	24
Rädergehäuse (Öleinfüllung)	Verschlussschraube	M 24 × 1,5 Kegel	MUK 7	24
Räder- und Getriebegehäuse, seitl. und vord. Getriebedeckel, Schaltdeckel, Spannplatte, Befestigung Getriebelager Vord. Deckel	Sechskantmutter	M 8 × 1,25	22 H	24
	Rückfahrleuchtenschalter	M 18 × 1,5	Ms	35
Antriebswelle	Bundmutter	M 30 × 1,5	C 35	230
Antriebswelle	Kronenmutter	M 18 × 1,5	22 H	160
Triebwelle	Bundmutter	M 24 × 1,5	8.8	250
Gabelstück, Schaltung	Sechskantmutter	M 6 × 1,0	22 H	10
Schaltsperre, Getriebegehäuse	Sechskantschraube	M 10 × 1,5	8.8	17
Getriebegehäuse	Entlüfter	M 14 × 1,5	9 S 20 K	25
Schaltgabeln, Schaltstangengabel	Sechskantschraube	M 8 × 1,25	8.8	25
Tellerrad mit Ausgleichsgetriebe bzw. Sperrdifferential	Sechskantschraube	M 12 × 1,25	12.9	160
Gelenkflansch	Sechskantschraube	M 10 × 1,25	8.8	44
Anlasserbefestigung	Zylinderkopfmutter	M 10 × 1,5	CK 35	48
Schaltkulisse (Spannplatte)	Sechskantschraube	M 6 × 12	8.8	10
Spannfeder (Tachogeber)	Sechskantschraube	M 6 × 12	8.8	10
Bolzen Umlenkhebel	Bolzen	M 8 × 1,25	–	23
Führungsrohr Ausrücklager	Linsensenkschraube	M 6	–	10
Verschlussdeckel, Getriebegehäuse	Sechskantschraube	M 8 × 30	8.8	23
Verschlussschraube, Getriebegehäuse	Sechskantschraube	M 12 × 1,5	–	23
Getriebeträger	Sicherungsmutter	M 8	8	23

Schaltgetriebe 950

			Werkstoff	Anzugsdrehmoment Nm
Getriebegehäuse (Ölablass)	Verschlussschraube mit Magnet	M 22 × 1,5	6.8	30

MASS- und EINSTELLDATEN

Getriebegehäuse (Öleinfüllung)	Verschlussschraube	M 22 × 1,5	6.8	30
Räder- u. Getriebegehäuse, seitl. u. vorderer Getriebedeckel, Spannplatte	Sechskantmutter	M 8	8	23
Rädergehäuse	Rückfahrleuchtenschalter	M 18 × 1,5	–	35
Antriebswelle	Bundmutter	M 30 × 1,5	–	250
Antriebswelle	Bundmutter	M 14 × 1,5	–	140
Triebwelle	Bundmutter	M 30 × 1,5	–	250
Getriebegahäuse	Entlüfter	M 14 × 1,5	–	35
Schaltgabel	Sechskantschraube	M 8 × 30	8.8	23
Tellerrad	Sechskantschraube	M 12 × 1,25	12.9	165
Gelenkflansch	Sechskantschraube	M 10 × 85	–	44
Rücklaufrad II	Bundschraube	M 8	8.8	23

Vorderachse

		Gewinde	Werkstoff	Anzugsdrehmoment Nm	(kpm)
Stützlager an Dämpferbein	Sechskantmutter	M 14 × 1,5	8	80	(8,0)
Stützlager an Karosserie	Zylinderschraube	M 10	8.8	47	(4,7)
Verschlussschraube für Dämpferbein-Einsatz	Verschlussschraube			120 +20	(12 +2)
Befestigung Lenkgetriebe	Sechskantschraube	M 10	8.8	47	(4,7)
Gelenkgabel der Lenkspurstange an Gelenkbuchse (Lenkgetriebe)	Sechskantschraube	M 10	8.8	47	(4,7)
Kugelgelenk der Lenkspurstange an Lenkhebel	Kronenmutter	M 10 × 1	8	45	(4,5)
Kugelgelenk und Gelenkgabel an Lenkspurstange (Kontermutter)	Sechskantmutter	M 14 × 1,5		45	(4,5)
Hilfsträger an Karosserie	Sechskantschraube	M 12 × 1,5	8.8	90	(9,0)
Befestigung Stabilisator an Hilfsträgerstrebe	Sechskantschraube	M 8	8.8	25	(2.5)
Befestigung Hilfsträgerstrebe, Unterschutz, Stabilisator an Karosserie	Zylinderschraube	M 10	8.8	47	(4,7)
Hilfsträgerstrebe und Unterschutz an Hilfsträger	Sechskantmutter	M 10	8	28	(2,8)

		Gewinde	Werkstoff	Anzugsdreh-moment Nm	(kpm)
Querlenker an Karosserie	Sechskantschraube	M 10	8.8	47	(4,7)
Kugelgelenk an Querlenker	Nutmutter	M 45 × 1,5	8.8	250	(25,0)
Kugelgelenk an Dämpferbein	Uni-Stopp-Mutter	M 8	8	22	(2,2)
Bremsscheibe an Radnabe	Sechskantmutter	M 8	8.8	23	(2,3)
Abdeckblech für Bremsscheibe	Sechskantschraube	M 8	8.8	10	(1,0)
Festsattel an Achsschenkel	Sechskantschraube Zylinderschraube	M 12 × 1,5	8.8	70	(7,0)
Klemm-Mutter an Achsschenkel	Zylinderschraube	M 7	10.9	15	(1,5)
Bremsleitungsverschraubung	Überwurfmutter	M 10 × 1		12	(1,2)
Rad an Radnabe	Radmutter	M 14 × 1,5		130	(13,0)

Hinterachse

		Gewinde	Werkstoff	Anzugsdreh-moment Nm	(kpm)
Lagerdeckel an Karosserie	Sechskantschraube	M 10	8.8	47	(4,7)
Hinterachslenker an Querrohr	selbstsichernde Sechskantmutter	M 14 × 1,5	10	100	(10)
Federstrebe an Lenker	Exzenter	M 12 × 1,5	8.8/10.9	85	(8,5)
Federstrebe an Lenker	Sechskantschraube	M 12 × 1,5	10.9	120	(12)
Festsattel an Lenker	Sechskantschraube/ Zylinderschraube	M 12 × 1,5	8.8	60	(6,0)
Stossdämpfer an Lenker	Sechskantschraube	M 14 × 1,5	8.8/10.9	125	(12,5)
Stossdämpfer an Karosserie	Sechskantmutter	M 10 × 1	8	25	(2,5)
Bremsleitungsverschraubung	Überwurfschraube	M 10 × 1		12	(1,2)
Stabilisator an Karosserie	Sechskantschraube	M 8	8.8	25	(2,5)
Befestigung Gelenkwelle	Zylinderschraube	M 10 M 8	12.9 12.9	83 42	(8,3) (4,2)
Schutzblech an Bremsträgerblech	Sechskantschraube	M 8	8.8	25	(2,5)
Schutzblech an Bremsträgerblech an Hinterachslenker	Sechskantschraube/ Zylinderschraube	M 8	8.8	25	(2,5)
Rad an Radnabe	Radmutter	M 14 × 1,5		130	(13)
Radnabe an Antriebswelle	Kronenmutter	M 20 × 1,5	10.9	300–320	(30–32)

MASS- und EINSTELL-DATEN

MASS- und EINSTELL-DATEN

Bremsscheibe an Radnabe	Senkschraube	M 6	8.8	5	(0,5)
Stabilisator an Stabilisatorgehänge	Sechskantschraube	M 12 × 1,5	8/8.8	85	(8,5)
Stabilisatorgehänge an Hinterachslenker	Sechskantschraube	M 16 × 1,5	10.9	85	(8,5)
Stellhebel an Federstrebe	Sechskantschraube	M 16 × 1,5	10.9	245	(24,5)
Stellhebel an Federstrebe	Exzenterschraube	M 16 × 1,5	10.9	245	(24,5)
Reibgeschweisste Gelenkwelle an Radnabe	selbstsichernde Sechskantmutter	M 22 × 1,5		460	(46)

Bremsen

		Gewinde	Werkstoff	Anzugsdrehmoment Nm	(kpm)
Klemmutter an Achsschenkel	Zylinderschraube	M 7	10.9	15	(1,5)
Bremssattel an Achsschenkel	Sechskantschraube/ Zylinderschraube	M 12 × 1,5	8.8	70	(7,0)
Bremsscheibe an Radnabe	Sechskantschraube	M 8	8.8	23	(2,3)
Schutzblech an Achsschenkel	Sechskantschraube	M 8	8.8	10	(1,0)
Schutzblech an Bremsträgerblech	Sechskantschraube	M 8	8.8	25	(1,0)
Schutzblech und Bremsträgerblech am Hinterachslenker	Sechskantschraube/ Zylinderschraube	M 8	8.8	25	(2,5)
Bremsscheibe an Radnabe	Senkschraube	M 6	8.8	5	(0,5)
Bremssattel an Hinterachslenker	Sechskantschraube/ Zylinderschraube	M 12 × 1,5	8.8	60	(6,0)
Rad an Radnabe	Radmutter	M 14 × 1,5		130	(13,0)

Lenkung

		Gewinde	Werkstoff	Anzugsdrehmoment Nm	(kpm)
Befestigung Lenkgetriebe	Sechskantschraube	M 10	8.8	47	(4,7)
Gelenkbuchse an Zahnstange	Balghalter (Nutmutter)	M 16 × 1,5		70	(7,0)
Gelenkgabel (Lenkspurstange) an Gelenkbuchse	Sechskantschraube	M 10	8.8	47	(4,7)
Kugelgelenk an Lenkhebel	Kronenmutter	M 10 × 1	8	45	(4,5)

Kugelgelenk und Gelenkgabel an Lenkspurstange (Kontermutter)	Sechskantmutter	M 14 × 1,5		45	(4,5)
Lenkungskupplung an Lenkwelle	Sechskantschraube	M 8	8.8	25	(2,5)
Lenkwelle an Lenkgetriebe	Sechskantschraube	M 8	8.8	25	(2,5)
Befestigung Lenkwellenlager	Zylinderschraube	M 8	8.8	25	(2,5)
Befestigung Kreuzgelenk an Lenkwelle (mit Optimoly HT gefettet)	Sechskantschraube	M 8	8.8	20	(2,0)
Kupplungsflansch an Antriebsritzel	Sechskantmutter selbstsichernd	M 10	8	45	(4,5)
Gehäusedeckel an Lenkgetriebe	Sechskantschraube	M 8	8.8	15	(1,5)
Befestigung Lenkrad	Sechskantmutter	M 18 × 1,5	8	50	(5,0)
Zentrierschraube an Lenkschloss	Gewindestift	M 8	10.9	2–3	(0,2–0,3)
Kontermutter für Zentrierschraube	Sechskantmutter	M 8	8	18	(1,8)

MASS- und EINSTELL-DATEN

Porsche 911 Carrera, Modell 88, Blatt 1 (Belegung und Bestückung Sicherungen)

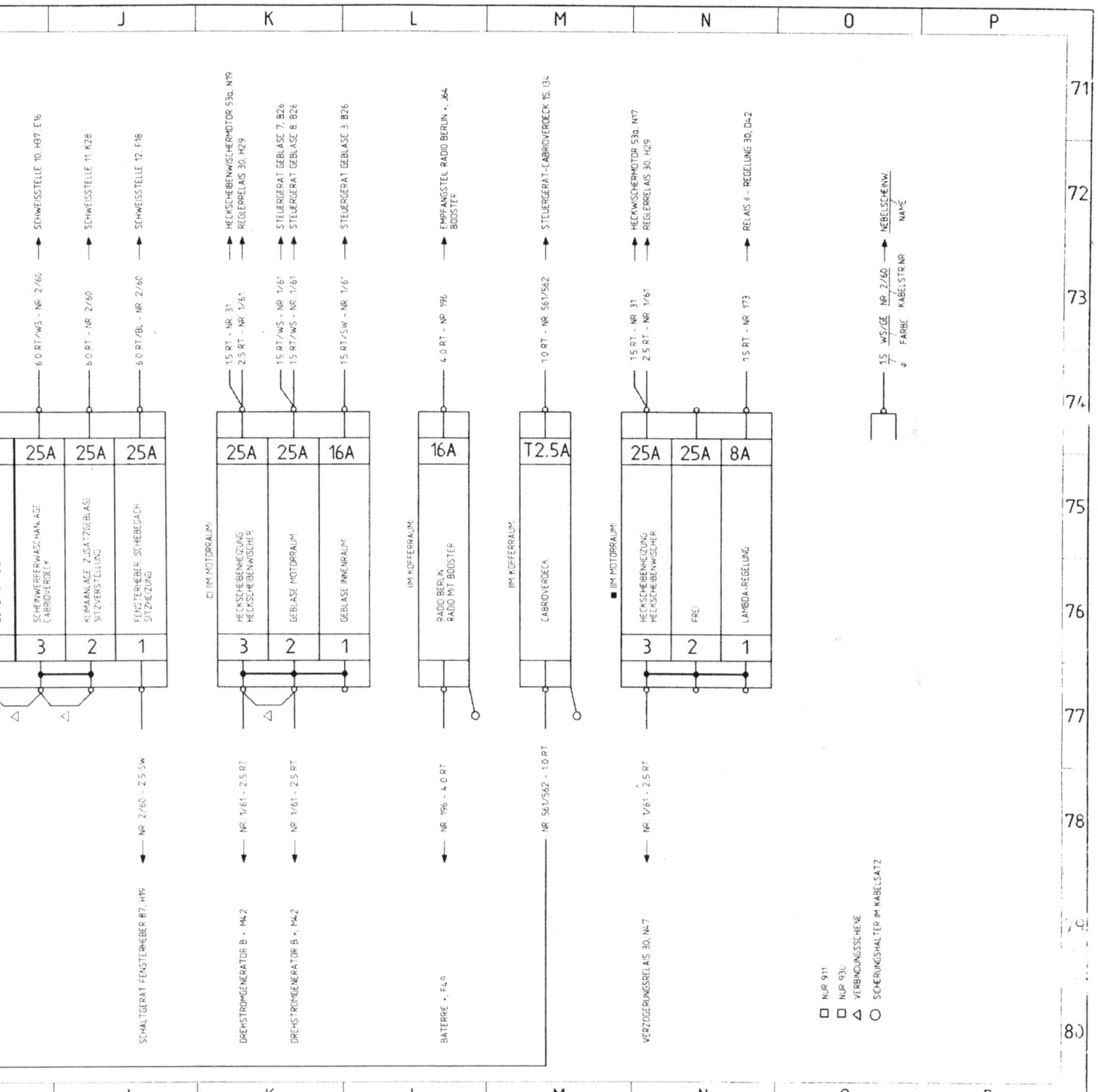

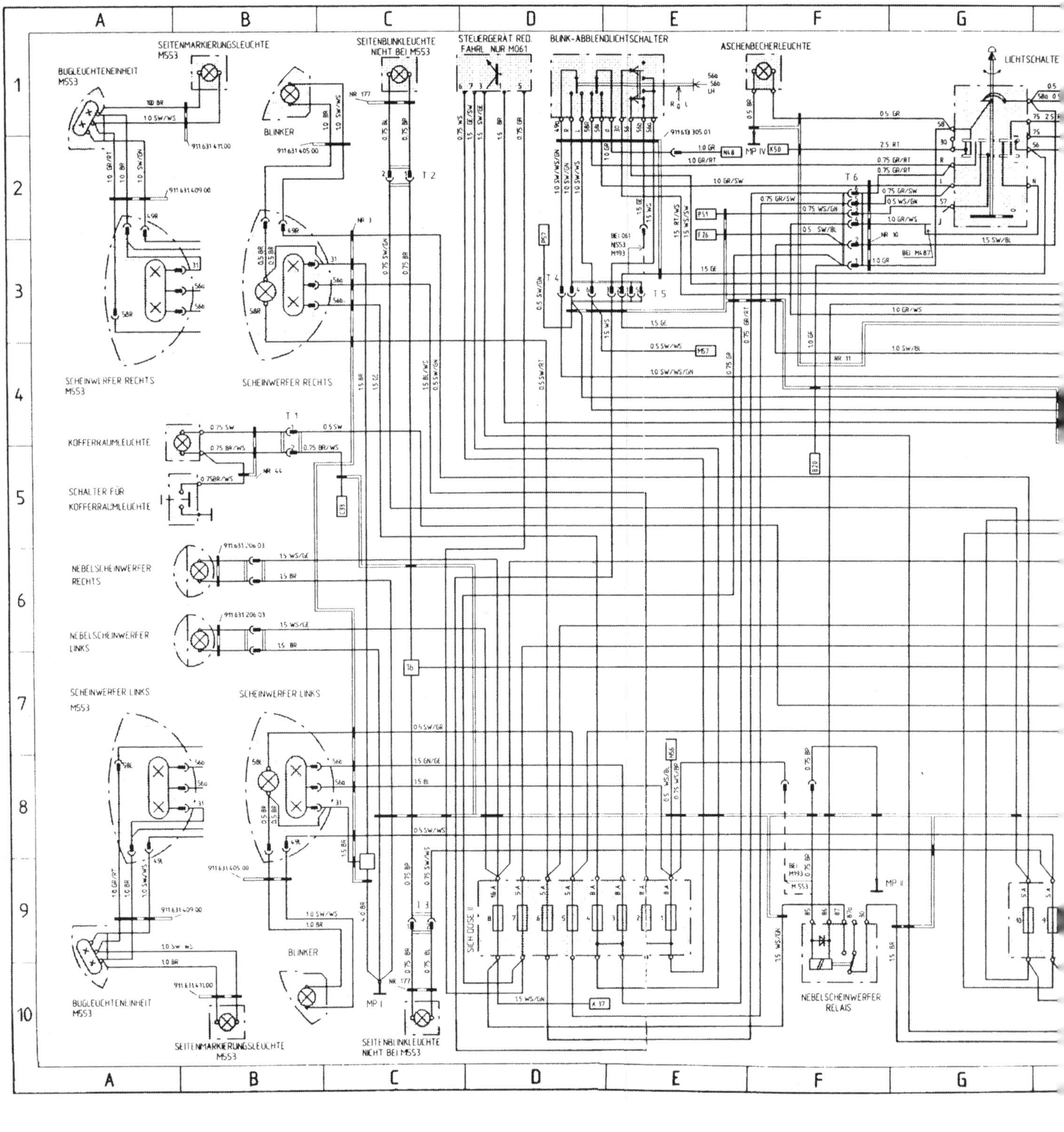
BUGLEUCHTENEINHEIT M553
SEITENMARKIERUNGSLEUCHTE M553
BLINKER
SEITENBLINKLEUCHTE NICHT BEI M553
STEUERGERÄT RED. FAHRL. NUR M061
BLINK-ABBLENDLICHTSCHALTER
ASCHENBECHERLEUCHTE
LICHTSCHALTE
SCHEINWERFER RECHTS M553
SCHEINWERFER RECHTS
KOFFERRAUMLEUCHTE
SCHALTER FÜR KOFFERRAUMLEUCHTE
NEBELSCHEINWERFER RECHTS
NEBELSCHEINWERFER LINKS
SCHEINWERFER LINKS M553
SCHEINWERFER LINKS
BLINKER
BUGLEUCHTENEINHEIT M553
SEITENMARKIERUNGSLEUCHTE M553
SEITENBLINKLEUCHTE NICHT BEI M553
SICH DOSE II
NEBELSCHEINWERFER RELAIS
MP I
MP II
MP IV
A B C D E F G
1 2 3 4 5 6 7 8 9 10

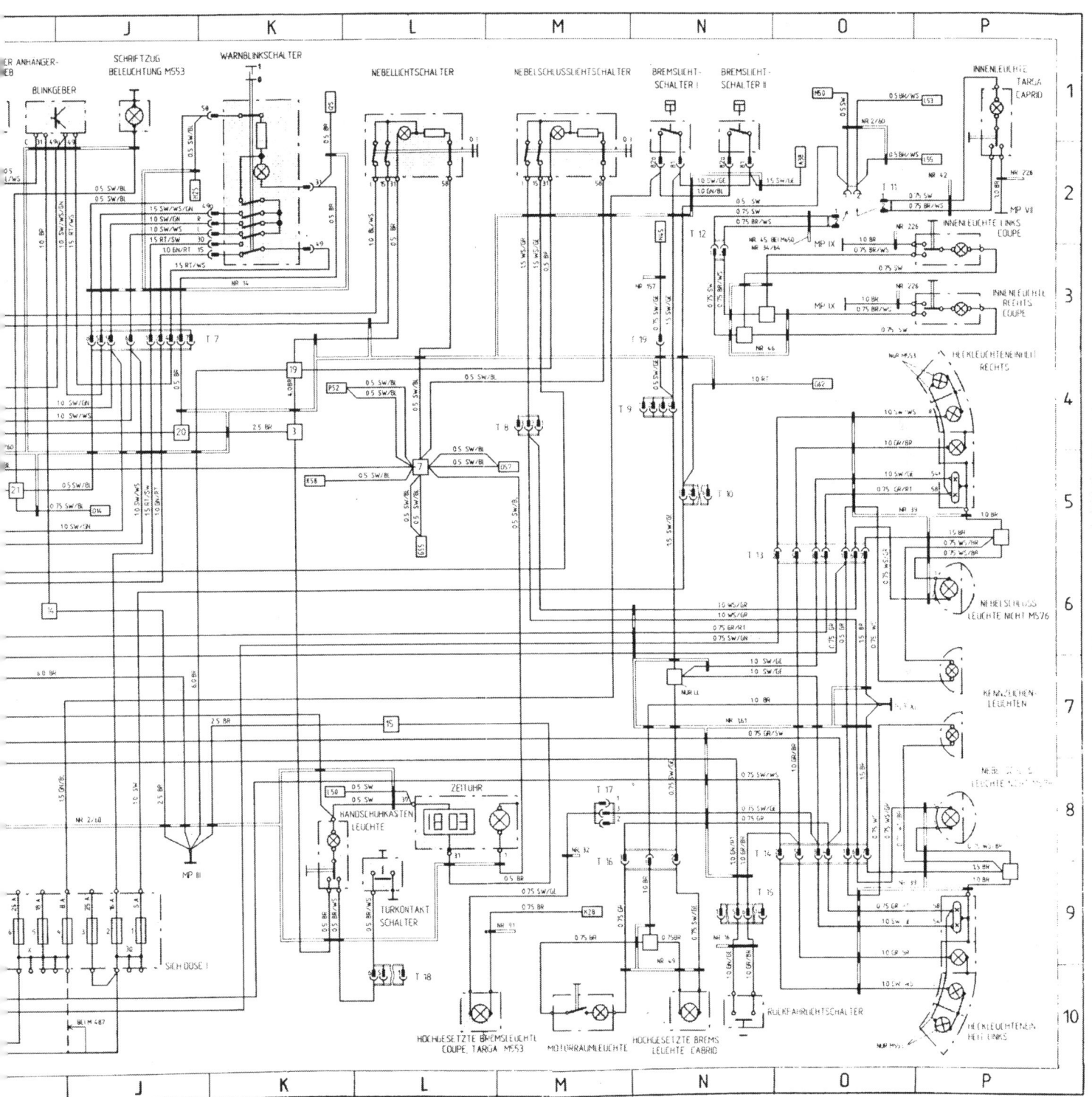

Porsche 911 Carrera, Modell 88, Blatt 3 (Karosserie)

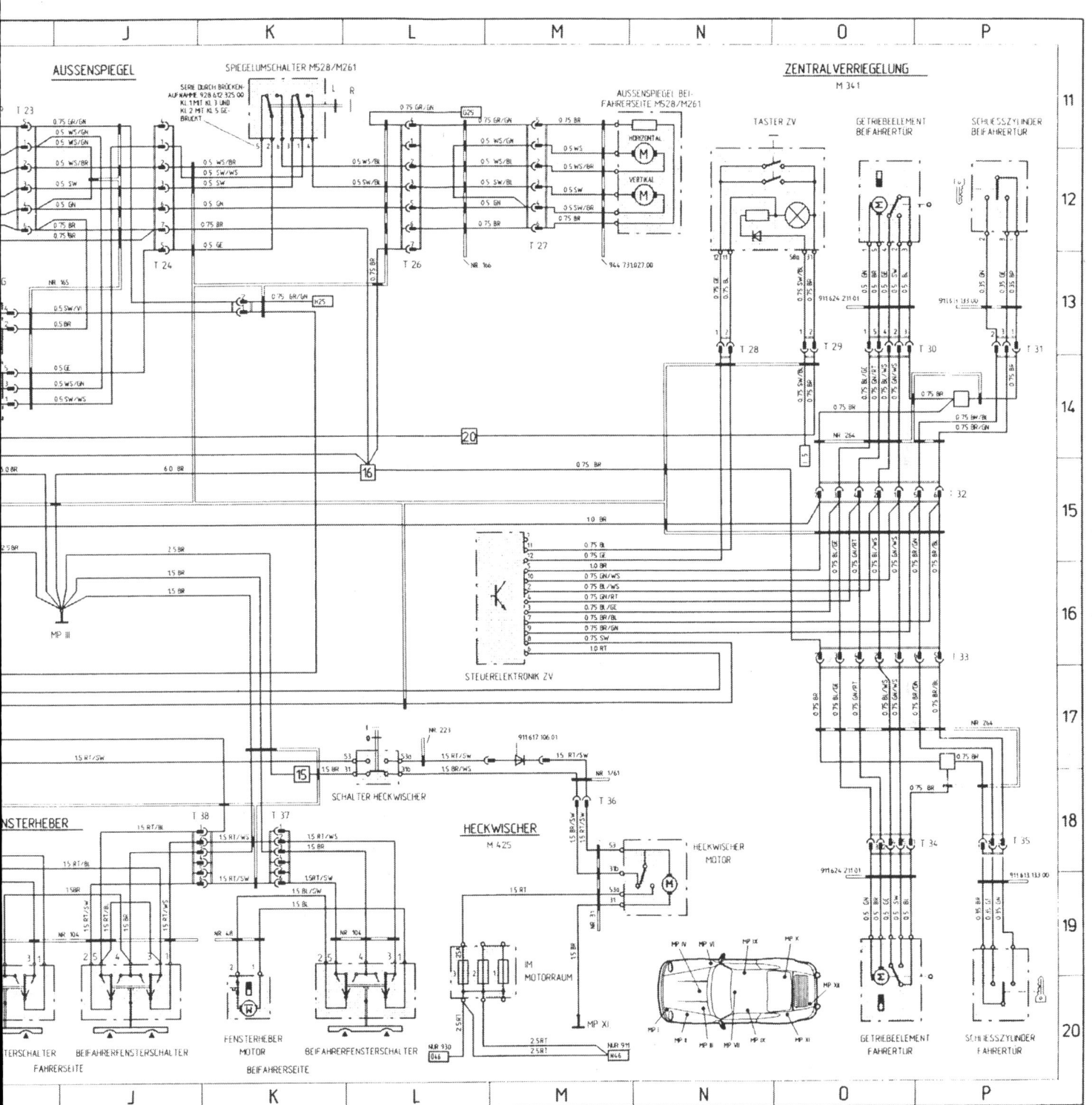

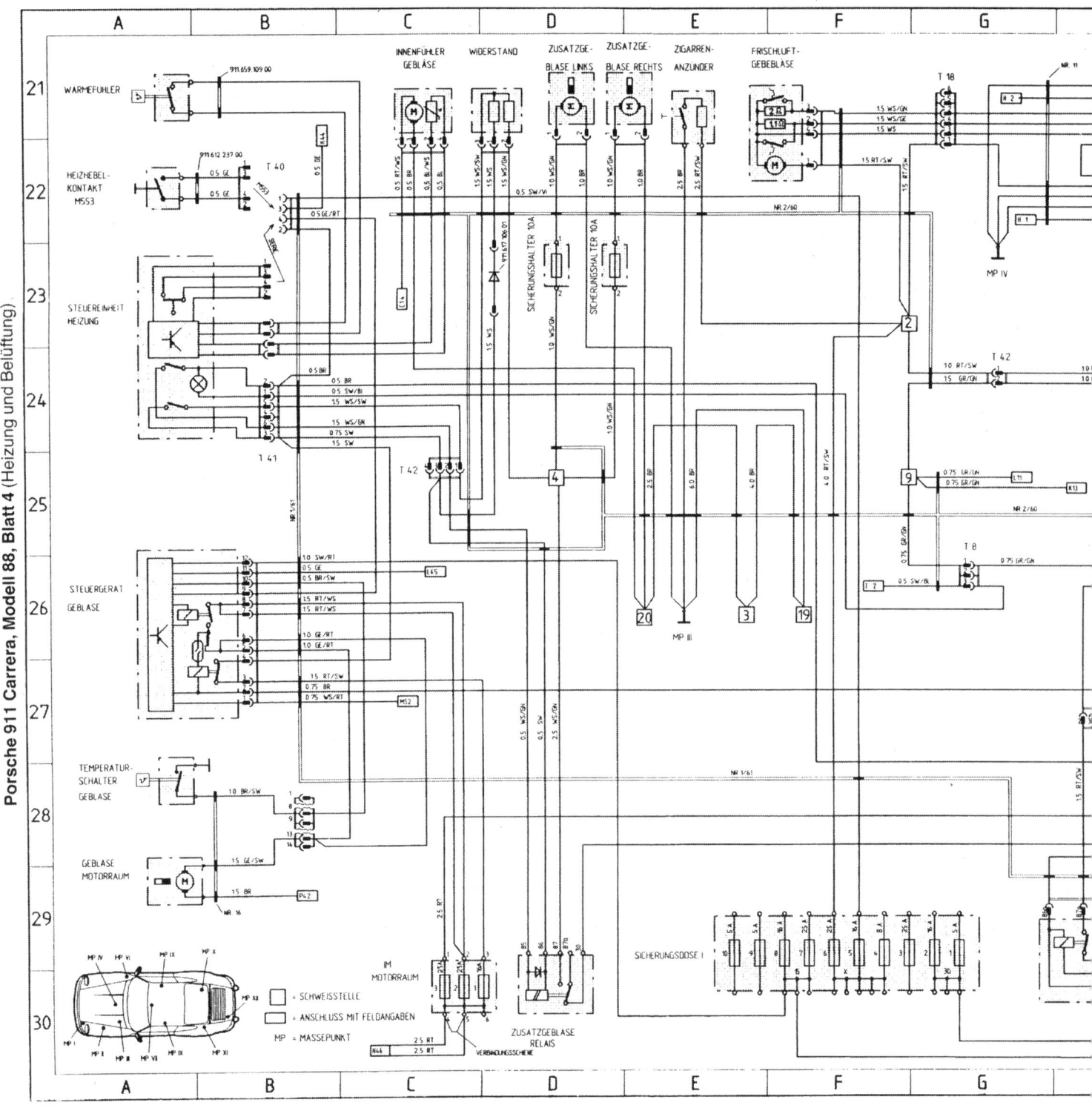

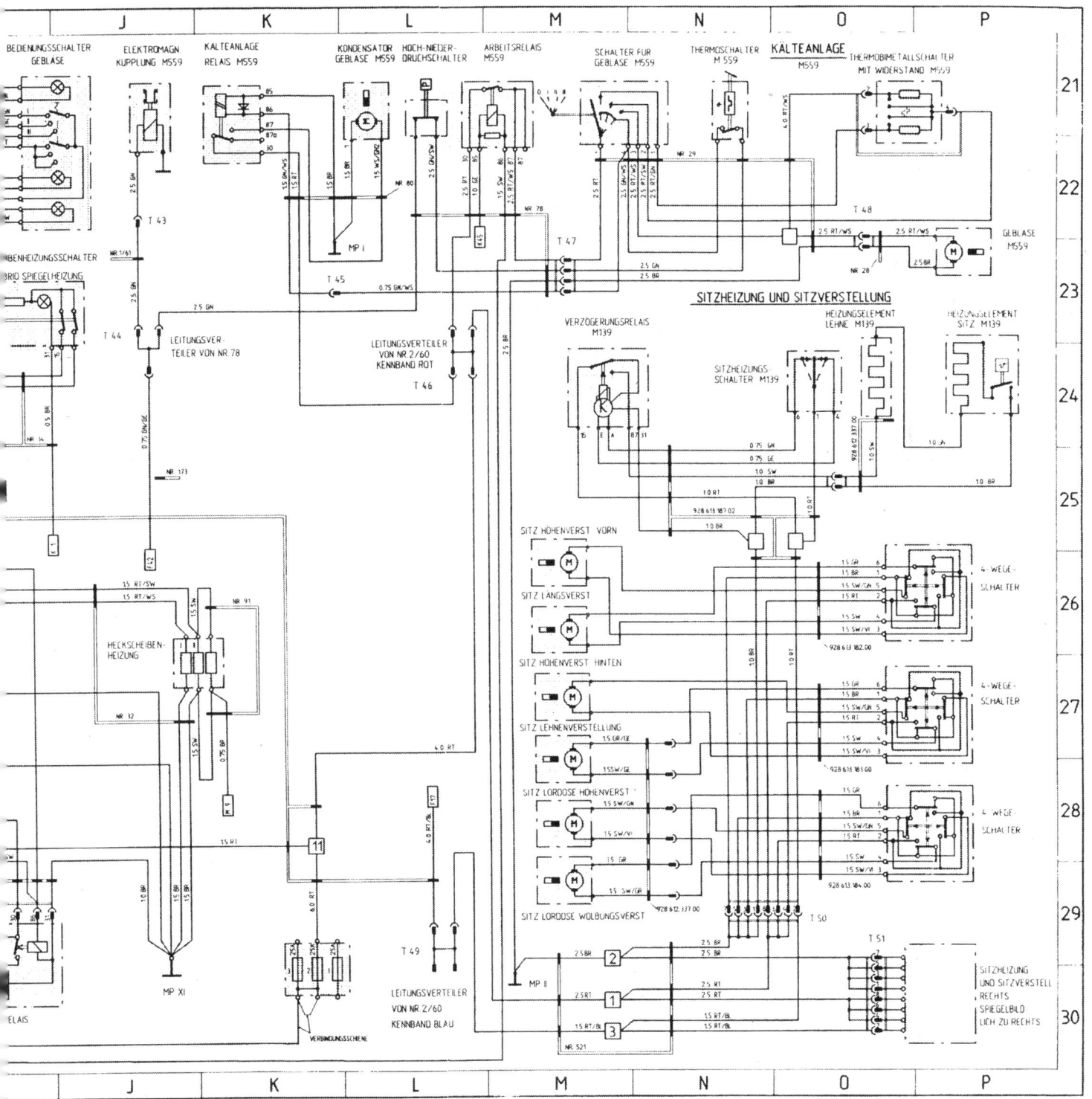

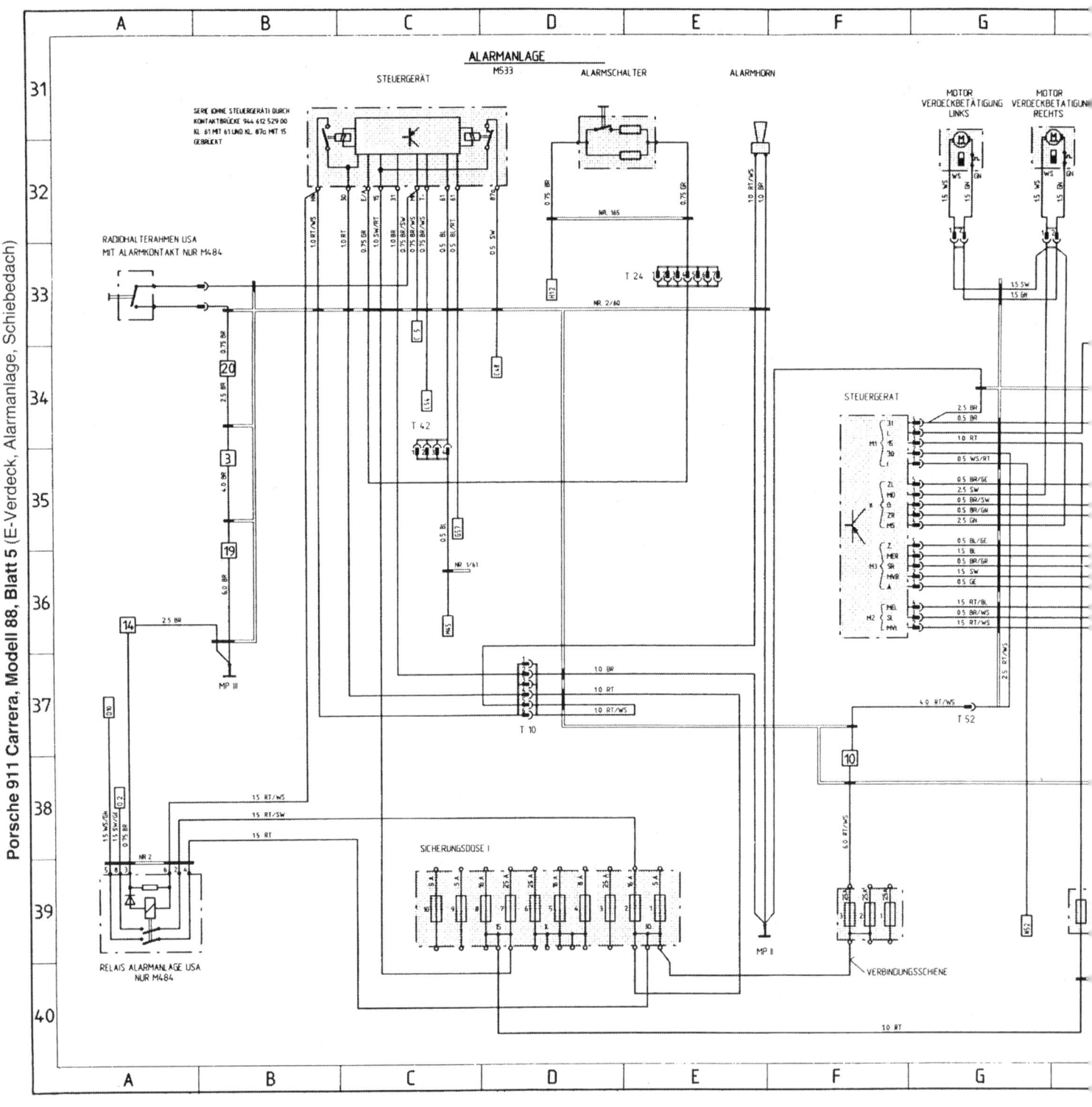

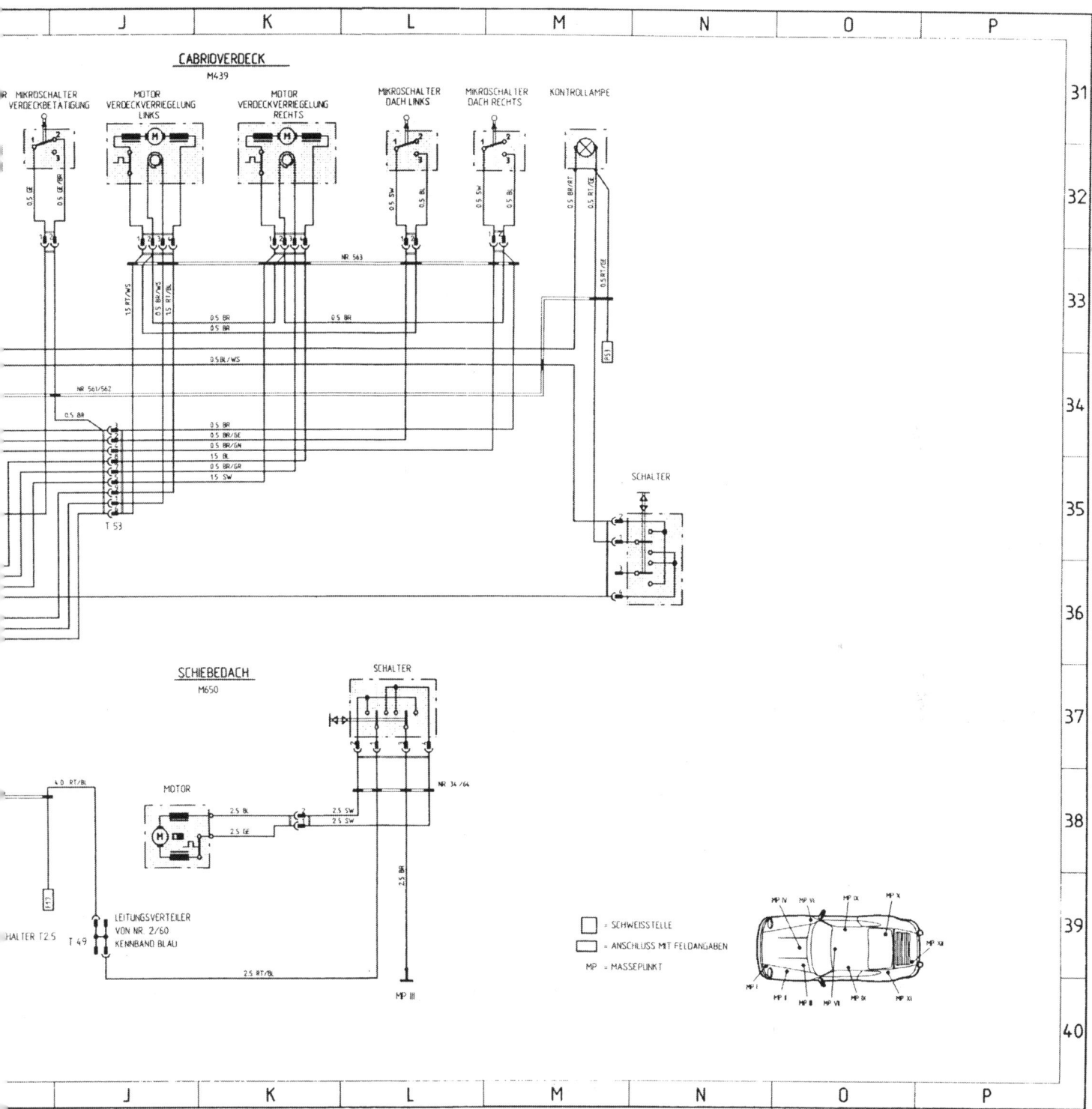

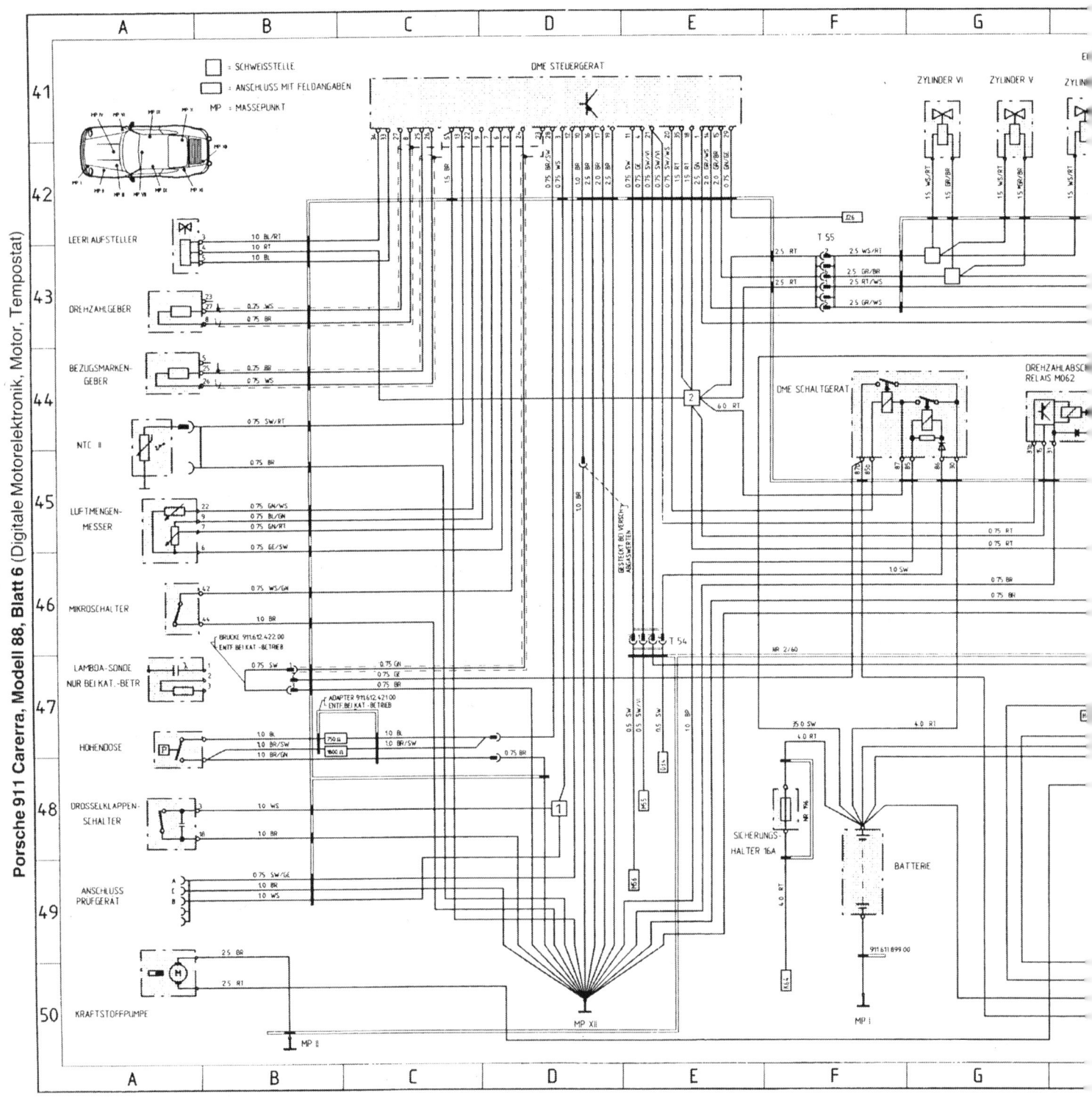

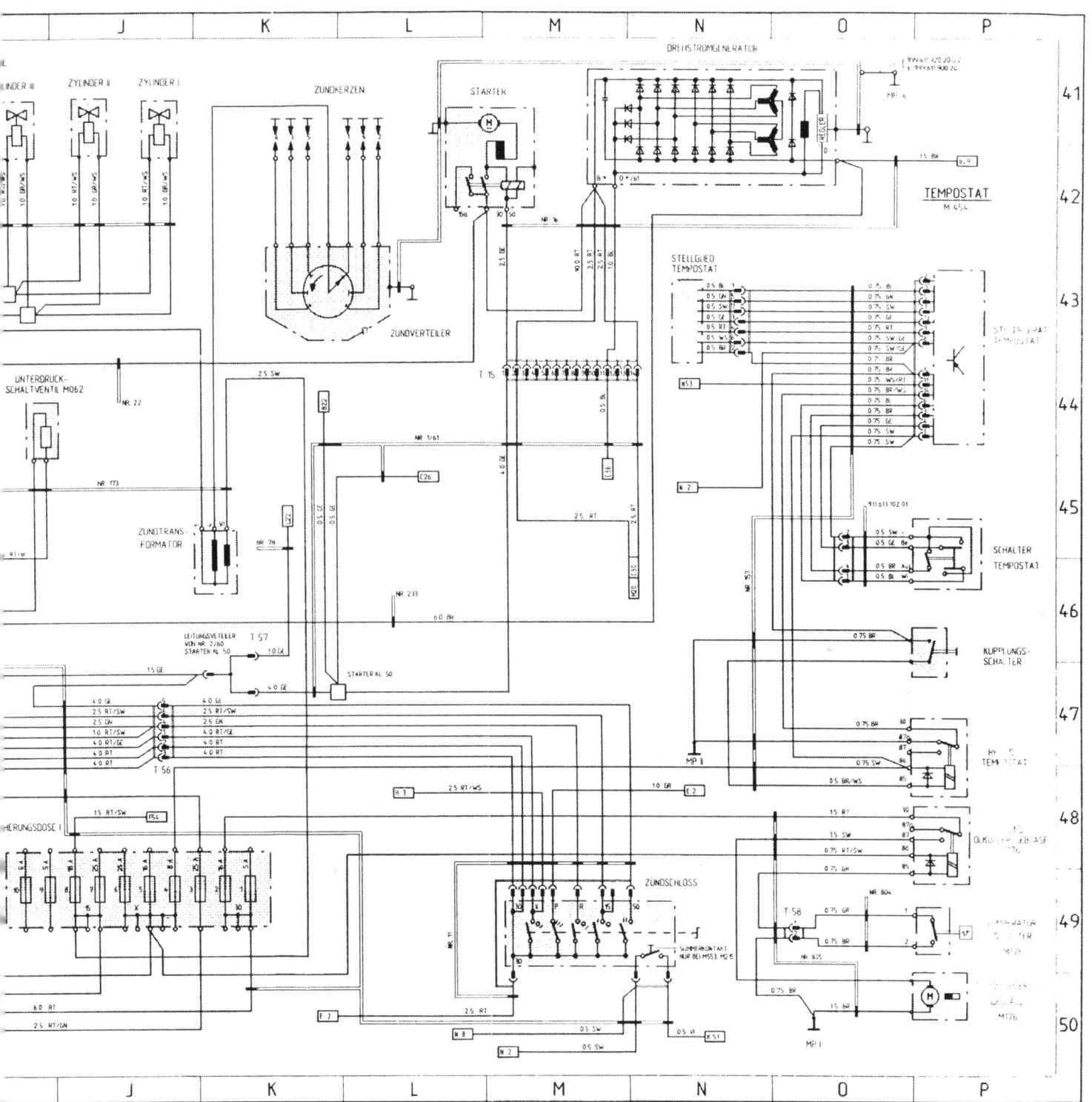

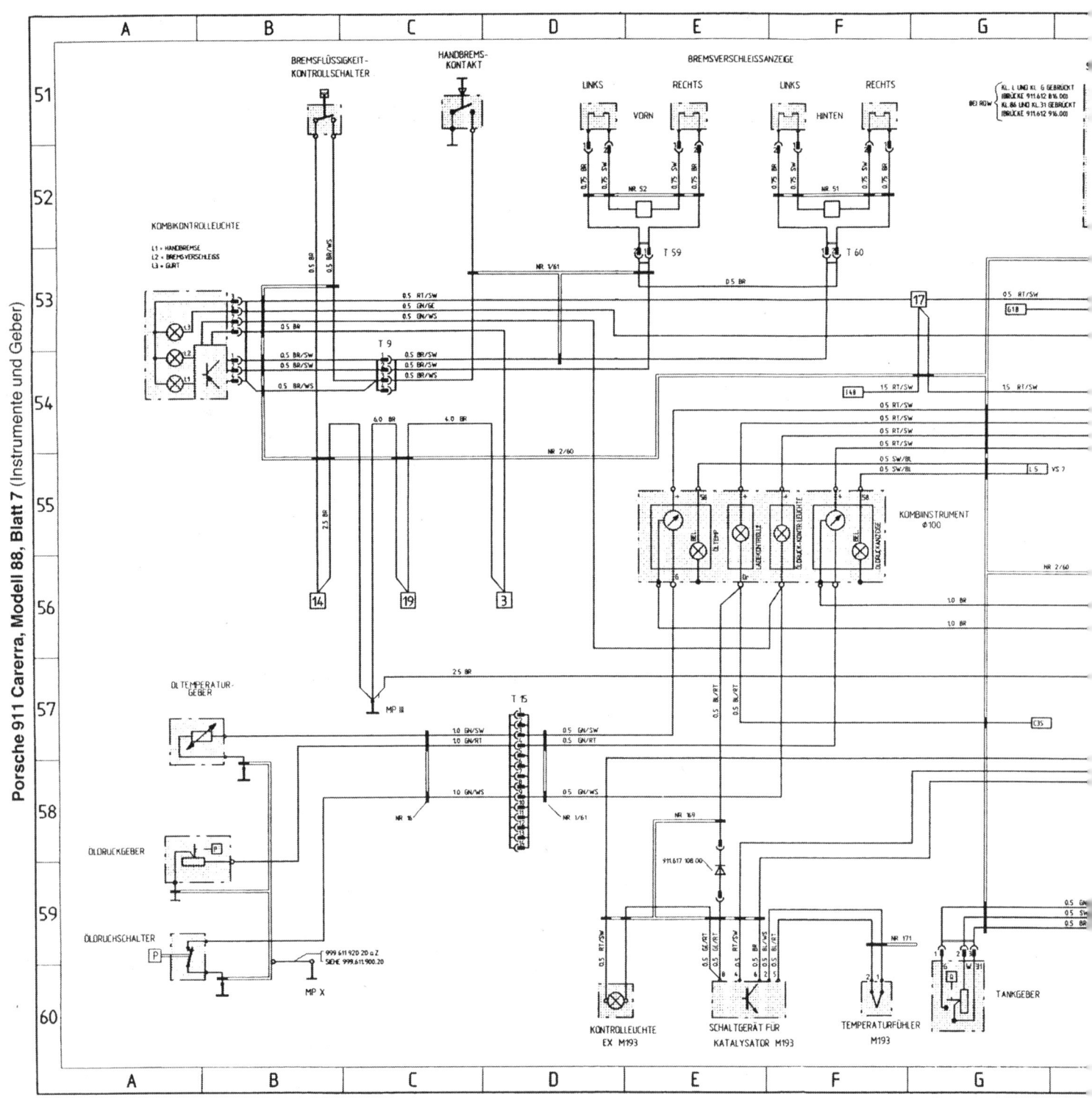

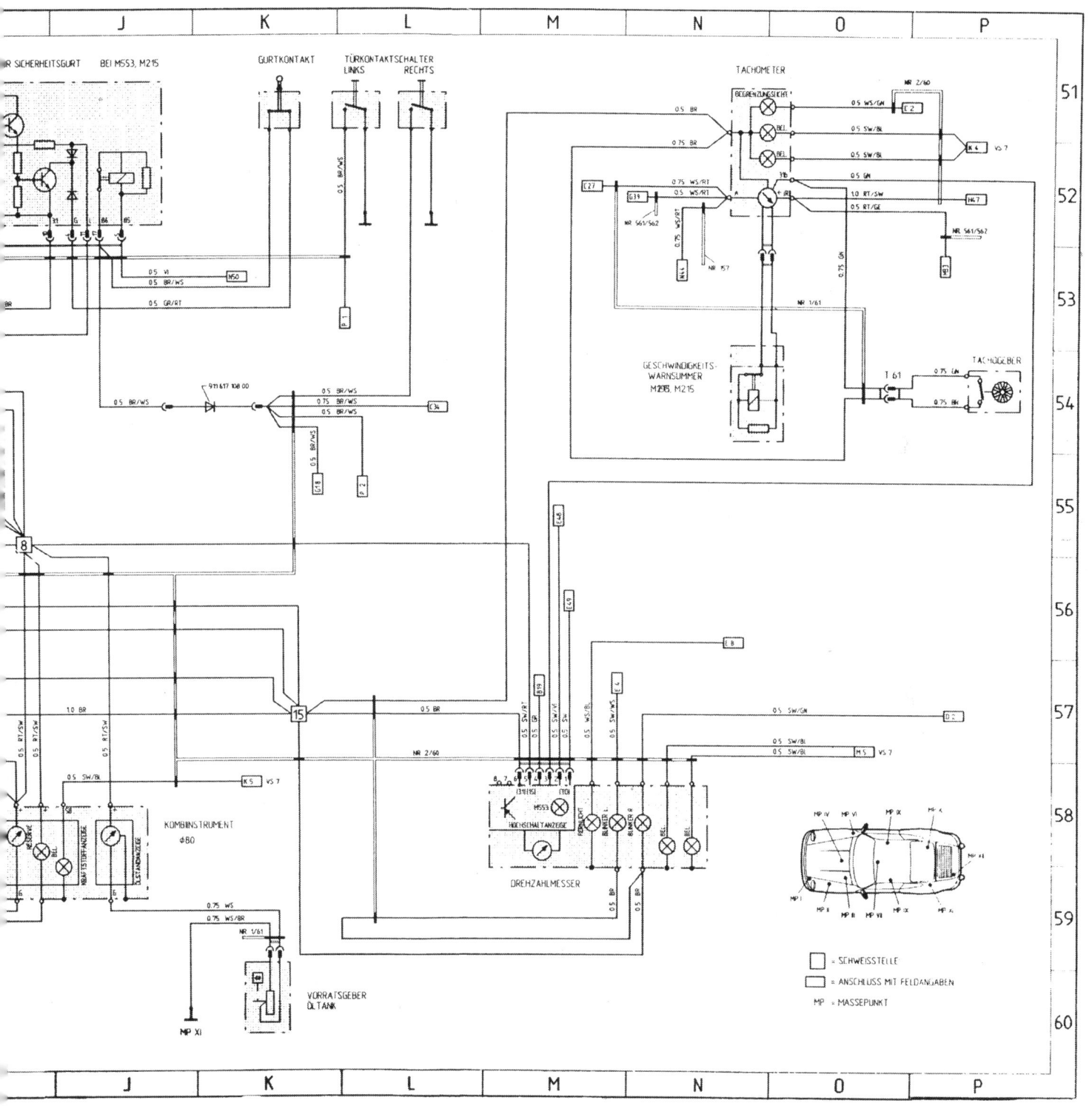

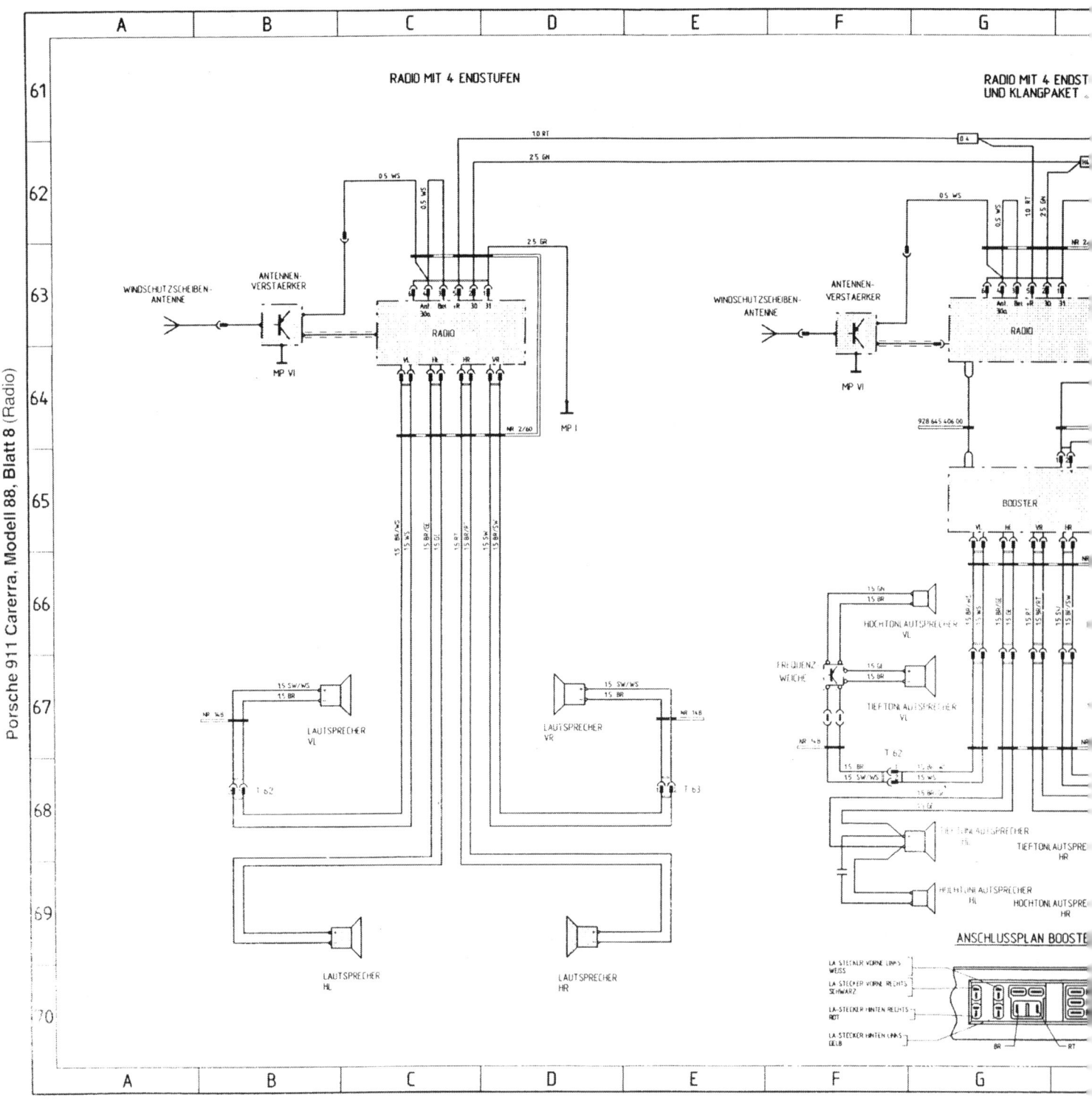

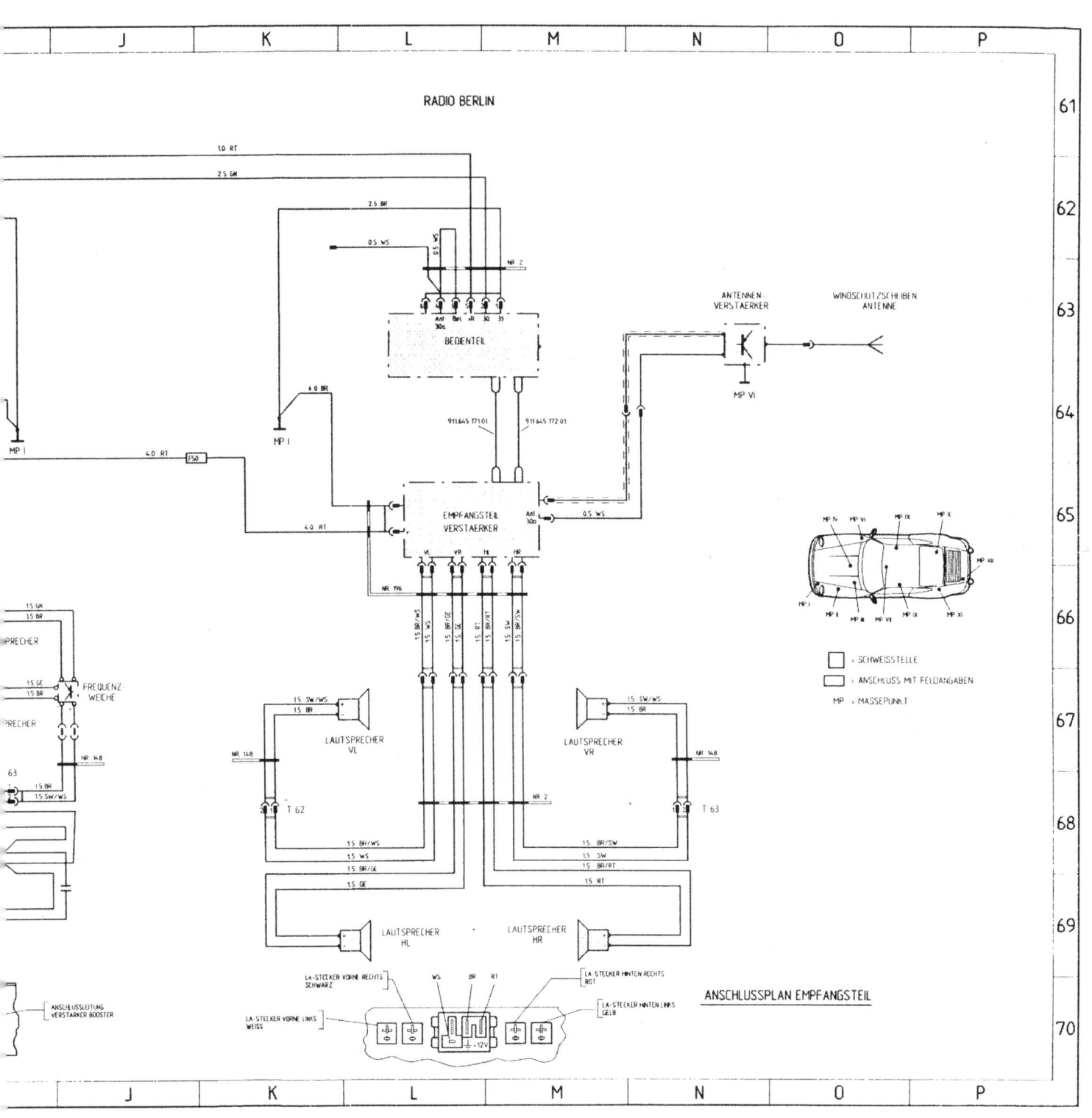

Porsche 911 Carerra, Modell 88, Blatt 9 (Legende)

LFD-NR.	BENENNUNG	FELD	BLATT
1	ALARMHORN M533	E 31, 32	5
2	ALARMSCHALTER M533	DE 31, 32	5
3	ANTENNE	AE 0, 63	8
4	ANTENNENVERSTÄRKER	BFN, 63	8
5	ANSCHLUSS-PRÜFGERÄT (DIGIT.MOTORELEKTRONIK)	AB 49, 45	6
6	ARBEITSRELAIS-KÄLTEANLAGE M 559	LM 21	4
7	ASCHENBECHERLEUCHTE	F 1	2
8	AUSSENSPIEGEL LINKS	GH 11, 12	3
9	AUSSENSPIEGEL RECHTS M 528/M 261	MN 11, 12	3
13	BATTERIE	FG 49	6
14	BLINK-ABBLENDLICHT SCHALTER	DE 1	2
15	BEDIENUNGSSCHALTER FÜR GEBLÄSE	HJ 21, 22	4
16	BEHEIZTE WASCHDÜSEN	EF 11	3
17	BEZUGSMARKENGEBER	A 44	6
18	BLINKER VORN RECHTS	B 1	2
19	BLINKER VORN LINKS	B 10	2
20	BLINKER-KONTROLLEUCHTE ANHÄNGERBETRIEB	H 1	2
21	BLINKGEBER	HJ 1	2
22	BOOSTER	GH 65	8
23	BREMSLICHTSCHALTER I	N 1, 2	2
24	BREMSLICHTSCHALTER II	N 1, 2	2
25	BREMSFLÜSSIGKEITSKONTROLLSCHALTER	B 51	7
26	BREMSVERSCHLEISSANZEIGE	DEF 51, 52	7
27	BUGLEUCHTENEINHEIT RECHTS M 553	A 1, 2	2
28	BUGLEUCHTENEINHEIT LINKS M 553	A 9, 10	2
33	DME-SCHALTGERÄT	FG 44, 45	6
34	DME-STEUERGERÄT	CDE 41	6
35	DREHZAHLGEBER	A 43	6
36	DROSSELKLAPPENSCHALTER TURBO	EF 50	6
37	DROSSELKLAPPENSCHALTER 911	A 48	6
38	DREHZAHLABSCHALTRELAIS M 062	GH 44, 45	6
39	DREHSTROMGENERATOR	NO 41, 42	6
40	DREHZAHLMESSER	MN 58, 59	7
41	DREHZAHLRELAIS TURBO	BC 41, 42	7
42	DRUCKGEBER LADEDRUCK TURBO	C 60	7
43	EINSPRITZVENTILE	GHI 41	6
44	ELEKTROMAGNETISCHEKUPPLUNG (M 559)	J 21, 22	4
47	FANFARE	F 11	3
48	FANFARE-RELAIS	G 11	3
49	FENSTERHEBERMOTOR-FAHRERSEITE	G 20	3
50	FENSTERHEBERMOTOR-BEIFAHRERSEITE	K 20	3
51	FENSTERHEBERSCHALTER (FAHRERSEITE)	H 19, 20	3
52	FENSTERHEBERSCHALTER (FAHRERSEITE-BEIFAHRER)	I 19, 20	3
53	FENSTERHEBERSCHALTER (BEIFAHRERSEITE)	KL 19, 20	3
54	FRISCHLUFTGEBLÄSE	EF 21, 22	4
58	GEBLÄSE-MOTORRAUM	A 29	4
59	GEBLÄSE-KÄLTEANLAGE M 559	P 23	4
60	GESCHWINDIGKEITSWARNNUMMER M 215	NO 54	7
61	GETRIEBEELEMENT-ZV, BEIFAHRERTÜR M 341	O 12	3
62	GETRIEBEELEMENT-ZV, FAHRERTÜR M 341	O 19, 20	3
63	GURTKONTAKT	K 51	7
67	HANDBREMSKONTAKT	C 51	7
68	HANDSCHUHKASTENLEUCHTE	K 8, 9	2
69	HECKLEUCHTEEINHEIT RECHTS	P 4, 5	2
70	HECKLEUCHTEEINHEIT LINKS	P 9, 10	2
71	HECKWISCHERMOTOR	N 18, 19	3
72	HECKSCHEIBENHEIZUNGSSCHALTER	HI 23	4

LFD-NR.	BENENNUNG	FELD	BLATT
73	HECKSCHEIBEHEIZUNG	IK 26, 27	4
74	HEIZHEBELKONTAKT	A 22	4
75	HEIZUNGELEMENT-LEHNE	O 24	4
76	HEIZUNGELEMENT-SITZ	P 24	4
77	HOCHGESETZTEBREMSLEUCHTE-CABRIO M 553	N 10	2
78	HOCHGESETZTEBREMSLEUCHTE-COUPE, TARGA M 553	L 10	2
79	HOCH-NIEDERDRUCKSCHALTER M559	L 21, 22	4
80	HÖHENDOSE	A 47, 48	6
82	INNENFÜHLER GEBLÄSE	C 21	4
83	INNENLEUCHTE LINKS COUPE	P 3	2
84	INNENLEUCHTE RECHTS COUPE	P 3	2
85	INNENLEUCHTE CABRIO, TARGA	P 1	2
88	KATALYSATOR UNTERDRUCK TURBO	A 48	6
89	KÄLTEANLAGE-RELAIS M 559	K 21, 22	4
90	KENNZEICHENLEUCHTE	P 6, 7	2
91	KOMBIKONTROLLEUCHTE	AB 53, 54	7
92	KOMBIINSTRUMENT ⌀ 100	EF 55, 56	7
93	KOMBIINSTRUMENT ⌀ 80	HI 58, 59	7
94	KOFFERRAUMLEUCHTE	B 4, 5	2
95	KONDENSATOR-GEBLÄSE M 559	L 21	4
96	KONTROLLAMPE-CABRIOVERDECK M 439	M 31, 32	5
97	KONTROLLAMPE EX M 193	D 60	7
98	KRAFTSTOFFPUMPE TURBO	FG 41, 42	6
99	KRAFTSTOFFPUMPE 911	A 50	6
100	KUPPLUNGSSCHALTER TEMPOSTAT M 454	D 46, 47	6
103	LADEDRUCK KONTROLLSCHALTER TURBO	A 47	6
104	LAMBDA STEUERGERÄT TURBO	A 44, 45	6
105	LAMBDA SONDE	AB 46, 47	6
106	LAUTSPRECHER		8
110	LEERLAUFSTELLER	A 42, 43	6
111	LICHTSCHALTER	G 1, 2	2
112	LUFTMENGENMESSER	A 45	6
113	LUFTMESSERKONTAKT TURBO	P 44	6
116	MIKROSCHALTER-DIGITAL MOTORELEKTRONIK	A 46	6
117	MIKROSCHALTER-TOTPUNKT M 439	H 31, 32	5
118	MIKROSCHALTER DACH LINKS M 439	L 31, 32	5
119	MIKROSCHALTER DACH RECHTS M 439	M 31, 32	5
120	MIKROSCHALTER VERDECKBETÄTIGUNG M 439	HJ 31, 32	5
121	MOTOR-SCHIEBEDACH M 650	J 38	5
122	MOTOR-VERDECKBETÄTIGUNG LINKS M 439	G 31, 32	5
123	MOTOR-VERDECKBETÄTIGUNG RECHTS M 439	GH 31, 32	5
124	MOTOR-VERDECKVERRIEGELUNG LINKS M 439	J 31, 32	5
125	MOTOR-VERDECKVERRIEGELUNG RECHTS M 439	K 31, 32	5
126	MOTORRAUMLEUCHTE	M 10	2
127	MP I = MASSE BATTERIE		
128	MP II = MASSE SICHERUNGSDOSE-TRÄGERPLATTE		
129	MP III = MASSE KOFFERBODEN LL		
130	MP IV = MASSE STIRNWAND INNEN		
132	MP VI = MASSE STEUERGERÄT EL. ANTENNE		
133	MP VII = MASSE INNENLEUCHTE CABRIO		
135	MP IX = MASSE INNENLEUCHTE COUPE		
136	MP X = MASSEBAND GETRIEBE + MOTOR + KAROSSER		
137	MP XI = MASSE MOTORRAUM HINTEN LINKS		
138	MP XII = MASSE MOTOR LINKS		
142	NEBELSCHEINWERFER RECHTS	B 6	2
143	NEBELSCHEINWERFER LINKS	B 6	2
144	NEBELLICHTSCHALTER	L 1, 2	2

BENENNUNG	FELD	BLATT	LFD-NR.	BENENNUNG	FELD	BLATT
NEBELSCHLUSSLICHTSCHALTER	M 1, 2	2	217	STEUERGERÄT FÜR VERDECKBETÄTIGUNG M 439	F 35, 36	5
NEBELSCHEINWERFER-RELAIS	F 9, 10	2	218	STEUERGERÄT GEBLÄSE	AB 26, 27	4
NEBELSCHLUSSLEUCHTE LINKS	P 8	2	219	STEUERGERÄT REDUZIERTES FAHRLICHT	D 1	2
NEBELSCHLUSSLEUCHTE RECHTS	P 6	2	220	STEUERGERÄT-TEMPOSTAT M 454	P 43, 44	6
NTC II	A 44, 45	6	221			
			222			
ÖLDRUCKGEBER	AB 58, 59	7	223	TACHOMETER	NO 51, 52	7
ÖLDRUCKSCHALTER	AB 59, 60	7	224	TACHOGEBER	P 54	7
ÖLTEMPERATURGEBER	AB 57	7	225	TAKTVENTIL TURBO	C 49	6
ÖLKÜHLGEBLÄSE M 176	OP 49, 50	6	226	TANKGEBER	G 60	7
			227	TASTER ZENTRALVERRIEGELUNG M 341	NO 12	3
POTENTIOMETER-SCHEIBENWISCHER	AB 12	3	228	TEMPERATURSCHALTER GEBLÄSE	A 28	4
			229	TEMPERATURSCHALTER TURBO	CDE 49	6
			230	TEMPOSTAT-RELAIS M 454	P 47, 48	6
RADIO	CGL 63	8	231	TEMPERATURFÜHLER FÜR KATALYSATOR M 193	F 60	7
RADIO -HALTERAHMEN MIT ALARMKONTAKT USA (M484)	A 33	5	232	TEMPERATURSCHALTER ÖLKUHLERGEBLÄSE M 176	OP 49	6
REGLERRELAIS FÜR HECKSCHEIBENHEIZUNG	I 29, 30	4	233	THERMOSCHALTER-KÄLTEANLAGE M 559	N 21	4
RELAIS ALARMANLAGE USA (M484)	A 39	5	234	THERMOBIMETALLSCHALTER M 559	OP 21, 22	4
RELAIS KRAFTSTOFFPUMPE TURBO	EFH 41, 42	6	235	THERMOZEITSCHALTER TURBO	OP 43	6
RELAIS LUFTMESSER LADEDRUCK TURBO	I 41, 42	6	236	TÜRKONTAKTSCHALTER FÜR HANDSCHUHKASTENLEUCHTE	L 9	2
RELAIS FÜR PLUSVESORGUNG LAMBDA REGELUNG	DE 42	6	237	TÜRKONTAKTSCHALTER LINKS	L 51	7
RELAIS ÖLKÜHLERGEBLÄSE M 176	OP 47, 48	6	238	TÜRKONTAKTSCHALTER RECHTS	L 51	7
RÜCKFAHRLICHTSCHALTER	N 10	2	239			
			240			
			241	UMSCHALTER AUSSENSPIEGEL	K 11	3
SCHALTER FÜR TEMPOSTAT M 454	P 45, 46	6	242	UNTERDRUCKSCHALTVENTIL M 062	HI 44, 45	6
SCHALTER FÜR SCHIEBEDACH M 650	L 37	5	243			
SCHALTER FÜR CABRIOVERDECK M 439	N 35, 36	5	244			
SCHALTER FÜR KÄLTEANLAGEGEBLÄSE M 559	MN 21	4	245	VERZÖGERUNGSRELAIS TURBO	P 47	6
SCHALTER FÜR HECKWISCHER	L 17, 18	3	246	VORRATSGEBER-ÖLTANK	K 60	7
SCHALTER FÜR SPIEGELVERSTELLUNG	GH 13, 14	3	247			
SCHALTER FÜR KOFFERRAUMLEUCHTE	B 5	2	248			
SCHALTGERÄT FÜR FENSTERHEBER	G 19, 20	3	249	WARMLAUFREGLER TURBO	P 45	6
SCHALTGERÄT FÜR KATALYSATOR M 193	EF 60	7	250	WARNBLINKSCHALTER	K 1, 2, 3	2
SCHALTGERÄT FÜR SICHERHEITSGURT M 215, M 553	HI 51, 52	7	251	WÄRMEFÜHLER	A 21	4
SCHEIBENWISCHERMOTOR	A 14, 15	3	252	WIDERSTAND	D 21	4
SCHEIBENWASCHPUMPE	D 11	3	253	WISCHINTERWALL-RELAIS	A 13	3
SCHEINWERFER RECHTS	B 3, 4	2	254	WISCH-WASCHSCHALTER	CD 11, 12	3
SCHEINWERFER RECHTS M 553	A 3, 4	2	255			
SCHEINWERFER LINKS	B 7, 8	2	256			
SCHEINWERFER LINKS M 553	A 7, 8	2	257	ZEITUHR	LM 8	2
SCHEINWERFERREINIGUNGSANLAGE PUMPE M 288	C 18, 19	3	258	ZIGARRENANZÜNDER	E 21	4
SCHEINWERFERREINIGUNGSANLAGE STEUERGERÄT M 288	A 18, 19	3	259	ZUSATZLUFTSCHIEBER TURBO	O 45	6
SCHEINWERFERREINIGUNGSANLAGE TASTE M 288	A 20	3	260	ZUSATZREINIGUNGSTASTE M 286	A 16	3
SCHLIESSZYLINDER ZV BEIFAHRERTÜR M 341	P 12	3	261	ZUSATZREINIGUNGSPUMPE-RELAIS M 286	AB 17	3
SCHLIESSZYLINDER ZV FAHRERTÜR M 341	P 20, 19	3	262	ZUSATZREINIGUNGSPUMPE M 286	C 17	3
SCHRIFTZUGBELEUCHTUNG M 553	J 1	2	263	ZUSATZGEBLÄSE LINKS	D 21	4
SEITENMARKIERUNGSLEUCHTE RECHTS M 553	B 1	2	264	ZUSATZGEBLÄSE RECHTS	DE 21	4
SEITENMARKIERUNGSLEUCHTE LINKS M 553	B 10	2	265	ZUSATZGEBLÄSE RELAIS	E 23, 24	4
SEITENBLINKLEUCHTE RECHTS	C 1	2	266	ZÜNDSCHALTGERÄT HKZ TURBO	JK 41	6
SEITENBLINKLEUCHTE LINKS	C 10	2	267	ZÜNDSCHLOSS	M 49	6
SITZHÖHENVERSTELLUNG VORN MOTOR	M 25, 26	4	268	ZÜNDKERZEN	KL 41, 42	6
SITZHÖHENVERSTELLUNG HINTEN MOTOR	M 27	4	269	ZÜNDTRANSFORMATOR TURBO	L 41, 42	6
SITZLÄNGSVERSTELLUNG MOTOR	M 26	4	270	ZÜNDTRANSFORMATOR 911	KL 42, 43	6
SITZLEHNENVERSTELLUNG MOTOR	M 27, 28	4	271	ZÜNDVERTEILER	K 45, 46	6
SITZ LORDOSE HÖHENVERSTELLUNG MOTOR	M 28	4				
SITZ LORDOSE WÖLBUNGSVERSTELLUNG MOTOR	M 29	4				
SITZVERSTELLUNG 4-WEGE-SCHALTER I	OP 26	4				
SITZVERSTELLUNG 4-WEGE-SCHALTER II	OP 27	4				
SITZ LORDOSE 4-WEGE-SCHALTER	OP 28	4				
SITZHEIZUNGSSCHALTER	O 24	4				
SITZHEIZUNG VERZÖGERUNGSRELAIS	MN 24	4				
SIGNALTASTE FANFARE	E 11	3				
SPÄTDOSE SCHALTVENTILE TURBO M 553	A 49	6				
STARTER	LM 41, 42	6				
STARTVENTIL TURBO	OP 44	6				
STELLGLIED TEMPOSTAT M 454	N 43, 44	6				
STEUEREINHEIT HEIZUNG	AB 23, 24	4				
STEUERELEKTRONIK ZENTRALVERRIEGELUNG M 454	M 1, 16	3				
STEUERGERÄT ALARMANLAGE M 533	BCD 31, 32	5				
STEUERGERÄT FÜR KRAFTSTOFFANREICHERUNG TURBO	CD 41, 42	6				